工业机器人应用基础

王大伟　主编

U0301548

化学工业出版社
·北京·

图书在版编目（CIP）数据

工业机器人应用基础/王大伟主编. —北京：化学工业出版社，2018.1（2019.7 重印）
ISBN 978-7-122-30929-7

Ⅰ.①工… Ⅱ.①王… Ⅲ.①工业机器人 Ⅳ.①TP242.2

中国版本图书馆 CIP 数据核字（2017）第 272548 号

责任编辑：王　烨　　文字编辑：陈　喆
责任校对：王　静　　装帧设计：刘丽华

出版发行：化学工业出版社（北京市东城区青年湖南街 13 号　邮政编码 100011）
印　　装：北京盛通数码印刷有限公司
787mm×1092mm　1/16　印张 11½　字数 310 千字　2019 年 7 月北京第 1 版第 2 次印刷

购书咨询：010-64518888　　售后服务：010-64518899
网　　址：http://www.cip.com.cn
凡购买本书，如有缺损质量问题，本社销售中心负责调换。

定　　价：49.80 元

版权所有　违者必究

前言

FOREWORD

近年来，我国机器人行业在国家政策的支持下，顺势而为，发展迅速，保持着35%的高增长率，远高于德国的9%、韩国的8%和日本的6%。我国已连续两年成为世界第一大工业机器人市场。

我国工业机器人市场之所以能有如此迅速的增长，主要源于以下三点。

(1) 劳动力的供需矛盾。主要体现在劳动力成本的上升和劳动力供给的下降。在很多产业，尤其在中低端工业产业，劳动力的供需矛盾非常突出，这对实施“机器换人”计划提出了迫切需求。

(2) 企业转型升级的迫切需求。随着全球制造业转移的持续深入，先进制造业回流，我国的低端制造业面临产业转移的风险，迫切需要转变传统的制造模式，降低企业运行成本，提升企业发展效率，提升工厂的自动化、智能化程度。而工业机器人的大量应用，是提升企业产能和产品质量的重要手段。

(3) 国家战略需求。工业机器人作为高端制造装备的重要组成部分，技术附加值高，应用范围广，是我国先进制造业的重要支撑技术和信息化社会的重要生产装备，对工业生产、社会发展以及增强军事国防实力都具有十分重要的意义。

随着机器人技术及智能化水平的提高，工业机器人已在众多领域得到了广泛的应用。其中，汽车、电子产品、冶金、化工、塑料、橡胶是我国使用机器人最多的几个行业。未来几年，随着行业需要和劳动力成本的不断提高，我国机器人市场增长潜力巨大。尽管我国将成为当今世界最大的机器人市场，但每万名制造业工人拥有的机器人数量却远低于发达国家水平和国际平均水平。工信部组织制订了我国机器人技术路线图及机器人产业“十三五”规划，到2020年，工业机器人密度达到每万名员工使用100台以上。我国工业机器人市场将高倍速增长，未来十年，工业机器人是看不到“天花板”的行业。

虽然多种因素推动着我国工业机器人行业不断发展，但应用人才严重缺失的问题清晰地摆在我们面前，这是我国推行工业机器人技术的最大瓶颈。中国机械工业联合会的统计数据表明，我国当前机器人应用人才缺口20万，并且以每年20%～30%的速度持续递增。

工业机器人作为一种高科技集成装备，对专业人才有着多层次的需求，主要分为研发工程师、系统设计与应用工程师、调试工程师和操作及维护人员四个层次。其中，需求量最大的是基础的操作及维护人员以及掌握基本工业机器人应用技术的调试工程师和更高层次的应用工程师，工业机器人专业人才的培养，要更加着力于应用型人才的培养。

为了适应机器人行业发展的形势，满足从业人员学习机器人技术相关知识的需求，我们从生产实际出发，组织业内专家编写了本书，全面讲解了工业机器人组成与工作原理等基础、工业机器人的机械结构、机器人的感觉系统、工业机器人控制与驱动系统、工业机器人操作基础、工业机器人的调整与保养等内容，以期给从业人员和大学院校相关专业师生提供实用性指导与帮助。

本书由王大伟主编，胡春蕾、于振涛、戚建爱、韩鸿鸾副主编，刘艳红、彭红学、马灵芝、阮洪涛、刘曙光、李永彬、张云强、张艳红、王学琪、徐鑫、程宝鑫、范维进、陶建海、王小方、马岩、姜海军、张瑞社参加了本书的编写。在本书编写过程中得到了山东省、河南省、河北省、江苏省、上海市等技能鉴定部门的大力支持，此外，青岛利博尔电子有限公司、青岛时代焊接设备有限公司、山东鲁南机床有限公司、山东山推工程机械有限公司、西安乐博士机器人有限公司、诺博泰智能科技有限公司等企业为本书的编写提供了大量帮助，在此深表谢意。

在本书编写过程中，参考了《工业机器人装调维修工》《工业机器人操作调整工》职业技能标准的要求，以备读者考取技能等级；同时还借鉴了全国及多省工业机器人大赛的相关要求，为读者参加相应的大赛提供参考。

由于水平所限，书中不足之处在所难免，恳请广大读者给予批评指正。

编　者

目录
CONTENTS

第1章

认识工业机器人

1.1 工业机器人的产生与发展

目前，世界上大多数国家都用罗伯特（Robot）一词来表示机器人。机器人一词源于一个科幻的形象，捷克作家卡雷尔·查培克（Karel Capek）发表的一部科幻剧“Rossum Universal Robot”（罗莎姆的万能机器人），Robot是由捷克语Robota（意为农奴，苦力）衍生而来的。1922年，在英语中出现了“Robot”一词。近年来使用机器人这一名称较多，也有称为“机械手”或“仿人机”。在我国，习惯将工业机器人称为通用机械手。

1.1.1 工业机器人的定义

有关工业机器人，目前世界各国尚无统一定义，分类方法也不尽相同。

卡雷尔·查培克最早给“机器人”下的定义是：“有劳动能力，没有思考能力，外形像人的东西”。20世纪70年代美国一般定义为：“工业机器人是一种可重复编程的多功能操作装置，它可以通过改变程序，来完成各种工作，主要用于搬运材料，传递工件和工具”。美国机器人协会（RIA）的定义：一种用于移动各种材料、零件、工具或专用装置的，通过程序动作来执行各种任务，并具有编程能力的多功能操作机（Manipulator）。

日本对工业机器人提出了各种定义，在1971年日本通产省“工业机器人制造业高度化计划”中的定义，即“工业机器人是整机能够回转，有抓取（或吸住）物件的手爪和能够进行伸缩、弯曲、升降（俯仰）、回转及其复合动作的臂部，带有记忆部件，可部分地代替人进行自动操作的具有通用性的机械”。之后，日本工业机器人协会（JIRA）定义为：工业机器人是一种装备，有记忆装置和末端执行装置的、能够完成各种移动来代替人类劳动的通用机器。

日本定义的工业机器人的范围较广，他们将工业机器人分为六类：人控机械手、固定程序控制机器人、可编程程序机器人、示教再现机器人、数值控制机器人以及智能机器人。

1987年国际标准化组织对工业机器人进行了定义：“工业机器人是一种具有自动控制的操作和移动功能，能完成各种作业的可编程操作机”。国际标准化组织（ISO）的定义：“机器人是一种自动的、位置可控的、具有编程能力的多功能操作机，这种操作机具有几个轴，能够借助可编程操作来处理各种材料、零件、工具和专用装置，以执行各种任务。”

我国在20世纪80年代参考国外，初步对“机械手”和“工业机器人”做了定义：机械手就是附属于主机，动作简单，工作程序固定，定位点不能灵活改变，用来重复抓放物料的操作手。工业机器人是一种机体独立，动作自由度较多，程序可灵活变更，能任意定位，自动化程度高的自动操作机械。主要用于搬运物料，传递工件和操作工具。我国对机器人的定义：机器人是一种能自动定位控制的、可重复编程的、多自由度的操作机，能搬运材料、零件或操持工具，用以完成各种作业。机械手与工业机器人的区别见表1-1。

工业机器人（Industrial Robot，IR）是广泛适用的能够自主动作，且多轴联动的机械设备。它们在必要情况下配备有传感器，其动作步骤包括灵活的转动，都是可编程控制的（即在工作过程中，无需任何外力的干预）。它们通常配备有机械手、刀具或其他可装配的加工工具，以及能够执行搬运操作与加工制造的任务。

工业机器人是面向工业领域的多关节机械手或多自由度的机器装置，它能自动执行工作，是靠自身动力和控制能力来实现各种功能的一种机器。它可以接受人类指挥，也可以按照预先编排的程序运行，现代的工业机器人还可以根据人工智能技术制定的原则纲领行动。

目前部分国家倾向于美国机器人协会所给出的定义“工业机器人是一种具有自动控制，可重复编程，多功能、多自由度的操作机，能搬运材料、工件或操作工具来完成各种作业”。

表 1-1 机械手和工业机器人的区别

特点	机械手	工业机器人
独立性	附属在主机上，为主机服务	独立的机构和控制系统
灵活性	程序固定不能改，定位点不能灵活改变	程序容易改变，定位点可以灵活改变
自由度	较少	较多
复杂性	动作简单重复，单一功能	动作较复杂，多功能
适用的生产方式	大批量单一（或少）品种	多品种中、小批量生产
设计技术领域	主要是机械结构	机械、液压、气动、电气、自动控制、计算机、人工智能、系统工程等

1.1.2 工业机器人的特性

1967 年在日本召开的第一届机器人学术会议上，就提出了两个代表其特性的定义。森政弘与合田周平提出：“机器人是一种具有移动性、个体性、智能性、通用性、半机械半人性、自动性、奴隶性 7 个特征的柔性机器”。从这一定义出发，森政弘又提出了用自动性、智能性、个体性、半机械半人性、作业性、通用性、信息性、柔性、有限性、移动性 10 个特性来表示机器人。加藤一郎提出的三个特性：具有脑、手、脚三要素的个体；具有非接触传感器（用眼、耳接受远方信息）和接触传感器；具有平衡觉和固有觉的传感器。

(1) 工业机器人的特性

根据国际标准化组织（ISO）给出的机器人定义，工业机器人的特性涵盖如下。

① 具有类人性，其动作机构具有类似于人或其他生物体某些器官的功能。工业机器人在机械结构上有类似人的行走、腰转、大臂、小臂、手腕、手爪等部分，在控制上有电脑。此外，智能化工业机器人还有许多类似人类的“生物传感器”，如皮肤型接触传感器、力传感器、负载传感器、视觉传感器、声觉传感器、语言功能等。传感器提高了工业机器人对周围环境的自适应能力。

② 具有通用性，其工作种类多样，动作程序灵活易变。除了专门设计的专用的工业机器人外，一般工业机器人在执行不同的作业任务时具有较好的通用性。比如，更换工业机器人手部末端操作器（手爪、工具等）便可执行不同的作业任务。

③ 具有智能性，其智能程度不同，如记忆、感知、推理、决策、学习等。第三代智能机器人不仅具有获取外部环境信息的各种传感器，而且还具有记忆能力、语言理解能力、图像识别能力、推理判断能力等人工智能，这些都是与微电子技术的应用，特别是计算机技术的应用密切相关。

④ 具有独立性，完整的机器人系统在工作中可以不依赖于人的干预。

(2) 机器人学三原则

为了防止机器人伤害人类，1940年，一位名叫阿西莫夫（Isaac Asimov）的科幻作家首次使用了Rabotics（机器人学）来描述与机器人有关的科学，并提出了“机器人学三原则”，这三个原则如下。

① 机器人不得伤害人类或由于故障而使人遭受不幸。

② 机器人应执行人们下达的命令，除非这些命令与第一原则相矛盾。

③ 机器人应能保护自己的生存，只要这种保护行为不与第一或第二原则相矛盾。

这是给机器人赋予的伦理性纲领，机器人学术界一直将这三原则作为机器人开发的准则。

(3) 工业机器人的主要特性参数

① 坐标形式。常用的坐标形式有直角坐标、圆柱坐标、球坐标、关节坐标等。

② 运动自由度数。自由度数表示机器人动作的灵活程度。一般少于6个，也有多于6个的。

③ 各自由度的动作范围。各自由度的动作范围，指各关节的活动范围。各关节的基本动作范围决定了机器人操作机工作空间的形状和大小。

④ 速度。各自由度的动作速度，指各关节的极限速度。

⑤ 额定负载。额定负载指在规定性能范围内，在手腕机械接口处所能承受的最大负载允许值。

⑥ 精度。精度主要包括位姿精度、位姿重复性、轨迹精度、轨迹重复性等。

工业机器人的技术要求包括：外观和结构电气设备、可靠性［用平均无故障工作时间（MTBF）及可维修时间（MTTR）衡量］和安全性（应满足GB 11291.1—2011《工业环境用机器人 安全要求 第1部分：机器人》与GB 11291.2—2013《机器人与机器人装备 工业机器人的安全要求 第2部分：机器人系统与集成》的规定）。

1.1.3 工业机器人的产生

工业机器人（Industrial Robot，IR）是1960年在《美国金属市场》报首先使用的，但工业机器人的概念是由美国德沃尔（George·G·Devol）1954年在其专利“程序控制物料传送装置”中最早提出，该专利的要点是借助伺服技术控制机器人的关节，利用人手对机器人进行动作示教，机器人能实现动作的记录和再现，这就是所谓的示教再现机器人。现有的机器人差不多都采用这种控制方式。

英格伯格在大学攻读伺服理论，这是一种研究运动机构如何才能更好地跟踪控制信号的理论。德沃尔曾于1946年发明了一种系统，可以“重演”所记录的机器的运动。1954年，德沃尔又获得可编程机械手专利，这种机械手臂按程序进行工作，可以根据不同的工作需要编制不同的程序，因此具有通用性和灵活性，英格伯格和德沃尔都在研究机器人，认为汽车工业最适于用机器人干活，因为它是用重型机器进行工作，生产过程较为固定。

1959年，英格伯格和德沃尔联手制造出第一台工业机器人。德沃尔的Unimation公司和美国的机械铸造公司（AMF）于1962年分别制造了实用的一号机，即世界上第一台工业机器人Unimate（“万能伙伴”之意）机器人和Versatran（“多用搬运”之意）机器人，机器人的历史才真正开始。Unimate机器人外形有点像坦克炮塔，采取极坐标结构，基座上有一个大机械臂，大臂可绕轴在基座上转动，大臂上又伸出一个小机械臂，它相对大臂可以伸出或缩回。小臂顶有一个腕，可绕小臂转动，进行俯仰和侧摇。腕前端是手，即操作器。这个机器人的功能和人的手臂功能相似。现在的Unimate机器人（图1-1）是球坐标机器人，它由5个关节串联的液压驱动，可完成近200种示教再现动作。而Versatran机器人（图1-2）采用圆柱坐标结构。

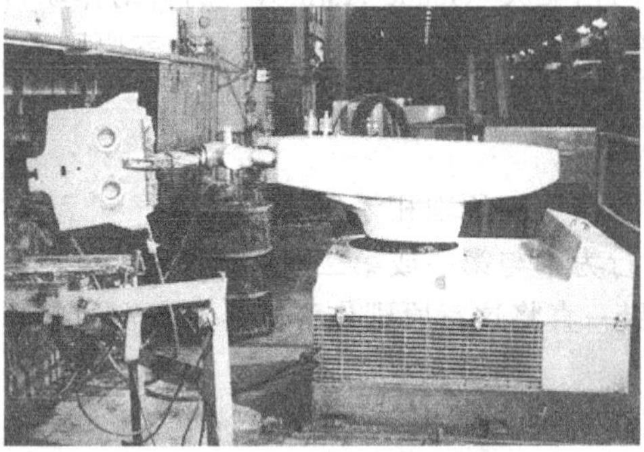

图 1-1 Unimate 机器人

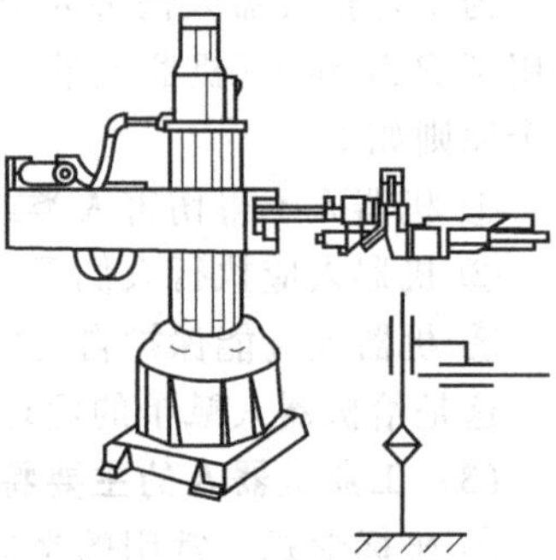

图 1-2 Versatran 机器人

1.1.4 工业机器人的发展

随着科技的不断进步，工业机器人的发展过程可分为三代：第一代为示教再现型机器人，它主要由机械手控制器和示教盒组成，可按预先引导动作记录下信息重复再现执行，当前工业中应用最多；第二代为感觉型机器人，如有力觉、触觉和视觉等，它具有对某些外界信息进行反馈调整的能力，目前已进入应用阶段；第三代为智能型机器人，它具有感知和理解外部环境的能力，在工作环境改变的情况下，也能够成功地完成任务，它尚处于实验研究阶段。

(1) 国外工业机器人的发展

美国是机器人的诞生地，早在 1961 年，美国的 Consolided Control Corp 和 AMF 公司联合研制了第一台实用的示教再现机器人。经过 50 多年的发展，美国的机器人技术在国际上仍一直处于领先地位。其技术全面、先进，适应性也很强。

日本在 1967 年从美国引进第一台机器人，1976 年以后，随着微电子的快速发展和市场需求急剧增加，日本当时劳动力显著不足，工业机器人在企业里受到了“救世主”般的欢迎，使得日本工业机器人得到快速发展，现在无论机器人的数量还是机器人的密度都位居世界第一，素有“机器人王国”之称。

德国引进机器人的时间比英国和瑞典晚了五六年，但战争所导致的劳动力短缺，国民的技术水平较高等社会环境，却为工业机器人的发展、应用提供了有利条件。此外，在德国规定，对于一些危险、有毒、有害的工作岗位，必须以机器人来代替普通人的劳动。这为机器人的应用开拓了广泛的市场，并推动了工业机器人技术的发展。目前，德国工业机器人的总数占世界第二位，仅次于日本。

法国政府一直比较重视机器人技术，通过大力支持一系列研究计划，建立了一个完整的科学技术体系，使法国机器人的发展比较顺利。在政府组织的项目中，特别注重机器人基础技术方面的研究，把重点放在开展机器人的应用研究上。而由工业界支持开展应用和开发方面的工作，两者相辅相成，使机器人在法国企业界得以迅速发展和普及，从而使法国在国际工业机器人界拥有不可或缺的一席之地。

英国从 20 世纪 70 年代末开始，推行并实施了一系列措施支持机器人发展，使英国工业机器人起步比当今的机器人大国日本还要早，并曾经取得了早期的辉煌。然而，这时候政府对工业机器人实行了限制发展的错误措施。这个错误导致英国的机器人工业一蹶不振，在西欧几乎处于末位。

近些年，意大利、瑞典、西班牙、芬兰、丹麦等国家由于自身国内机器人市场的大量需求，发展非常迅速。目前，国际上的工业机器人公司主要分为日系和欧系。日系中主要有安川、OTC、松下、FANLUC、不二越、川崎等公司的产品。欧系中主要有德国的KUKA、CLOOS、瑞典的ABB、意大利的COMAU及奥地利的IGM公司。

(2) 国内工业机器人的发展

我国工业机器人起步于20世纪70年代初，大致可分为三个阶段：70年代的萌芽期，80年代的开发期，90年代及以后的实用期。

我国于1972年开始研制工业机器人，数十家研究单位和院校分别开发了固定程序、组合式、液压伺服型通用机器人，并开始了机构学、计算机控制和应用技术的研究。20世纪80年代，我国机器人技术的发展得到政府的重视和支持，机器人步入跨越式发展时期。1986年，我国开展了“七五”机器人攻关计划。1987年，我国的“863”高技术计划将机器人方面的研究开发列入其中，进行了工业机器人基础技术、基础元器件、工业机器人整机及应用工程的开发研究。我国在完成示教再现式工业机器人及其成套技术的开发后，研制出了喷涂、弧焊、点焊和搬运等工业机器人整机，多类专用和通用控制系统及关键元器件，并在生产中经过实际应用考核，其性能指标达到20世纪80年代初国外同类产品的水平。

为了跟踪国外高技术，在国家高技术计划中安排了智能机器人的研究开发，包括水下无缆机器人、多功能装配机器人和各类特种机器人，进行了智能机器人体结构、机构、控制、人工智能、机器视觉、高性能传感器及新材料等的应用研究。20世纪90年代，由于市场竞争加剧，一些企业认识到必须要用机器人等自动化设备来改造传统产业，从而使机器人进一步走向产业化，并在喷涂机器人、点焊机器人、弧焊机器人、搬运机器人、装配机器人和矿山、建筑、管道作业的特种工业机器人技术和系统应用的成套技术方面继续开发和完善，进一步开拓市场，扩大应用领域，从汽车制造业逐步扩展到其他制造业并渗透非制造业领域，如机器人化柔性装配系统的研究，充分发挥工业机器人在未来计算机集成制造系统（CIMS）中的核心技术作用。

(3) 工业机器人发展模式

国际工业机器人技术日趋成熟，基本沿着两条路径发展：一是模仿人的手臂，实现多维运动；二是模仿人的下肢运动，实现物料输送、传递等搬运功能。目前机器人发展水平最高的日本、美国和欧洲国家，它们在发展模式上各有不同。

① 日本模式　日本模式是各司其职，分层面完成交钥匙工程。即机器人制造厂商以开发新型机器人和批量生产优质产品为主要目标，并由其子公司或社会上的工程公司来设计制造各行业所需要的机器人成套系统，并完成交钥匙工程。

② 欧洲模式　欧洲模式是一揽子交钥匙工程。即机器人的生产和用户所需要的系统设计制造，全部由机器人制造厂商自己完成。

③ 美国模式　美国模式是采购与成套设计相结合。美国国内基本上不生产普通的工业机器人，企业需要时机器人通常由工程公司进口，再自行设计、制造配套的外围设备，完成交钥匙工程。

目前，机器人制造公司没有统一的操作系统软件，流行的应用程序也很难满足五花八门的装置上运行，这就需要机器人硬件的标准化，实现机器人编程代码的通识性。

我国机器人领域尚处于起步阶段，应以“美国模式”着手，逐步向“日本模式”靠近。国产工业机器人在精度、速度等方面与国外产品比相去甚远，特别是关键核心技术（三大核心零部件——伺服电机、减速器和控制系统）没有取得突破，存在低端技术水平有待改善，产业链亟待充实和规范等问题。

1.2 机器人的组成与工作原理

1.2.1 工业机器人的组成

工业机器人是一种模拟人的手臂、手腕和手功能的机电一体化装置，可对物体运动的位置、速度和加速度进行精确控制，从而完成某一工业生产的作业要求。当前工业中应用以第一代工业机器人为主，由操作机、控制器和示教器组成，如图 1-3 所示。其系统一般包括机械系统、驱动系统、控制系统和感知系统四部分，它们之间的关系如图 1-4 所示。对于第二代及第三代工业机器人还包括感知系统和分析决策系统，它们分别由传感器及软件实现。

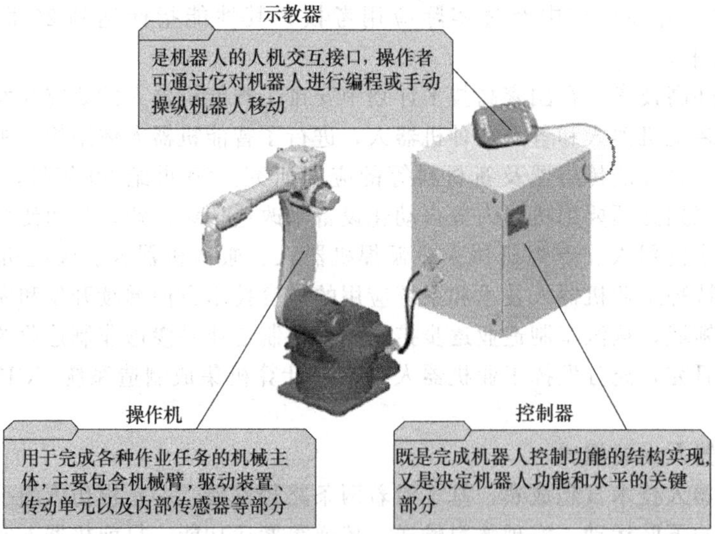

图 1-3 工业机器人的组成

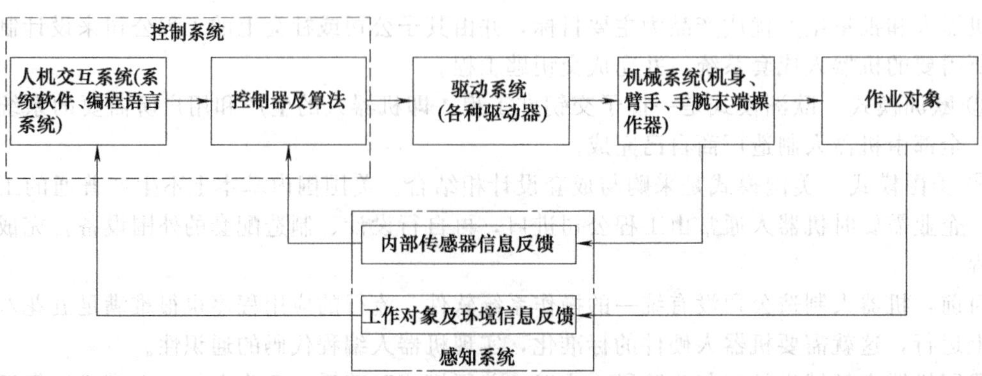

图 1-4 工业机器人系统组成

操作机（或称机器人本体）是工业机器人的机械主体，是用来完成各种作业的执行机构。它主要包括机械结构系统（机械臂）、驱动系统、传动单元及内部传感器。

(1) 机械结构系统

机械结构系统又称操作机或执行机构系统，是机器人的主要承载体，它由一系列连杆、关节等组成。机械系统通常包括机身、基座、于臂、手腕、关节和末端执行器，每一个部分都具有多自由度，构成一个多自由度的机械系统，如图 1-5 所示。

① 机身部分　如同机床的床身结构一样，机器人的机身构成机器人的基础支撑。有的机身底部安装有机器人行走机构，便构成行走机器人；有的机身可以绕轴线回转，构成机器人的腰；若机身不具备行走及回转机构，则构成单机器人臂。

② 基座　基座是机器人的基础部分，起支撑作用。整个执行机构和驱动装置都安装在基座上。对固定式机器人，直接连接在地面基础上，对移动式机器人，则安装在移动机构上，可分为有轨和无轨两种。

③ 关节　关节通常分为滑动关节和转动关节，以实现机身、手臂各部分、末端执行器之间的相对运动。

④ 手臂　它是连接机身和手腕的部分。一般由上臂、下臂和手腕组成，用于完成各种简单或复杂的动作，它由操作器的动力关节和连接杆件等构成。它是执行结构中的主要运动部件，也称主轴，主要用于改变手腕和末端执行器的空间位置，满足机器人的作业空间，并将各种载荷传递到基座。

⑤ 手腕　它是连接末端执行器和手臂的部分，将作业载荷传递到臂部，主要用于改变末端执行器的空间位置。

⑥ 末端执行器　它是直接装在手腕上的一个重要部件，通常是模拟人的手掌和手指的，可以是两手指或多手指的手爪末端操作器，有时也可以是各种作业工具，如焊枪、喷漆枪等。

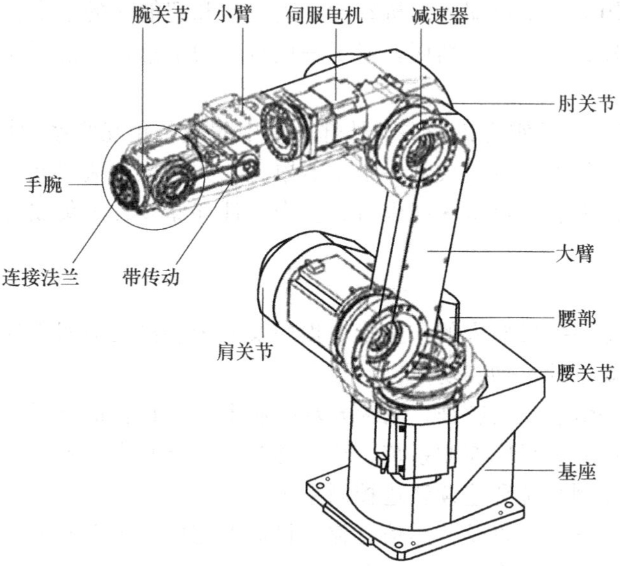

图 1-5　关节型机器人操作机基本构造

(2) 驱动系统（驱动装置）

驱动系统是驱使工业机器人机械臂运动的机构。按照控制系统发出的指令信号，借助动力元件使机器人运行起来，给各个关节即每个运动自由度安装传动装置，这就是驱动系统。其作用是提供机器人各部位、各关节动作的原动力。

根据驱动源的不同，驱动系统可分为电动、液压、气动三种，也包括把它们结合起来应用的综合系统。驱动系统可以与机械系统直接相连，也可通过同步带、链条、齿轮、谐波传动装置等与机械系统间接相连。运动精度不高、重负载或有防爆要求的机器人采用液压、气压驱动，工业机器人大多采用电气驱动，而其中属交流伺服驱动应用最广，且驱动器布置大都采用一个关节一个驱动器，它们的特点对比见表 1-2。

表 1-2 三种驱动方式特点比较

特点	输出力	控制性能	维修使用	结构体积	使用范围	制造成本
液压驱动	压力高，可获得很大的输出力	油液不可压缩，压力、流量均容易控制，可无级调速，反应灵敏，可实现连续轨迹控制	维修方便，液体对温度变化敏感，油液泄漏易着火	在输出力相同的情况下，体积比气压驱动方式小	中、小型及重型机器人	液压元件成本较高，油路比较复杂
气压驱动	可获得大的输出力，如需输出力很大时，其结构尺寸过大	可高速，冲击较严重，精确定位困难。气体压缩性大，阻尼效果差，低速不易控制，不易与 CPU 连接	维修简单，能在高温、粉尘等恶劣环境中使用，泄漏无影响	体积较大	中、小型机器人	结构简单，能源方便，成本低
电气驱动	输出力较大	容易与 CPU 连接，控制性能好，响应快，可精确定位，但控制系统复杂	维修使用较复杂	需要减速装置，体积较小	高性能、运动轨迹要求严格	成本较高

(3) 感受系统

感受系统通常由内部传感器模块和外部传感器模块组成，其作用是获取内部和外部环境中有意义的信息，并把这些信息反馈给控制系统。内部传感器用于检测各关节的位置、速度等变量，为闭环控制系统提供信息。外部传感器用于检测机器人与周围环境的一些状态变量，如距离、接近程度和接触情况等，用于引导机器人，便于识别物体并做出相应的处理。

智能传感器的使用提高了机器人的机动性、适应性和智能化的水准。人类的感受系统对外部世界信息的感知是极其灵巧的，然而，对于一些特殊的信息，传感器比人类的感受系统更有效率。

机器人-环境交互系统是实现机器人与外部环境中的设备相互联系和协调的系统。

工业机器人往往与外部设备集成为一个功能单元，如加工制造单元、焊接单元、装配单元等；也可以是多台机器人、多台机床或设备、多个零件存储装置等集成为一个去执行复杂任务的功能单元。

(4) 控制系统

控制系统的任务是根据机器人的作业指令程序及从传感器反馈回来的信号，控制机器人的执行机构，使其完成规定的运动和功能。

如果机器人不具备信息反馈特征，则为开环控制系统；具备信息反馈特征，则为闭环控制系统。根据控制原理可分为程序控制系统、适应性控制系统和人工智能控制系统。根据控制运动的形式可分为点位控制系统和连续轨迹控制系统。

机器人控制器是根据指令以及传感信息控制机器人完成一定动作或作业任务的装置，是决定机器人功能和性能的主要因素，也是机器人系统中更新和发展最快的部分。其基本功能有：示教功能、记忆功能、位置伺服功能、坐标设定功能、与外围设备联系功能、传感器接口、故障诊断安全保护功能等。

依据控制系统的开放程度，机器人控制器分 3 类：封闭型、开放型和混合型。目前基本上都是封闭型系统（如日系机器人）或混合型系统（如欧系机器人）。

按计算机结构、控制方式和控制算法的处理方法，机器人控制器又可分为集中式控制和分布式控制两种方式。

① 集中式控制器 优点：硬件成本较低，便于信息的采集和分析，易于实现系统的最优

控制，整体性与协调性较好，基于 PC 的系统硬件扩展较为方便（见图 1-6）。

缺点：系统控制缺乏灵活性，控制危险容易集中，一旦出现故障，其影响面广，后果严重；大量数据计算，会降低系统实时性，系统对多任务的响应能力也会与系统的实时性相冲突；系统连线复杂，会降低系统的可靠性。

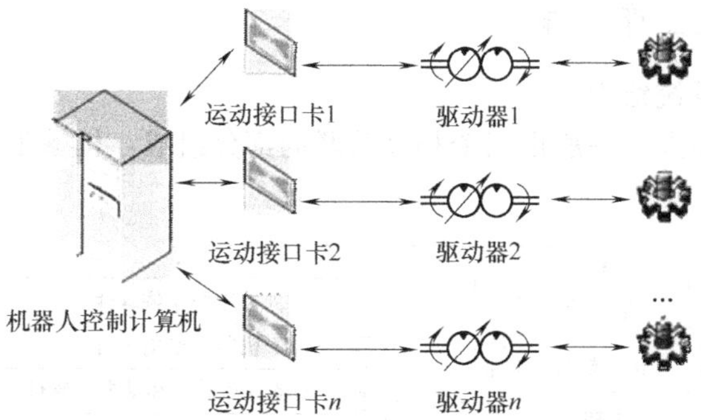

(a) 单独接口卡驱动

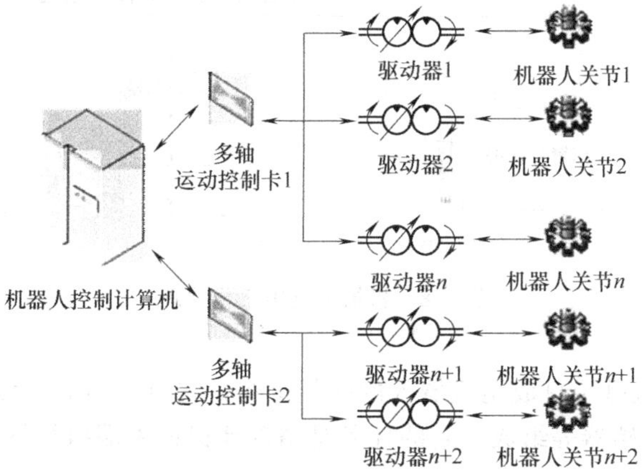

(b) 多轴运动控制卡驱动

图 1-6　集中式机器人控制器结构

② 分布式控制器　主要思想为“分散控制，集中管理”，为一个开放、实时、精确的机器人控制系统。分布式系统中常采用两级控制方式，由上位机和下位机组成（见图 1-7）。

优点：系统灵活性好，控制系统的危险性降低，采用多处理器的分散控制，有利于系统功能的并行执行，提高系统的处理效率，缩短响应时间。

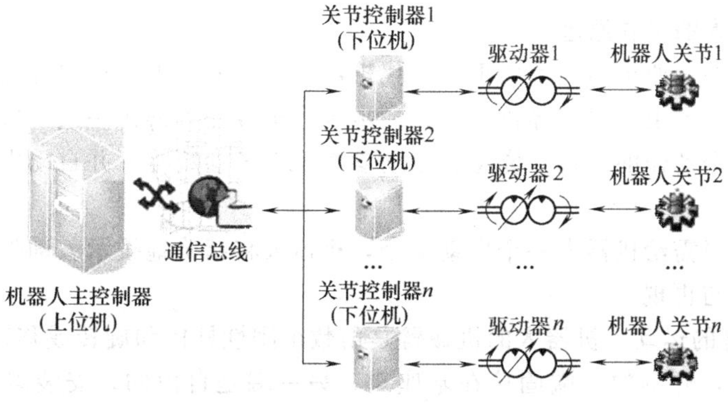

图 1-7　分布式机器人控制器结构

还有人-机交互系统，它是人与机器人进行联系和参与机器人控制的装置，例如，计算机的标准终端、指令控制台、信息显示板及危险信号报警器等。该系统归纳起来实际上就是两大类：指令给定装置和信息显示装置。

1.2.2 工业机器人的工作原理

(1) 工业机器人的系统结构

一台通用的工业机器人，一般由三个相互关联的部分组成：机械手总成、控制器、示教系统，如图 1-8 所示。

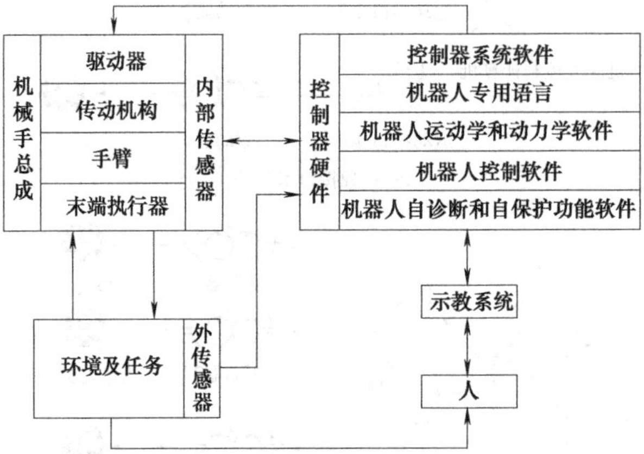

图 1-8 机器人基本工作原理

① 机械手总成　机械手总成是机器人的执行机构，它由驱动器、传动机构、手臂、关节、末端执行器以及内部传感器等组成。它的任务是精确地保证末端执行器所要求的位置、姿态和实现其运动。

② 控制器　控制器是机器人的神经中枢。它由计算机硬件、软件和一些专用电路构成，其软件包括控制器系统软件、机器人专用语言、机器人运动学和动力学软件、机器人控制软件、机器人自诊断和自保护功能软件等，它可处理机器人工作过程中的全部信息和控制其全部动作。

③ 示教系统　示教系统是机器人与人的交互接口，在示教过程中，它将控制机器人的全部动作，并将其全部信息送入控制器的存储器中，它实质上是一个专用的智能终端。

(2) 工业机器人的工作原理

现在广泛应用的工业机器人都属于第一代机器人，它的基本工作原理是示教再现。

示教也称导引，即由用户引导机器人，一步步将实际任务操作一遍，机器人在引导过程中自动记忆示教的每个动作的位置、姿态、运动参数、工艺参数等，并自动生成一个连续执行全部操作的程序。

完成示教后，只需给机器人一个启动命令，机器人将精确地按示教动作，一步步完成全部操作，这就是示教与再现。

① 机器人手臂的运动　机器人的机械臂是由数个刚性杆体和旋转或移动的关节连接而成，是一个开环关节链，开链的一端固接在基座上，另一端是自由的，安装着末端执行器（如焊枪），在机器人操作时，机器人手臂前端的末端执行器必须与被加工工件处于相适应的位置和

姿态，而这些位置和姿态是由若干个臂关节的运动所合成的。

因此，机器人运动控制中，必须要知道机械臂各关节变量空间和末端执行器的位置和姿态之间的关系，这就是机器人运动学模型。一台机器人机械臂的几何结构确定后，其运动学模型即可确定，这是机器人运动控制的基础。

② 机器人轨迹规划　机器人机械手端部从起点的位置和姿态到终点的位置和姿态的运动轨迹空间曲线叫做路径。

轨迹规划的任务是用一种函数来“内插”或“逼近”给定的路径，并沿时间轴产生一系列“控制设定点”，用于控制机械手运动。目前常用的轨迹规划方法有空间关节插值法和笛卡儿空间规划两种方法。

③ 机器人机械手的控制　当一台机器人机械手的动态运动方程已给定，它的控制目的就是按预定性能要求保持机械手的动态响应。但是由于机器人机械手的惯性力、耦合反应力和重力负载都随运动空间的变化而变化，因此要对它进行高精度、高速度、高动态品质的控制是相当复杂而困难的。

目前工业机器人上采用的控制方法是把机械手上每一个关节都当做一个单独的伺服机构，即把一个非线性的、关节间耦合的变负载系统，简化为线性的非耦合单独系统。

1.2.3 机器人应用与外部的关系

(1) 机器人应用涉及的领域

机器人技术是集机械工程学、计算机科学、控制工程、电子技术、传感器技术、人工智能、仿生学等学科为一体的综合技术，它是多学科科技革命的必然结果。每一台机器人，都是一个知识密集和技术密集的高科技机电一体化产品。

机器人与外部的关系如图1-9所示，机器人技术涉及的研究领域有如下几个。

① 传感器技术。得到与人类感觉机能相似的传感器技术。

② 人工智能计算机科学。得到与人类智能或控制机能相似能力的人工智能或计算机科学。

③ 工业机器人技术。指把人类作业技能具体化的工业机器人技术。

④ 假肢技术。

⑤ 移动机械技术。实现动物行走机能的行走技术。

⑥ 生物功能。以实现生物机能为目的的生物学技术。

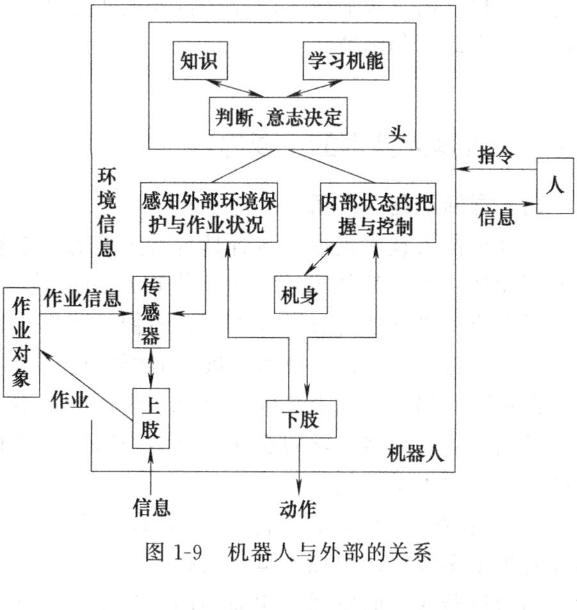

图1-9 机器人与外部的关系

(2) 机器人应用研究的内容

机器人研究的基础内容有以下几个方面。

① 空间机构学　空间机构在机器人中的应用体现在：机器人机身和臂部机构的设计、机器人手部机构的设计、机器人行走机构的设计、机器人关节部机构的设计。

② 机器人运动学　机器人的执行机构实际上是一个多刚体系统，研究要涉及组成这一系统的各杆件之间以及系统与对象之间的相互关系，需要一种有效的数学描述方法。

③ 机器人静力学　机器人与环境之间的接触会引起它们之间相互的作用力和力矩，而机器人的输入关节力矩由各个关节的驱动装置提供，通过手臂传至手部，使力和力矩作用在环境的接触面上。这种力和力矩的输入和输出关系在机器人控制中是十分重要的。静力学主要讨论机器人手部端点力与驱动器输入力矩的关系。

④ 机器人动力学　机器人是一个复杂的动力学系统，要研究和控制这个系统，首先必须建立它的动力学方程。动力学方程是指作用于机器人各机构的力或力矩与其位置、速度、加速度关系的方程式。

⑤ 机器人控制技术　机器人的控制技术是在传统机械系统控制技术的基础上发展起来的，两者之间无根本区别。但机器人控制系统也有其特殊之处，它是耦合的、非线性的多变量的控制系统，其负载、惯量、重心等随时间都可能变化，不仅要考虑运动学关系，还要考虑动力学因素，其模型为非线性而工作环境又是多变的。主要研究的内容有机器人控制方式和机器人控制策略。

⑥ 机器人传感器　一般人类具有视觉、听觉、触觉、味觉及嗅觉 5 种外部感觉，除此之外，机器人还有位置、角度、速度、姿态等表征机器人内部状态的内在感觉。机器人的感觉主要通过传感器来实现。

外部传感器是为了对环境产生相适应的动作而取得环境信息。内部传感器是根据指令而进行动作，检测机器人各部件状态。

⑦ 机器人编程语言　机器人编程语言是机器人和用户的软件接口，编程的功能决定了机器人的适应性和给用户的方便性。机器人编程与传统的计算机编程不同，机器人操作的对象是各类三维物体，运动在一个复杂的空间环境，还要监视和处理传感器信息。因此其编程语言主要有两类：面向机器人的编程语言和面向任务的编程语言。面向机器人的编程语言主要特点是描述机器人的动作序列，每一条语句大约相当于机器人的一个动作。面向任务的机器人编程语言允许用户发出直接命令，以控制机器人去完成一个具体的任务，而不需要说明机器人需要采取的每一个动作的细节。

1.2.4　机器人技术的主要内容

(1) 国际机器人应用技术的现状

当今机器人技术正逐渐向着具有行走能力、多种感觉能力以及对作业环境的较强自适应能力方面发展。美国某公司已成功地将神经网络装到芯片上，其分析速度比普通计算机快千万倍，可更快、更好地完成语言识别、图像处理等工作。

目前，对全球机器人技术发展最有影响的国家应该是美国和日本。美国在机器人技术的综合研究水平上仍处于领先地位，而日本生产的机器人在数量、种类方面居世界首位。机器人技术的发展推动了机器人学的建立，许多国家成立了机器人协会，美国、日本、英国、瑞典等国家设立了机器人学学位。

20 世纪 70 年代以来，许多大学开设了机器人课程，开展了机器人学的研究工作，如美国的麻省理工学院、斯坦福大学、康奈尔大学、加州大学等都是研究机器人学富有成果的著名学府。随着机器人学的发展，相关的国际学术交流活动也日渐增多，目前最有影响的国际会议是 IEEE 每年举行的机器人学及自动化国际会议，此外还有国际工业机器人会议（ISIR）和国际工业机器人技术会议（CIRT）等。

(2) 国内工业机器人应用技术的现状

① 工业机器人 50%以上用在汽车领域　汽车生产的四大工艺以及汽车关键零部件的生产都需要有工业机器人的参与。在汽车车身生产中，有大量压铸、焊接、检测等工序，这些目前

均由工业机器人参与完成，特别是焊接线，一条焊接线就有大量的工业机器人参与，自动化程度相当高。在汽车内饰件生产中，则需要表皮弱化机器人、发泡机器人、产品切割机器人。汽车车身的喷涂由于工作量大，危险性高，通常都会采用工业机器人代替。所以，完成一辆汽车的制造，需要的机器人相当多，工业机器人已成为汽车生产中关键的智能化设备。

国内60%的工业机器人用于汽车生产，全世界用于汽车工业的工业机器人已经达到总用量的37%，用于汽车零部件的工业机器人约占24%。随着汽车需求的不断增长，汽车行业必将为工业机器人产业的发展带来新的生机。

② 焊接机器人在汽车制造业中发挥着不可替代的作用　焊接机器人是在工业机器人基础上发展起来的先进焊接设备，是从事焊接（包括切割与喷涂）的工业机器人，主要用于工业自动化领域，其广泛应用于汽车及其零部件制造、摩托车、工程机械等行业。焊接机器人可以使生产更具柔性，使焊接质量更有保证。

③ 自动引导车（AGV）将效益载入汽车制造业　近年来，随着工业信息化的发展，新兴机器人产业向传统汽车工业输送的高科技产品——自动导引车（AGV）伴随着我国装备制造业的转型、升级应运而生。国内汽车制造业在汽车生产中引入了AGV技术，使汽车装配的生产组织、信息管理和物流技术等方面实现了质的飞跃。自动导引车（AGV）分为装配型和搬运型两大类，装配型AGV系列产品主要应用于汽车装配柔性生产线，实现了发动机、后桥、油箱等部件的动态自动化装配，极大地提高了生产效率。

④ 工业机器人促进机器视觉发展　机器人可以通过视觉传感器获取环境的二维图像，并通过视觉处理器进行分析和解释，进而转换为符号，让机器人能够辨识物体，并确定其位置。机器人视觉广义上称为机器视觉，其基本原理与计算机视觉类似。

机器人视觉硬件主要包括图像获取和视觉处理两部分，图像获取由照明系统、视觉传感器、模拟/数字转换器和帧存储器等组成。根据功能不同，机器人视觉可分为视觉检验和视觉引导两种，广泛应用于电子、汽车、机械等工业部门和医学、军事领域。

视觉技术在工业机器人行业，主要是充当机器人的"眼睛"，跟机器人配合用于各种产品的定位，为机器人抓取物体提供坐标信息，这样的组合，可谓新技术与新技术之间的强强组合，其潜力自然不言而喻。

1.3 机器人的分类

应用于不同领域的机器人可按照不同的功能、目的、用途、规模、结构、坐标、驱动方式等分成很多类型，目前国内外尚无统一的分类标准。参考国内外有关资料，本书将从多个角度对机器人进行分类。

1.3.1 按机器人的应用领域分类

我国的机器人专家从应用领域出发，将机器人分为两大类，即工业机器人和操纵型机器人。

(1) 工业机器人

工业机器人（industrial robot）是在工业生产中使用的机器人的总称，主要用于完成工业生产中的某些作业。依据具体应用目的的不同，又常以其主要用途命名。

焊接机器人是目前应用最多的工业机器人，包括点焊和弧焊机器人，用于实现自动化焊接作业；装配机器人比较多地用于电子部件或电器的装配；喷涂机器人代替人进行各种喷涂作业；搬运、上料、下料及码垛机器人的功能都是根据工况要求的速度和精度，将物品从一处运到另一处；还有很多其他用途的机器人，如将金属溶液浇到压铸机中的浇注机器人等。

工业机器人的优点在于它可以通过更改程序，方便迅速地改变工作内容或方式，以满足生产要求的变化，例如改变焊缝轨迹及喷涂位置，变更装配部件或位置等。随着工业生产线越来越高的柔性要求，对各种工业机器人的需求也越来越广泛。

(2) 操纵型机器人

操纵型机器人（teleoperator robot）主要用于非工业生产的各种作业，又可分为服务机器人与特种作业机器人。

服务机器人通常是可移动的，在多数情况下，可由一个移动平台构成，平台上装有一只或几只手臂，代替或协助人完成为人类提供服务和安全保障的各种工作，如清洁、护理、娱乐和执勤等。

除以上服务机器人外，还有一些其他种类的特种作业机器人。如水下机器人，又称为水下无人深潜器，代替人在水下危险的环境中作业。再比如墙壁清洗机器人（图 1-10）、爬缆索机器人（图 1-11）以及管内移动机器人等。这些机器人都是根据某种特殊目的设计的特种作业机器人，为帮助人类完成一些高强度、高危险性或无法完成的工作。

图 1-10 墙壁清洗机器人

图 1-11 爬缆索机器人

1.3.2 按机器人的驱动方式分类

(1) 气动式机器人

气动式机器人以压缩空气来驱动其执行机构，这种驱动方式的优点是空气来源方便，动作迅速，结构简单，造价低，缺点是空气具有可压缩性，致使工作速度的稳定性较差。因气源压力一般只有 60MPa 左右，故此类机器人适宜抓举力要求较小的场合。

(2) 液动式机器人

相对于气力驱动，液力驱动的机器人具有大得多的抓举能力，可高达上百千克。液力驱动式机器人结构紧凑，传动平稳且动作灵敏，但对密封的要求较高，且不宜在高温或低温的场合工作，要求的制造精度较高，成本较高。

(3) 电动式机器人

目前越来越多的机器人采用电力驱动式，这不仅是因为电动机可供选择的品种众多，更因为可以运用多种灵活的控制方法。

电力驱动是利用各种电动机产生的力或力矩，直接或经过减速机构驱动机器人，以获得所需的位置、速度、加速度。电力驱动具有无污染，易于控制，运动精度高，成本低，驱动效率高等优点，其应用最为广泛。

电力驱动又可分为步进电动机驱动、直流伺服电动机驱动、无刷伺服电动机驱动等。

(4) 新型驱动方式机器人

伴随着机器人技术的发展，出现了利用新的工作原理制造的新型驱动器，如静电驱动器、压电驱动器、形状记忆合金驱动器、人工肌肉及光驱动器等。

1.3.3 按机器人的智能方式分类

(1) 一般型机器人

一般型机器人是第一代机器人，又叫做示教-再现型机器人，主要指只能以示教-再现方式工作的工业机器人，如图 1-12 所示。示教内容为机器人操作结构的空间轨迹、作业条件和作业顺序等。所谓示教，是指由人教给机器人进行运动的轨迹、停留点位、停留时间等。然后，机器人依照所教的行为、顺序和速度重复运动，即所谓的再现。

示教可由操作员手把手地进行。例如，操作人员抓住机器人上的喷枪把喷涂时要走的位置走一遍，机器人记住了这一连串运动，工作时自动重复这些运动，从而完成给定位置的喷涂工作。但是现在比较普遍的示教方式是通过控制面板完成的。操作人员利用控制面板上的开关或键盘控制机器人一步一步地运动，机器人自动记录下每一步，然后重复。目前在工业现场应用的机器人大多采用这一方式。

(a) 手把手示教　　(b) 示教器示教

图 1-12　示教再现机器人

(2) 传感机器人

传感机器人是第二代机器人，又叫做感觉机器人，它带有一些可感知环境的装置，对外界环境有一定感知能力。工作时，根据感觉器官（传感器）获得的信息，通过反馈控制，使机器人能在一定程度上灵活调整自己的工作状态，保证在适应环境的情况下完成工作。

这样的技术现在正越来越多地应用在机器人身上，例如焊缝跟踪技术。机器人焊接的过程中，一般通过示教方式给出机器人的运动曲线，机器人携带焊枪走这个曲线进行焊接。这就要求工件的一致性好，也就是说工件被焊接的位置必须十分准确，否则，机器人行走的曲线和工件上的实际焊缝位置将产生偏差。焊缝跟踪技术是在机器人上加一个传感器，通过传感器感知焊缝的位置，再通过反馈控制，机器人自动跟踪焊缝，从而对示教的位置进行修正。即使实际焊缝相对于原始设定的位置有变化，机器人仍然可以很好地完成焊接工作。例如 LR Mate 200iD 和视觉跟踪系统的结合，对输送线上的 IT 部品（内存条）进行位置判别，如图 1-13 所示。

(3) 智能机器人

智能机器人是第三代机器人，它不仅具有感觉能力，而且还具有独立判断和行动的能力，

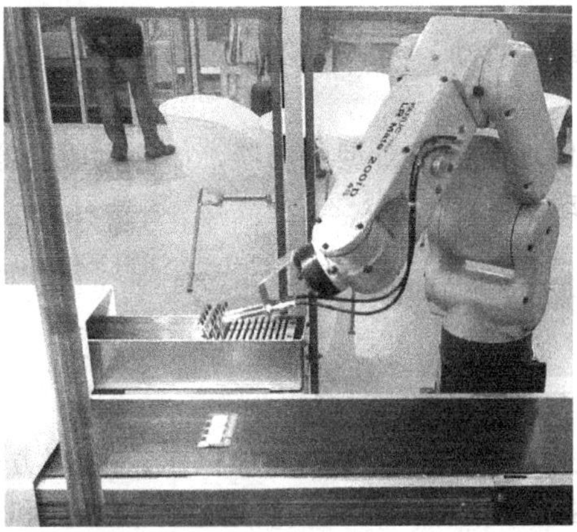

图 1-13 发那科 LR Mate 200iD 高速整列作业

并具有记忆、推理和决策的能力，因而能够完成更加复杂的动作。智能机器人的“智能”特征就在于它具有与外部世界——对象、环境和人相适应、相协调的工作机能。从控制方式看是以一种“认知-适应”的方式自律地进行操作。

这类机器人带有多种传感器，使机器人可以知道其自身的状态，例如在什么位置，自身的系统是否有故障等；且可通过装在机器人身上或者工作环境中的传感器感知外部的状态，例如发现道路与危险地段，测出与协作机器的相对位置与距离以及相互作用的力等。机器人能够根据得到的这些信息进行逻辑推理、判断、决策，在变化的内部状态与外部环境中，自主决定自身的行为。

这类机器人具有高度的适应性和自治能力，这是人们努力使机器人达到的目标。经过科学家多年来不懈的研究，已经出现了很多各具特点的试验装置和大量的新方法、新思想。但是，在已应用的机器人中，机器人的自适应技术仍十分有限，该技术是机器人今后发展的方向。

智能机器人的发展方向大致有两种：一种是类人型智能机器人，这是人类梦想的机器人；另一种外形并不像人，但具有机器智能。

1.3.4 按机器人的控制方式分类

按照机器人的控制方式可分为如下几类。

(1) 非伺服机器人

非伺服机器人按照预先编好的程序顺序进行工作，使用限位开关、制动器、插销板和定序器来控制机器人的运动。插销板用来预先规定机器人的工作顺序，而且往往是可调的。定序器是一种按照预定的正确顺序接通驱动装置的能源。驱动装置接通能源后，就带动机器人的手臂、腕部和手部等装置运动。

当它们移动到由限位开关所规定的位置时，限位开关切换工作状态，给定序器送去一个工作任务已经完成的信号，并使终端制动器动作，切断驱动能源，使机器人停止运动。非伺服机器人工作能力比较有限。

(2) 伺服控制机器人

伺服控制机器人通过传感器取得的反馈信号与来自给定装置的综合信号比较后，得到误差信号，经过放大后用以激发机器人的驱动装置，进而带动手部执行装置以一定规律运动，到达规定的位置或速度等，这是一个反馈控制系统。伺服系统的被控量可为机器人手部执行装置的位置、速度、加速度和力等。伺服控制机器人比非伺服机器人有更强的工作能力。

伺服控制机器人按照控制的空间位置不同，又可以分为点位伺服控制和连续轨迹伺服控制。

① 点位伺服控制　点位伺服控制机器人的受控运动方式为从一个点位目标移向另一个点位目标，只在目标点上完成操作。机器人可以以最快和最直接的路径从一个端点移到另一端点。

按点位方式进行控制的机器人，其运动为空间点到点之间的直线运动，在作业过程中只控制几个特定工作点的位置，不对点与点之间的运动过程进行控制。点位伺服控制的机器人中，所能控制点数的多少取决于控制系统复杂程度。

通常，点位伺服控制机器人适用于只需要确定终端位置而对编程点之间的路径和速度不做主要考虑的场合。点位控制主要用于点焊、搬运机器人。

② 连续轨迹伺服控制　连续轨迹伺服控制机器人能够平滑地跟随某个规定的路径，其轨迹往往是某条不在预编程端点停留的曲线路径。

按连续轨迹方式进行控制的机器人，其运动轨迹可以是空间的任意连续曲线。机器人在空间的整个运动过程都处于控制之下，能同时控制两个以上的运动轴，使得手部位置可沿任意形状的空间曲线运动，而手部的姿态也可以通过腕关节的运动得以控制，这对于焊接和喷涂作业是十分有利的。

连续轨迹伺服控制机器人具有良好的控制和运行特性，由于数据是依时间采样的，而不是依预先规定的空间采样，因此机器人的运行速度较快、功率较小、负载能力也较小。连续轨迹伺服控制机器人主要用于弧焊、喷涂、打飞边毛刺和检测机器人。

1.3.5　按机器人的坐标系统分类

按结构形式，机器人可分为关节型机器人和非关节型机器人两大类，其中关节型机器人的机械本体部分一般为由若干关节与连杆串联组成的开式链机构。

通常关节机器人依据坐标形式的不同可分为直角坐标型、圆柱坐标型、极坐标型、多关节坐标型和平面关节坐标型等。

(1) 直角坐标型机器人

直角坐标型机器人的结构如图1-14所示，它在X、Y、Z轴上的运动是独立的。机器人手臂的运动将形成一个立方体表面。直角坐标型机器人又叫做笛卡儿坐标型机器人或台架型机器人。

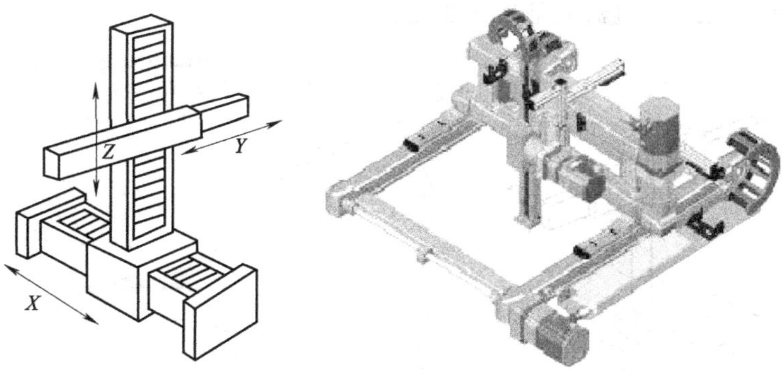

图1-14　直角坐标型机器人

这种机器人手部空间位置的改变通过沿三个互相垂直的轴线的移动来实现，即沿着X轴的纵向移动，沿着Y轴的横向移动及沿着Z轴的升降移动。

直角坐标型机器人的位置精度高，控制简单、无耦合，避障性好，但结构较庞大，动作范围小，灵活性差，难与其他机器人协调。DENSO公司的XYC机器人、IBM公司的RS-1机器人是该型机器人的典型代表。

(2) 圆柱坐标型机器人

圆柱坐标型机器人的结构如图1-15所示，R、θ和X为坐标系的三个坐标，其中R是手臂的径向长度，θ是手臂的角位置，X是垂直方向上手臂的位置。如果机器人手臂的径向坐标R保持不变，机器人手臂的运动将形成一个圆柱面。

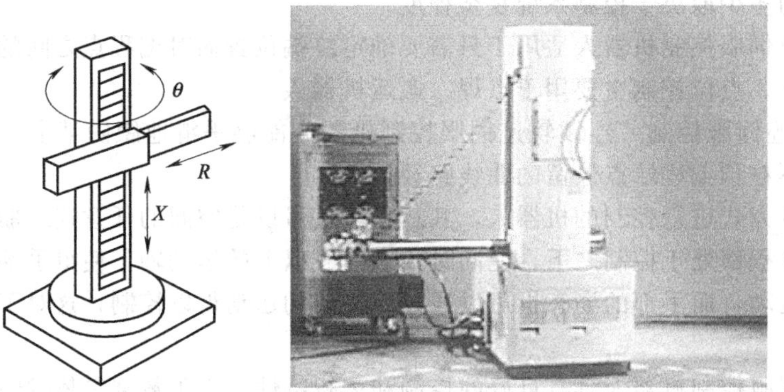

图 1-15 圆柱坐标型机器人

这种机器人通过两个移动和一个旋转运动实现手部空间位置的改变，机器人手臂的运动是由垂直立柱平面内的伸缩和沿立柱的升降两个直线运动及手臂绕立柱的转动复合而成。圆柱坐标型机器人的位置精度仅次于直角坐标型，控制简单，避障性好，但结构也较庞大，难与其他机器人协调工作，两个移动轴的设计较复杂。AMF 公司的 Versatran 机器人是该型机器人的典型代表。

(3) 极坐标型机器人

极坐标型机器人又称为球坐标型机器人，其结构如图 1-16 所示，R、θ 和 β 为坐标系的三个坐标。其中 θ 是绕手臂支撑底座铅垂轴的转动角，β 是手臂在铅垂面内的摆动角。这种机器人运动所形成的轨迹表面是半球面。

这类机器人手臂的运动由一个直线运动和两个转动所组成，即沿手臂方向 R 的伸缩，绕 Y 轴的俯仰和绕 Z 轴的回转。极坐标型机器人占地面积较小，结构紧凑，位置精度尚可能与其他机器人协调工作，重量较轻，但避障性差，有平衡问题，位置误差与臂长有关。Unimation 公司的 Unimate 机器人是其典型代表。

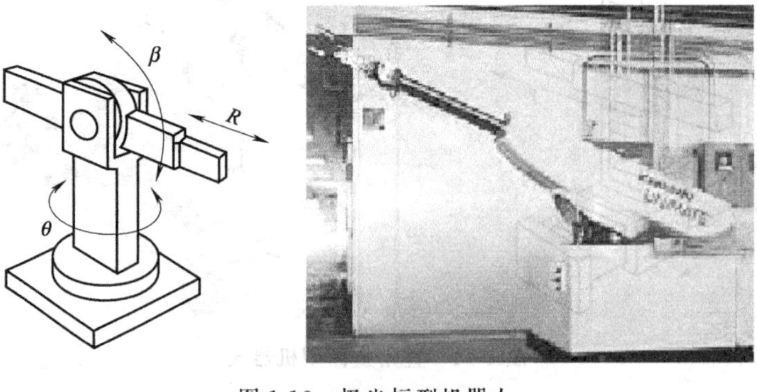

图 1-16 极坐标型机器人

(4) 多关节坐标型机器人

多关节坐标型机器人主要由立柱、前臂和后臂组成，结构如图 1-17 所示。它是以相邻运动部件之间的相对角位移 θ、α 和 ϕ 为坐标系的坐标，其中 θ 是绕底座铅垂轴的转角，ϕ 是过底座的水平线与第一臂之间的夹角，α 是第二臂相对于第一臂的转角。这种机器人手臂可以达到球形体积内绝大部分位置，所能达到区域的形状取决于两个臂的长度比例，因此又称为拟人型机器人。

这类机器人的运动由前、后臂的俯仰及立柱的回转构成，其结构最紧凑，灵活性大，占地面积最小，工作空间最大，能与其他机器人协调工作，避障性好，但位置精度较低，有平衡问题，控制存在耦合，故比较复杂，这种机器人目前应用得最多。

Unimation公司的PUMA型机器人、瑞士ABB公司的IRB型机器人，德国KUKA公司的IR型机器人是其典型代表。

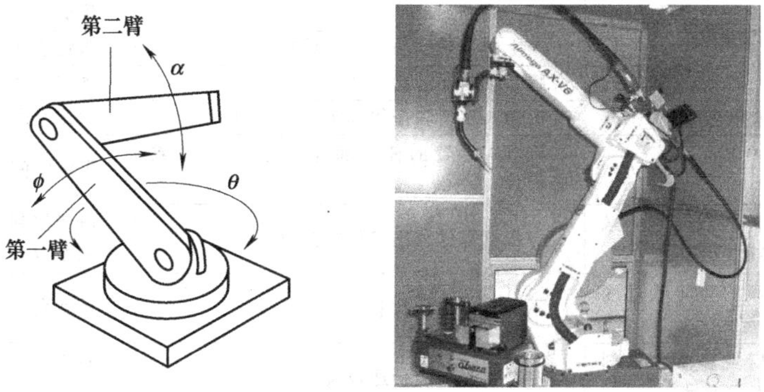

图1-17 多关节坐标型机器人

(5) 平面关节坐标型机器人

平面关节坐标型机器人可以看成是多关节坐标型机器人的特例。平面关节坐标型机器人类似人的手臂的运动，它用平行的肩关节和肘关节实现水平运动，关节轴线共面；腕关节来实现垂直运动，在平面内进行定位和定向，是一种固定式的工业机器人，其结构如图1-18所示。

这类机器人的特点是其在X-Y平面上的运动具有较大的柔性，而沿Z轴具有很强的刚性。所以，它具有选择性的柔性在装配作业中获得了较好的应用。

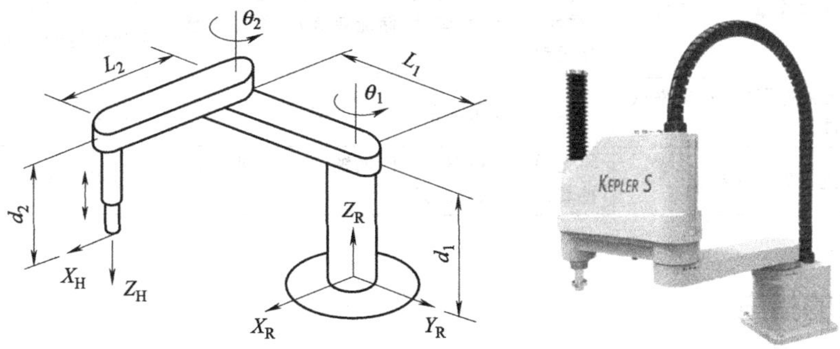

图1-18 平面关节坐标型机器人

这类机器人结构轻便、响应快，有的平面关节坐标型机器人的运动速度可达10m/s，比一般的多关节坐标型机器人快数倍。它能实现平面运动，全臂在垂直方向的刚度大，在水平方向的柔性大。

1.4 工业机器人的安全要求

1.4.1 工业机器人的主要危险

工业机器人的主要危险见表1-3。

表 1-3 工业机器人的主要危险

序号	描述		相关危险状况示例	相关危险区域
1	机械危险	压碎	机器人手臂或附加轴的任一部件的运动（正常或奇异）	限定空间
2		剪切	附加轴的运动	配套设备的周围
3		切割或切断	产生剪切动作的移动或旋转	限定空间
4		缠结	腕部或附加轴的旋转	限定空间
5		拉入或陷进	机器人手臂和任何固定物体之间	限定空间近处的固定物体周围
6		冲撞	机器人手臂的任一部件的运动（正常或奇异）	限定空间
7	电气危险	人与带电部件的接触（直接接触）	与带电部件或连接件的接触	电气控制柜，终端箱，机器上的控制面板
8	设计过程中，由于忽视人体工程学原理而导致的危险	不健康的姿势或过度用力（反复用力）	不良设计的示教盒	示教盒
9		对手臂或腿脚在解剖学上的考虑不足	控制装置的不合适位置	在装/卸工件和安装或设置工具处
10		手动控制装置的设计、位置及标识不当	控制装置的无意操作	位于或接近机器人单元处
11		视觉显示单元的设计或位置不当	对显示信息的误解	位于或接近机器人单元处
12	意外启动，意外超限运动/超速	能源的故障/紊乱	对机器人附加轴的机械危害	位于或接近机器人单元处
13		能源中断后的恢复	机器人或附加轴的意外运动	位于或接近机器人单元处
14		对电气设备的外部影响	因电磁干扰。电控装置的不可预见行为	位于或接近机器人单元处
15		电源故障（外部电源）	因机器人手臂制动的释放引起的控制失效。制动的释放导致机器人部件在残余力（惯性力、重力、弹性/储能装置）的作用下意外运动	位于或接近机器人单元处，其中机器人部件是通过应用电能或液压维持安全状态的
16		控制电路故障（硬件或软件）	机器人或附加轴的意外运动	位于或接近机器人单元处
17		机器失稳或翻转	无约束的机器人或附加轴（它们靠重力保持其位置）跌落或翻倒	位于或接近机器人单元处

1.4.2 采取的措施

(1) 单点控制

机器人控制系统的设计和制造应使在本机示教盒或其他示教装置控制下的机器人不能被任何别的控制点启动其运动或改变本机控制方式。

(2) 与安全相关的控制系统性能（软件/硬件）

当需要与安全相关的控制系统时，与安全相关的部件应按如下设计。

① 任何部件的单个故障不应导致安全功能的丧失。

② 只要合理可行，单个故障应在提出下一项安全功能需求之时或之前被检测出来。

③ 出现单个故障时，始终具有安全功能，且安全状态应维持到出现的故障已得到解决。

④ 所有可合理预见的故障应被检测到。

1.4.3 机器人停止功能

(1) 保护性停止功能

每台机器人都应有保护性停止功能和独立的急停功能，这些功能应具有与外部保护装置连接的措施。

① 使能装置特性

a. 使能装置输出功能把使能装置连接到控制多台机器人及设备的公共电路。

b. 能把多个附加的使能装置连接到一个使能电路。

② 方式选择　能向安全控制系统提供方式选择状态的信息。

③ 避碰传感器　为了最有效地防止人员伤害，当传感器察觉到碰撞时，机器人应停止运动并且发出一个明确信号，若没有操作员的干预，机器人不会运动到另一个位置。

④ 保持所有速度下的路径准确度　这会减少从危险处监视机器人运动的观察需求。

⑤ 安全软限位　这些限位将允许进行专有空间和包容空间的编程。

急停输出信号可以选择性提供，表 1-4 对急停和保护性停止功能做了对比。

表 1-4　急停和保护性停止功能的对比

说明	急停	保护性停止
场合	操作者有快速的无障碍通道	由安全距离规则决定
启动	手动	自动或手动
安全系统性能	GB/T 16855.1—2008《机械安全控制系统有关安全部件　第 1 部分：设计通则》中的类别 3，或由风险评估决定	GB/T 16855.1—2008《机械安全控制系统有关安全部件　第 1 部分：设计通则》中的类别 3，或由风险评估决定
复位	只能手动	手动或自动
使用频率	不频繁：仅在紧急情况下使用	可变的：每个循环中使用或不频繁使用
作用	去除所有危险的能源	控制可被防护的危险

(2) 急停功能

① 功能　每个能启动机器人运动或造成其他危险状况的控制站都应有手动的急停功能，该急停功能应具有以下特点：

a. 优先于机器人的其他控制。

b. 中止所有的危险。

c. 切断机器人驱动器的驱动源。

d. 消除可由机器人控制的任何其他危险。

e. 保持有效直至复位。

f. 只能手动复位，复位后不会重启，只允许再次启动。

② 作用　当提供急停输出信号时，应做到以下几点。

a. 输出信号在撤除机器人动力后一直有效。

b. 如果撤除机器人动力后输出信号不起作用，应产生一个急停信号。

(3) 保护性停止

机器人应具有一个或多个的保护性停止电路，可用来连接外部保护装置。此停止电路应通过停止的机器人所有运动、撤除机器人驱动器的动力、中止可由机器人系统控制的任何其他危险等方式来控制安全防护的风险。停止功能可由手动或控制逻辑启动。

(4) 降速控制

降速控制方式下操作时，末端执行器的安装法兰和工具中心点（TCP）的速度不应超过 250mm/s，应有可能选择低于 250mm/s 的速度。

降速控制功能应设计和构建成任何单个可合理预见的故障出现时，安装法兰和工具中心的速度不超过降速功能的限定速度。

应具有偏置功能，使得可调 TCP 速度。

1.4.4 操作方式

(1) 选择

操作方式应选择安全的方法，该方法只使选定的操作方式起作用。例如，用一个按键操作开关或具有同等安全性的其他方法（即监督控制）。这些方法应具有以下特点。

① 明确表明所选定的操作方式。

② 本身不会启动机器人运动或造成其他危险。

(2) 自动方式

自动方式下，机器人应执行任务程序。机器人控制器不应处于手动方式下，且安全措施应起作用。

① 如果检测到任何停机条件，自动操作方式应被阻止。

② 从此种方式切换到其他方式时应停机。

(3) 手动降速方式

手动降速方式允许对机器人进行人工干预。在此方式下自动操作是被禁止的。此方式用于机器人的慢速运行、示教、编程以及程序验证，也可被选择用于机器人的某些维护任务。

使用信息应包括适当的说明和警告。任何可能的场合，只要所有人员在安全空间之外，就应采用手动操作方式。选择自动方式前，所有暂停的安全防护应恢复其全部功能。

(4) 手动高速方式

如果提供这种方式，机器人速度可高于250mm/s。这种情况下，机器人应具有以下几点。

① 选择手动高速方式的方法，此方法需要一种审慎的操作（例如，机器人控制面板上的一个按键开关）和额外的确认动作。

② 除非选择手动高速方式，否则缺省的速度 $v \leqslant 250$mm/s。

③ 提供一个符合要求的示教盒，它是用一个附加的握柄摇杆来运行该方式独有的、可使机器人持续运动的装置。

④ 示教盒上还可提供在缺省值和最大编程值之间调整速度的手段。

⑤ 示教盒上可显示所调整的速度（例如，利用示教盒的高亮显示）。

1.4.5 示教控制

(1) 使能装置

示教盒或示教控制装置应具有三位置使能装置，即连续处于中位时，允许有机器人运动和可由机器人控制的任何其他危险。使能装置应表现出下列性能特点。

① 使能装置可与示教盒控制装置装在一起，也可与之分离（如抓握式使能装置），并应与任何其他运动控制功能或装置无关。

② 释放或按过使能装置的中位，应使危险（如机器人的运动）中止。

③ 当在单个使能装置上使用多个使能开关（即允许左、右手交替操作）时，则完全按下任何开关都将优先于其他开关的控制并导致保护性停止。

④ 当操作一个以上的使能装置时（即多名携带使能装置的操作人员在安全空间内），只有每个装置同时处于中位时，机器人才能运动。

⑤ 使能装置的掉落不应导致让机器人运动被使能的故障。

⑥ 如果提供使能输出信号，则当安全系统供电中断时，该输出应表示出处于停止状态。

⑦ 使能装置的设计和安装应考虑持续启用时的人体工程学问题。

(2) 示教盒急停功能

示教盒或示教控制装置应具有停止功能。

(3) 启动自动操作

只使用示教盒或示教控制装置不能激活机器人自动操作方式。启动自动方式前，应在安全空间外有一个单独的确认操作。

(4) 无缆示教控制

如果示教盒或其他示教控制装置没有连接到机器人控制器的电缆，应适用以下要求。

① 应有示教盒处于开启状态的可视标志，例如，在示教盒的显示屏上。

② 当机器人处于手动降速方式或手动高速方式时，通信中断应导致所有机器人的保护性停止。

没有单独的审慎操作，通信的恢复不应使机器人运动重启。

③ 数据通信（包括纠错）和通信的中断的最长响应时间应注明在机器人的使用资料中。

④ 必须注意提供合适的存储、设计和使用信息来避免急停装置在激活和非激活状态的混淆。

1.4.6 同时运动控制

(1) 单示教盒控制

单个示教盒可以连接到一台或多台机器人的控制器。当采用这种配置时，示教盒应该具有使一台或多台机器人独立运动或使多台机器人同时运动的能力。当在手动方式下操作时，机器人系统所有的功能都应在一个示教盒的控制下。

(2) 安全设计要求

每台机器人在被激活前应被单独地选择。为了选择机器人，所有的机器人都应处于相同的操作方式（例如手动降速方式），被选中机器人在选择操作处（例如，示教盒、控制器机箱或机器人上）应有指示。

只有选中的机器人才应处于激活状态，激活的机器人应有在安全空间内清晰可见的指示。

非激活状态的任何机器人的意外启动必须避免，机器人系统不应该响应会导致危险状态的任何远程命令或条件。

1.4.7 协同操作要求

(1) 手动引导

如果机器人具有手动引导功能，手动引导装置应在末端执行器附近，并装有：急停按钮和使能装置。

机器人应在风险评估确定的降速速度下操作，但不超过 250mm/s。如果超过了该降速速度，应引致保护性停止。

(2) 速度/位置监控

机器人和操作员之间应保持距离，该距离应符合 ISO 13855 的要求。保持该距离失败时，机器人应保护性停止。

机器人应在不超过 250mm/s 的降速速度下操作，而其位置应被监控。

(3) 对动力及作用力的限制

机器人应设计成保证法兰或 TCP 处的最大动态功率为 80W 或最大静态力为 150N（由风险评估确定）。

1.4.8 奇异性保护

手动降速方式下，机器人的控制应做到以下几点。

① 由示教盒激活协调运动时，在机器人通过或纠正奇异点前停止机器人运动并警告示教者。

② 产生可听或可视的警告信号，并持续到以最大速度 250mm/s 限制的各轴速度通过奇异点。

1.4.9 单轴限位

(1) 通则

应提供用限位装置在机器人周围建立限定空间的措施，应提供安装可调机械挡块的措施，以便限制机器人主轴（具有最大位移的轴）的运动。

(2) 轴的机械及机电限位装置

应为轴 2 和轴 3（即具有第二和第三大位移的轴）配备可调机械和非机械限位装置。

机械挡块应能在额定负载、最大速度和最大或最小臂伸的条件下停止机器人的运动。机械硬挡块的试验应在没有任何辅助止动措施的条件下进行。

如果设计、制造和安装了具有与机械挡块同等安全性能的另类限制运动范围的方法，也可采用这些方法。

机电限位装置的控制电路性能应符合要求，机器人控制和任务程序不应改变机电限位装置的设置。

非机械限位装置包括电气、气动和液压定位的挡块、限位开关、光幕、激光扫描装置、用于限制机器人的运动和确定限定空间的拉索等。

可调装置可让用户把限定空间调整到最小，机械挡块包括调整后用紧固件固定的机械挡块。

(3) 轴及空间的安全软限位

软限位是在自动方式或速度高于降速速度的任何方式下由软件确定的机器人运动极限。轴的限位用于确定机器人的限定空间。空间限位用于确定作为专有区域的任何几何形状，或把机器人的运动限制在确定的空间内，或防止机器人进入确定的空间。

安全软限位可以作为一种确定和减小限定空间的手段，在满载和全速状态下可使机器人停止，应在停止运动的实际期望停止位置处确定限定距离，制造商在使用资料中应说明这种能力，并应在不需要这个能力时撤销安全软限位。

使用软限位的控制系统应符合相关要求，且用户不能改变它。如果超出安全软限位，应激活保护性停止。

使用资料中应有机器人在软限位确定的最高速度时于最坏情况下的停止时间（包括监控时间）及完全停止前所移动距离。

用于动态限定空间用途的安全区输出应符合相关要求，该输出的硬件配置应该在使用资料中说明。

安全软限位应设置为一个系统没上电时不能改变的稳定区域，且不应动态地变更。改变安全软限位的权力应受密码保护并是安全的。一旦设置，安全软限位应在系统上电后一直处于激活状态。

轴的软限位在控制未安装符合要求的限位装置的附加轴运动时可能特别有用。

空间软限位对控制不规则形状工作区域内的运动或防止障碍造成的狭窄点可能特别有用。

(4) 动态限位装置

动态限位是在机器人系统周期内机器人限定空间中的自动受控变更。控制装置包括（但不限于）由凸轮管理的限位开关、光幕，或在机器人执行其任务程序时在限定空间内可进一步限制机器人运动的由控制激活的可缩回的硬挡块。为此，该装置及相关的控制装置应能在额定负载速度下停止机器人运动，相关的安全控制装置应符合 GB/T 16855.1—2008 类别 3 的要求，除非经过风险评估确定要求另一类别。

1.4.10 无驱动源运动

设计机器人时应使各轴能在紧急或异常情况下无需驱动源就能运动。只要可行，一个人就能移动各轴。控制装置应易于接近，但应防止意外的操作。使用资料中应有对这种操作的说明，也应有培训人员应对紧急或异常情况的建议。

用户说明书应包括对重力和释放制动装置可导致额外危险的警告。只要可行，警告标识应贴在激活控制装置附近。

1.4.11 起重措施

应提供吊起机器人及其相关部件的措施，且应足以处理预期负荷。例如，起重钩、吊环螺栓、螺纹孔、叉形套袋。

1.4.12 电连接器

电连接器如果断开或分离可能导致危险。它们的设计和制造应避免意外分离，电连接器应有避免交互连接的手段。

1.4.13 标志

每台机器人应以特定、易读和耐久的方式标记，且应有以下几项内容。

① 制造商的名称和地址，机器的型号和序号，制造的年份和月份。

② 机器的质量。

③ 电源数据，如使用液压、气动系统，还应有相应的数据（如最小和最大的气压）。

④ 可供运输和安装使用的起重点。

⑤ 尺寸范围和负载能力。

防护、保护装置及其他没有装配的机器人零件要清楚地标明其作用，应提供任何安装所需的信息。

表 1-5 提供了图形符号示例，可用来标识常规的操作方式。图形符号可包含附加的描述性文字，以便尽可能清楚地提供关于方式选择与期望性能的信息。

不同的工业机器人其标牌也是有区别的，例如 KUKA 工业机器人与 ABB 工业机器人就有所不同。

(1) KUKA 工业机器人的标牌

KUKA 工业机器人的标牌用以提示相关人员，不同品牌的机器人其标牌是有所不同的，图 1-19 是 KUKA 工业机器人的标牌，不允许将其去除或使其无法识别，必须更换无法识别的标牌。

表 1-5 机器人操作方式标签

方式	图形符号	ISO 7000 中的图形
自动		0017
手动降速		0096
手动高速	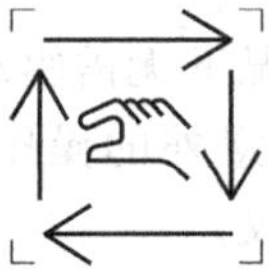	0026 和 0096 结合

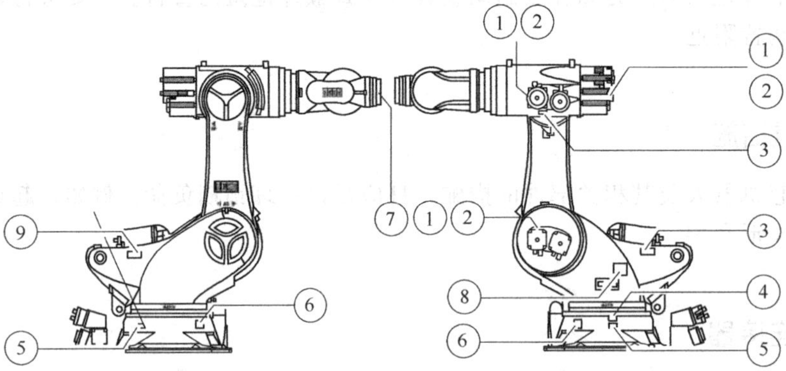

图 1-19　标牌安装位置

① 高电压：不恰当地处理可能导致触摸带电部件。电击危险！

② 高温表面：在运行机器人时可能达到可导致烫伤的表面温度。请戴防护手套。

③ 固定轴（如下表）：每次更换电机或平衡配重前，通过借助辅助工具或装置防止各个轴意外移动，轴可能移动。有挤伤危险！

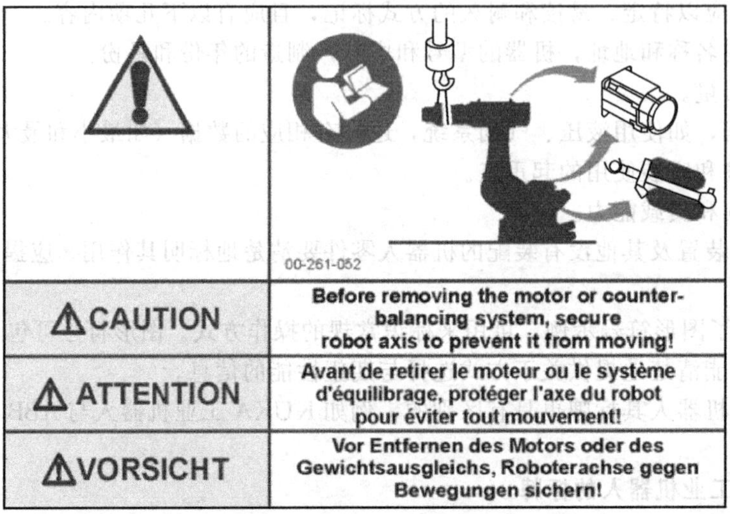

④ 在机器人上作业（如下表）：在投入运行、运输或保养前，阅读安装和操作说明书并注意包含在其中的提示！

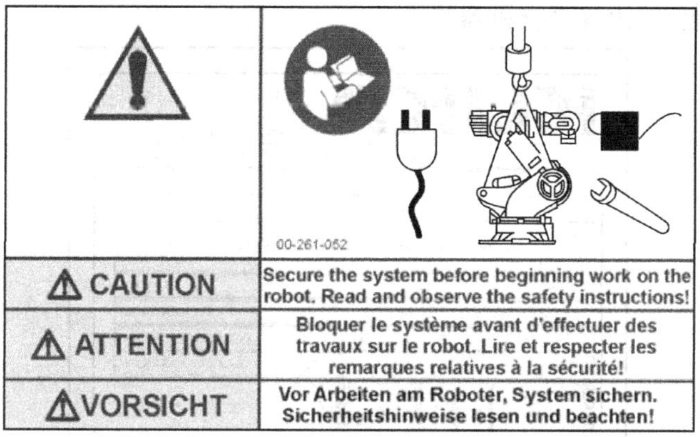

⑤ 运输位置（如下表）：在松开地基固定装置的螺栓前，机器人必须位于符号表格的运输位置上。翻倒危险！

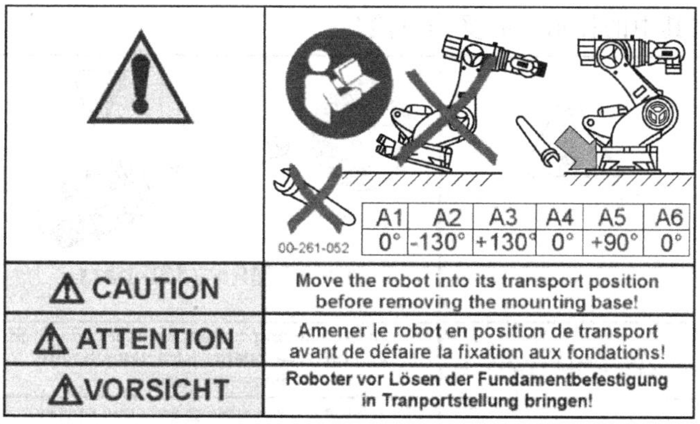

⑥ 危险区域（如下表）：如果机器人准备就绪或处于运行中，则禁止在该机器人的危险区域中停留。受伤危险！

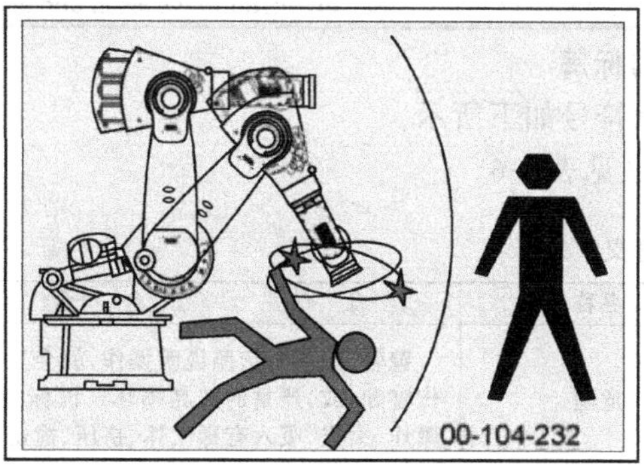

⑦ 机器人腕部的装配法兰（如下表）：在该标牌上注明的数值适用于将工具安装在腕部的装配法兰上并且必须遵守。

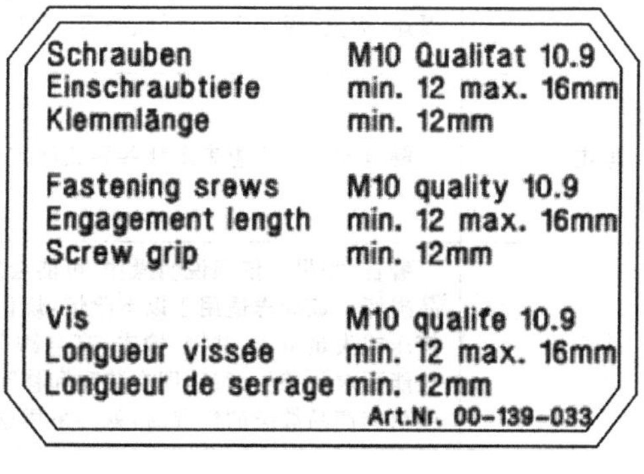

⑧ 铭牌（如下表）：内容符合机器指令。

⑨ 平衡配重（如下表）：系统有油压和氮气压力。在平衡配重上作业前，阅读安装和操作说明书并注意包含在其中的提示。有受伤危险！

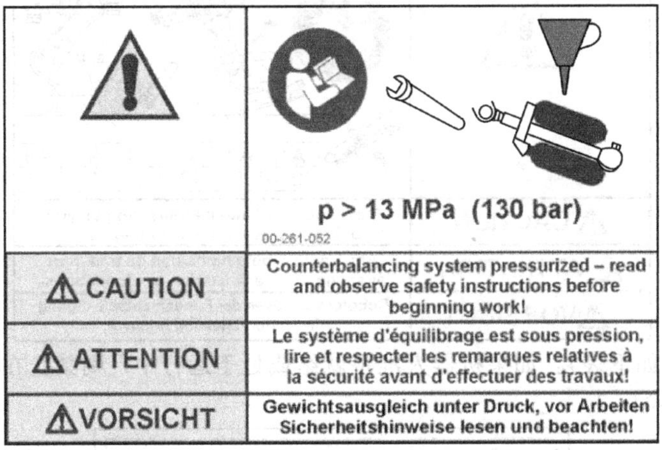

(2) ABB **工业机器人的标牌**

工业机器人的常用提示符号如下所示。

① 安全和提示符号含义见表1-6。

表1-6 安全和提示符号含义

符号	名称	含义
	危险	警告，如果不依照说明操作，就会发生事故，并导致严重或致命的人员伤害和(或)严重的产品损坏。该标志适用于以下险情：触碰高压单元、爆炸、火灾，吸入有毒气体、挤压、撞击、坠落等
	警告	警告，如果不依照说明操作，可能会发生事故，导致严重的人员伤害，甚至死亡，或严重的产品损坏。该标志适用于以下险情：触碰高压单元、爆炸、火灾、吸入有毒气体、挤压、撞击、坠落等
	电击	触电或电击标志表示那些导致严重个人伤害或死亡的电气危害
	小心	警告，如果不依照说明操作，可能会发生事故，导致人员伤害和(或)产品损坏。该标志适用于以下险情：烧伤、眼部伤害、皮肤伤害、听力损伤、挤压或失足滑落、跌倒、撞击、高空跌落等。此外，它还适用于某些涉及功能要求的警告消息，即在装配和移除设备过程中出现有可能损坏产品或引起产品故障的情况时，就会采用这一标志

续表

符号	名称	含　义
	静电放电(ESD)	静电放电(ESD)标志表示可能会严重损坏产品的静电危害
	注意	此标志提示用户需要注意的重要事项和环境条件
	提示	此标志将引导用户参阅一些专门的说明,以便从中获取附加信息或了解如何用更简单的方法执行特定操作

② 工业机器人常用其他提示符号见表 1-7。

表 1-7　工业机器人常用其他提示符号

符号	描　述
	禁止 与其他符号组合使用
	产品手册 阅读产品手册获取详细信息
	拆卸之前,请先参阅产品手册
	请勿拆卸 拆卸此部件可能会造成伤害
	扩展旋转 相比于标准轴,此轴具有扩展旋转(工作区域)
	制动闸释放 按此按钮将释放制动闸,这意味着操纵器手臂可能会下降
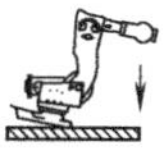	拧松螺栓时提示风险 如果螺栓未牢固拧紧,操纵器可能会翻倒
	压轧 有压轧伤害的风险
	发热 可能会造成灼伤的发热风险
	移动机器人 机器人可能会意外移动

续表

符号	描述
	制动闸释放按钮
	吊环螺栓
	吊升机器人
	润滑油 如果不允许使用润滑油，可以与禁止符号组合使用
	机械停止
	储存的能量 警告此部件含有储存的能量 与请勿拆卸符号组合使用
	压力 警告此部件受到压力，通常包含压力水平附件文本
	通过操纵柄关闭 使用控制器上的电源开关

第 2 章

工业机器人的机械结构

工业机器人一般由机械本体、控制系统、传感器、驱动器和输入/输出系统等部分组成（图 2-1），为对本体进行精确控制，传感器应提供机器人本体或其所处环境的信息，控制系统依据控制程序产生指令信号，通过控制各关节运动坐标的驱动器，使各臂杆端点按照要求的轨迹、速度和加速度，以一定的姿态达到空间指定的位置。驱动器将控制系统输出的信号变换成大功率的信号，以驱动执行器工作。

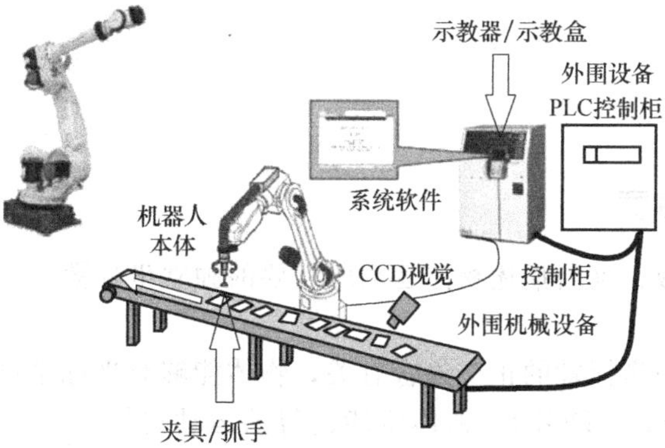

图 2-1　机器人的组成

2.1　机械本体结构形式

工业机器人的机械本体一般由一系列连杆、关节或其他形式的运动副所组成。机械系统通常包括机座、立柱、腰关节、臂关节、腕关节和手爪等，构成一个多自由度的机械系统（图 2-2）。如果工业机器人的机身具备行走机构便构成行走机器人；如果机身不具备行走及腰转机构，则构成单机器人臂。手臂一般由上臂、下臂和手腕组成。末端执行器是直接装在手腕上的一个重要部件，它可以是两手指或多手指的手爪，也可以是喷漆枪、焊枪等作业工具。常见的本体结构形式有：直角坐标形式、圆柱坐标形式、球面坐标形式和关节坐标等形式，如图 2-3 所示。

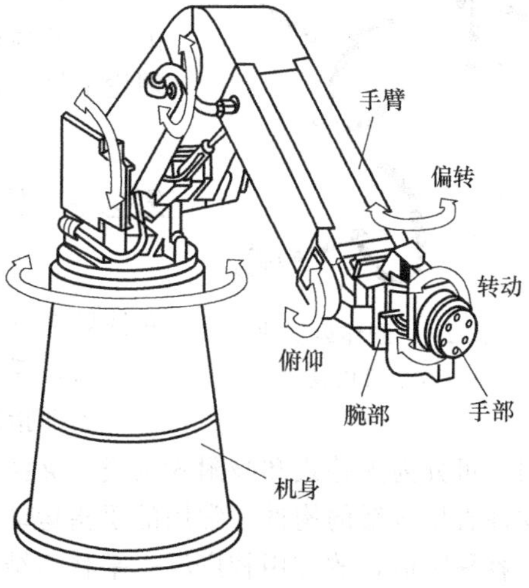

图 2-2　机器人的自由度

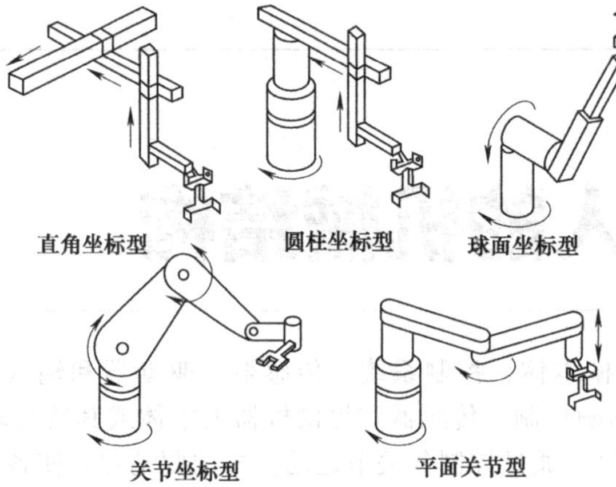

图 2-3　机械本体结构形式

2.2 机械手

2.2.1 机械手的自由度

自由度也称坐标轴数，是指描述物体运动所需要的独立坐标数。

(1) 刚体的自由度

物体上任何一点都与坐标轴的正交集合有关，物体能够对坐标系进行独立运动的数目称为自由度（degree of freedom，DOF)。物体所能进行的运动包括：沿着坐标轴 OX、OY 和 OZ 的三个平移运动和绕着坐标轴 OX、OY 和 OZ 的三个旋转运动，如图 2-4 所示。

一般来说，一个简单的物体有六个自由度，当两个物体间确立起某种关系时，每一物体就对另一物体失去一些自由度。这种关系可以用两物体间由于建立连接关系而不能进行的移动或转动来表示。

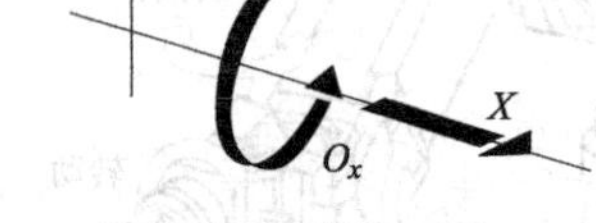

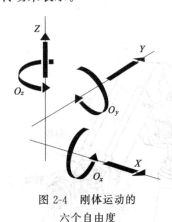

图 2-4　刚体运动的六个自由度

(2) 机器人的自由度

人们期望机器人能够以准确的方位把它的端部执行装置或它连接的工具移动到给定点。机器人机械手的手臂一般具有三个自由度，其他的自由度数为末端执行装置所具有。如图 2-2 所示，理论上该机器人可达到运动范围内空间任何一点。

2.2.2 机械手的组成

工业机器人机械本体（即机械手）包括手部、手腕、手臂和立柱等部件，有时还增设行走机构。

(1) 手部

手部指机器人上与工件接触的部件，由于与工件接触的形式不同，可分为夹持式和吸附式两类。夹持式手部由手指（或手爪）和传力机构所构成。手指是与物件直接接触的构件。常用的手指运动形式有回转型和平移型两种类型。回转型手指结构简单，容易制造，故应用较广泛；平移型结构比较复杂，故应用较少，但平移型手指夹持圆形零件时，工件直径变化不影响其轴心的位置，因此适宜夹持直径变化范围大的工件。

手指结构取决于被抓取物件的表面形状、被抓部位（外廓或是内孔）和工件的重量及尺寸。常用的指形有平面式、V 形面式和曲面式；手指有外夹式和内撑式；指数有双指式、多指式和双手双指式等。

传力机构通过手指产生夹紧力来完成夹放物件的任务。传力机构形式较常用的有：滑槽杠杆式、连杆杠杆式、斜面杠杆式、齿轮齿条式、丝杠螺母式、弹簧式和重力式等。

(2) 手腕

手腕是连接手部和手臂的部件，并可用来调整被抓取物件的方位，扩大机械手的动作范围，并使机械手变得更灵巧，适应性更强。手腕有独立的自由度，运动形式有回转运动、上下摆动和左右摆动等形式。一般腕部只要能在回转运动的基础上再增加一个上下摆动即可满足工作要求。为了简化结构，有些动作较为简单的专用机械手可以不设腕部，而直接用臂部运动驱动手部搬运工件。

目前，应用最为广泛的手腕回转运动机构为回转液压（气）缸，它的结构紧凑，灵巧但回转角度小，并且要求严格密封，否则就难保证稳定的输出转矩。因此在要求较大回转角的情况下，可采用齿条传动或链轮以及轮系结构。

(3) 手臂

手臂是支撑被抓物件、手部和手腕的重要握持部件，带动手指抓取物件并按预定要求将其搬运到指定的位置。工业机械手的手臂通常由驱动手臂运动的部件（如液压缸、气缸、齿轮齿条机构、连杆机构、螺旋机构和凸轮机构等）与驱动源（如液压、气压和电动机等）相配合，以实现手臂的各种运动。为了防止绕其轴线转动，手臂进行伸缩和升降运动时，都需要有导向装置，以保证手指按正确的方向运动。此外，导向装置还能承担手臂所受的弯曲力矩和扭转力矩以及手臂回转运动时在启动、制动瞬间产生的惯性力矩，使运动部件受力状态简单。

臂部运动的目的是把手部送到空间运动范围内任意一点。若要改变手部的姿态（方位），则用腕部的自由度加以实现。因此，一般来说臂部具有三个自由度才能满足基本要求，即手臂的伸缩、左右旋转、升降（或俯仰）运动。

手臂的各种运动通常用驱动机构（如液压缸或气缸）和各种传动机构来实现。从臂部受力情况分析，它在工作中承受腕部、手部和工件的静、动载荷，而且自身运动较多，受力复杂。因此，手臂的结构、工作范围、灵活性、抓重大小和定位精度直接影响机械手的工作性能。

(4) 立柱

立柱是支撑手臂的部件，立柱也可以是手臂的一部分，手臂的回转运动和升降（或俯仰）运动均与立柱有密切的联系。机械手的立柱通常固定不动，但因工作需要有时也可作横向移动，即称为可移动式立柱。

(5) 行走机构

当工业机械手需要完成较远距离的操作或扩大使用范围时，可在机座上安装滚轮、轨道等行走机构，实现工业机械手的整机运动。滚轮式行走机构可分为有轨和无轨两种。驱动滚轮运动则应另外增设机械传动装置。

(6) 机座

机座是机械手的基础部分。机械手执行机构的各部件和驱动系统均安装于机座上，故起到支撑和连接的作用。

2.2.3　机械手的分类

(1) 按执行机构运动的控制机能分类

① 点位型　控制执行机构由一点到另一点的准确定位，适用于机床上下料、点焊、普通

搬运、装卸等作业，它的运动为空间点到点之间的移动，只能控制运动过程中几个点的位置，不能控制其运动轨迹。若欲控制的点数多，则必须增加电气控制系统的复杂性。目前使用的专用和通用工业机械手均属于此类。

② 连续轨迹型　控制执行机构按给定轨迹运动，适用于连续焊接和涂装等作业。它的运动轨迹为空间的任意连续曲线，其特点是设定点为无限的，整个移动过程处于控制之下，可以实现平稳和准确的运动，并且使用范围广，但电气控制系统复杂。这类工业机械手一般采用小型计算机进行控制。

(2) 按程序输入方式分类

① 编程输入型　以穿孔卡、穿孔带或磁带等信息载体，输入已编好的程序。这种方式现在应用的已经不太多了。

② 示教输入型　示教方法有两种：一种是由操作者用手动控制器（示教编程器），将指令信号传给驱动系统，使执行机构按要求的动作顺序和运动轨迹操作一遍；另一种是由操作者直接引导执行机构，按要求的动作顺序和运动轨迹操演一遍。在示教过程的同时，工作程序的信息即自动存入程序存储器中。在机器人自动工作时，控制系统从程序存储器中检出相应信息，将指令信号传给驱动机构，使执行机构再现示教的各种动作。示教输入程序的工业机器人称为示教再现型工业机器人。

③ 智能型　具有触觉、力觉或简单的视觉的工业机器人，能在较为复杂的环境下工作，如果具有识别功能或更进一步增加自适应、自学习功能，即成为智能型工业机器人。它能按照人给的“宏指令”自选或自编程序去适应环境，并自动完成更为复杂的工作。

(3) 按用途分类

① 专用机械手　附属于主机的、具有固定程序而无独立控制系统的机械装置。专用机械手具有动作少、工作对象单一、结构简单、使用可靠和造价低等特点，适用于自动机床、自动线的上、下料机械手和机加工中心等批量自动化生产的自动换刀装置。

② 通用机械手　一种具有独立控制系统、程序可变、动作灵活多样的机械手。通用机械手的工作范围大、定位精度高、通用性强，适用于不断变换生产品种的中小批量自动化生产。通用机械手按其控制定位的方式不同可分为简易型和伺服型两种。简易型以“开-关”式控制定位，只能是点位控制；伺服型具有伺服系统定位控制系统，可以点位控制，也可以实现连续轨迹控制。一般伺服型通用机械手属于数控类型。

(4) 按驱动方式分类

① 气压传动机械手　以压缩空气的压力来驱动执行机构运动的机械手。其主要特点是：空气来源极为方便，输出力小，气动动作迅速，结构简单，成本低，无污染。但是，由于空气具有可压缩的特性，工作速度的稳定性差，冲击大，而且气源压力较低（一般只有 6kPa 左右），因此这类工业机器人抓举力较小，一般只有几十牛顿，最大百余牛顿。在同样抓重条件下，气压传动机械手比液压机械手的结构大，所以适用于高速、轻载、高温和粉尘大的工作环境。

② 液压传动机械手　以液压的压力来驱动执行机构运动的机械手。其主要特点是：具有较大的抓举能力，可达到上千牛顿，传动平稳、结构紧凑、动作灵敏。但对密封装置要求严格，不然油泄漏对机械手的工作性能有很大的影响，且不宜在高温、低温下工作。若机械手采用电液伺服驱动系统，可实现连续轨迹控制，使机械手的通用性扩大，但是电液伺服阀的制造精度高，油液过滤要求严格，成本高。

③ 机械传动机械手　由机械传动机构（如凸轮、连杆、齿轮和齿条、间歇机构等）驱动的机械手。它是一种附属于工作主机的专用机械手，其动力由工作机械传递。它的主要特点是

运动准确可靠，动作频率大，但结构较大，动作程序不可变。它常被用于工作主机的上、下料。

④ 电力传动机械手　由特殊结构的感应电动机、直线电动机或功率步进电动机直接驱动执行机构运动的机械手。因为不需要中间的转换机构，故机械结构简单。其中直线电动机机械手的运动速度快和行程长，维护和使用方便。

2.2.4　机械手的主要技术参数

工业机器人的种类、用途以及用户要求都不尽相同，但工业机器人的主要技术参数应包括以下几种：自由度、精度、作业范围、最大工作速度和承载能力等。

(1) 自由度

自由度是指机器人所具有的独立坐标轴运动的数目，不包括末端执行器的开合自由度。机器人的一个自由度对应一个关节，所以自由度与关节的概念是相等的，如图 2-2 所示。自由度是表示机器人动作灵活程度的参数，自由度越多就越灵活，但结构也越复杂，控制难度越大，所以机器人的自由度要根据其用途设计，一般在 3～6 个之间。大于 6 个的自由度称为冗余自由度。冗余自由度增加了机器人的灵活性，可方便机器人避开障碍物和改善机器人的动力性能。人类的手臂（大臂、小臂、手腕）共有 7 个自由度，所以工作起来很灵巧，可回避障碍物，并可从不同的方向到达同一目标位置。

(2) 定位精度和重复定位精度

定位精度和重复定位精度是机器人的两个精度指标。定位精度是指机器人末端执行器的实际位置与目标位置之间的偏差，由机械误差、控制算法与系统分辨率等部分组成。重复定位精度是指同一环境、同一条件、同一目标动作、同一命令之下，机器人连续重复运动若干次时，其位置的分散情况，是关于精度的统计数据。因重复定位精度不受工作载荷变化的影响，故通常用重复定位精度这一指标作为衡量示教-再现工业机器人水平的重要指标。

(3) 作业范围

作业范围是机器人运动时手臂末端或手腕中心所能到达的所有点的集合，也称为工作区域。由于末端执行器的形状和尺寸是多种多样的，为真实反映机器人的特征参数，故作业范围是指不安装末端执行器时的工作区域。作业范围的大小不仅与机器人各连杆的尺寸有关，而且与机器人的总体结构形状有关。

作业范围的形状和大小是十分重要的，机器人的执行某作业时可能会因存在手部不能到达的盲区而不能完成任务。

(4) 最大工作速度

生产机器人的厂家不同，其所指的最大工作速度也不同。有的厂家指工业机器人主要自由度上最大的稳定速度，有的厂家指手臂末端最大的合成速度，对此通常都会在技术参数中加以说明。最大工作速度越高，其工作效率就越高。但是，工作速度高就要花费更多的时间加速或减速，或者说对工业机器人的最大加速率或者最大减速率的要求就更高。

(5) 承载能力

承载能力是指机器人在作业范围内的任何位姿上所能承受的最大质量。承载能力不仅取决于负载的质量，而且与机器人运行的速度和加速度的大小和方向有关。为保证安全，将承载能力这一技术指标确定为高速运行时的承载能力。通常，承载能力不仅指负载质量，也包括机器人末端执行器的质量。

表 2-1 和表 2-2 提供了两种主流工业机器人的主要技术参数。

表 2-1 ABB IRB 120 工业机器人主要技术参数

名称	参数要求	
ABB IRB 120	控制轴数：6 轴	
	本体质量：25kg	
	有效载荷：3kg	
	工作范围半径：580mm	
	重复定位精度：±0.01mm	
	运动工作范围	最高运动速度
	轴 1：±165°	250°/s
	轴 2：±110°	250°/s
	轴 3：−90°～+70°	250°/s
	轴 4：±160°	320°/s
	轴 5：±120°	320°/s
	轴 6：±400°	420°/s

表 2-2 KUKA KR16 工业机器人主要技术参数

名称	参数要求	
KUKA KR16	控制轴数：6 轴	
	本体质量：235kg	
	第 1 轴：20kg，第 6 轴持重：5kg	
	工作范围半径：1414mm	
	重复定位精度：±0.04mm	
	运动工作范围	最高运动速度
	轴 1：±155°	154°/s
	轴 2：−180°～+65°	154°/s
	轴 3：−15°～+158°	228°/s
	轴 4：±350°	343°/s
	轴 5：±130°	384°/s
	轴 6：±350°	721°/s

2.3 机器人运动轴与坐标系

2.3.1 机器人运动轴的名称

工业机器人在生产中，一般需要配备除了自身性能特点要求作业外的外围设备，如转动工件的回转台、移动工件的移动台等。这些外围设备的运动和位置控制都需要与工业机器人相配合并要求相应的精度。通常机器人运动轴按其功能可划分为机器人轴、基座轴和工装轴，基座轴和工装轴统称外部轴，如图 2-5 所示。

工业机器人轴是指操作本体的轴，属于机器人本身，目前商用的工业机器人大多以 8 轴关节型为主。基座轴是使机器人移动的轴的总称，主要指行走轴（移动滑台或导轨），工装轴是除机器人轴、基座轴以外的轴的总称，指使工件、工装夹具翻转和回转的轴，如回转台、翻转台等。下面以生产中常用的 6 关节工业机器人为例说明，所谓 6 轴关节性机器人操作机有 6 个可活动的关节（轴）。如图 2-6 所示，KUKA 机器人 6 轴分别定义为 A1、A2、A3、A4、A5 和 A6；而 ABB 工业机器人则定义为轴 1、轴 2、轴 3、轴 4、轴 5 和轴 6。其中 A1、A2 和 A3 轴（轴 1、轴 2 和轴 3）称为基本轴或主轴，用于保证末端执行器达到工作空间的任意位置；

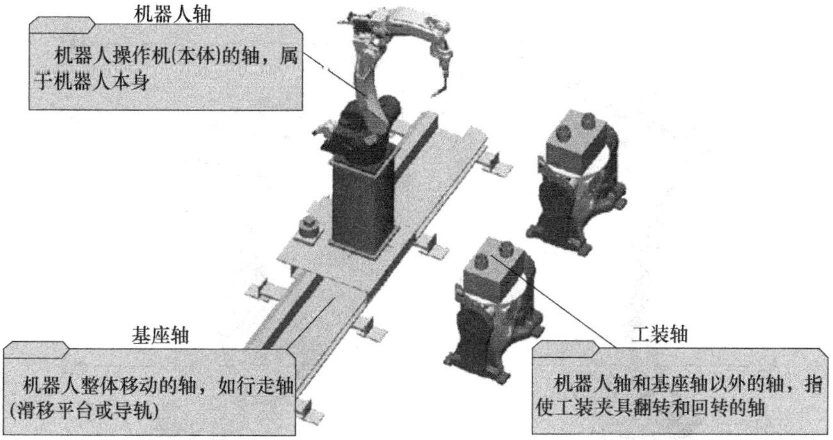

图 2-5　机器人系统中各运动轴的定义

A4、A5 和 A6 轴（轴 4、轴 5 和轴 6）称为腕部轴或次轴，用于实现末端执行器的任意空间姿态。表 2-3 介绍了工业机器人行业四大主流供应商的本体运动轴定义。

表 2-3　工业机器人行业四大主流供应商的本体运动轴定义

轴类型	轴名称				动作说明	动作图示
	ABB	FANUC	YASKAWA	KUKA		
主轴（基本轴）	轴 1	J1	S 轴	A1	本体回旋	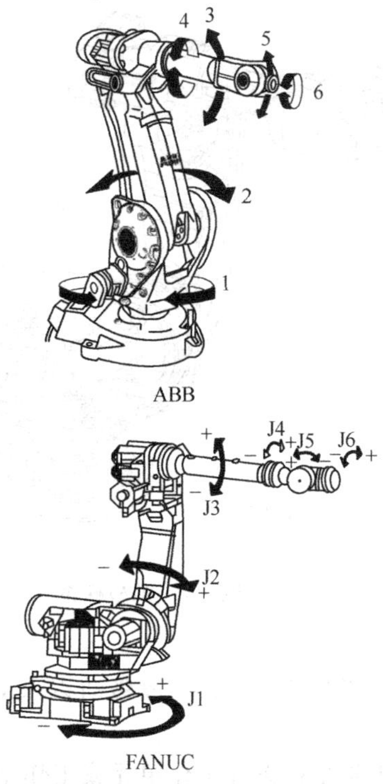
	轴 2	J2	L 轴	A2	大臂运动	
	轴 3	J3	U 轴	A3	小臂运动	
次轴（腕部运动）	轴 4	J4	R 轴	A4	手腕旋转运动	
	轴 5	J5	B 轴	A5	手腕上下摆运动	
	轴 6	J6	T 轴	A6	手腕圆周运动	

2.3.2　机器人坐标系的种类

工业机器人的运动实质是根据不同作业内容、轨迹的要求，在各种坐标系下的运动。目前

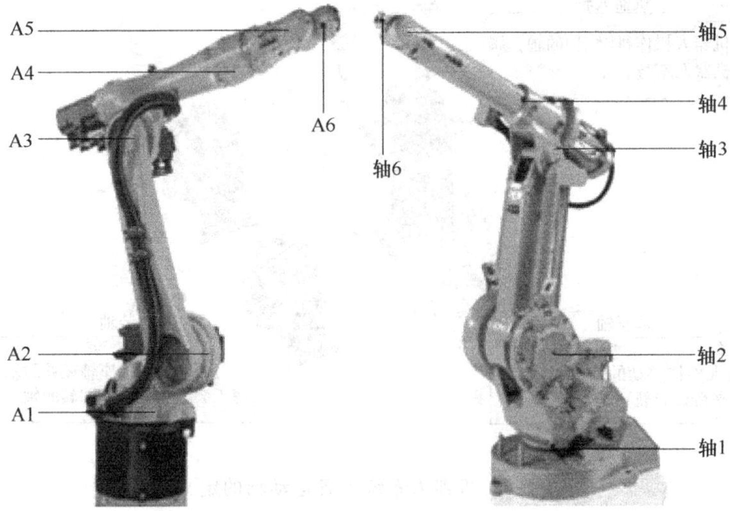

(a) KUKA机器人　　(b) ABB机器人

图 2-6　典型机器人操作机各运动轴

使用若干坐标系，每一坐标系都适用于特定类型的微动控制或编程。遵循 GB/T 16977—2005《工业机器人坐标系和运动命名原则》，下面以 ABB 公司机器人为例介绍坐标系。

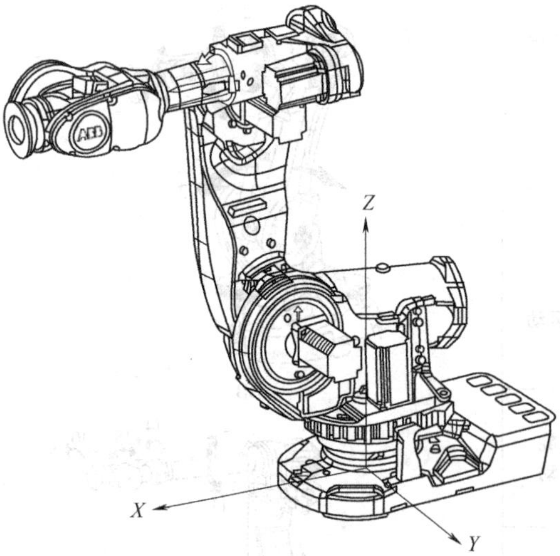

图 2-7　基坐标系

(1) 基坐标系

基坐标系位于机器人基座，它是最便于机器人从一个位置移动到另一个位置的坐标系（图 2-7）。

基坐标系在机器人基座中有相应的零点，这使固定安装的机器人的移动具有可预测性。因此它对于将机器人从一个位置移动到另一个位置很有帮助。

在正常配置的机器人系统中，当操作者站在机器人的前方并在基坐标系中微动控制，将控制杆拉向自己一方时，机器人将沿 X 轴移动；向两侧移动控制杆时，机器人将沿 Y 轴移动。扭动控制杆，机器人将沿 Z 轴移动。

(2) 大地坐标系

大地坐标系可定义机器人单元，所有其他的坐标系均与大地坐标系直接或间接相关。它适用于微动控制、一般移动以及处理具有若干机器人或外轴移动机器人的工作站和工作单元。

大地坐标系在工作单元或工作站中的固定位置有其相应的零点，这有助于处理若干个机器人或由外轴移动的机器人。在默认情况下，大地坐标系与基坐标系是一致的，如图 2-8 所示。

(3) 工件坐标系

工件坐标系与工件相关，通常是最适于对机器人进行编程的坐标系。

工件坐标系对应工件：它定义工件相对于大地坐标系（或其他坐标系）的位置，如图 2-9 所示。

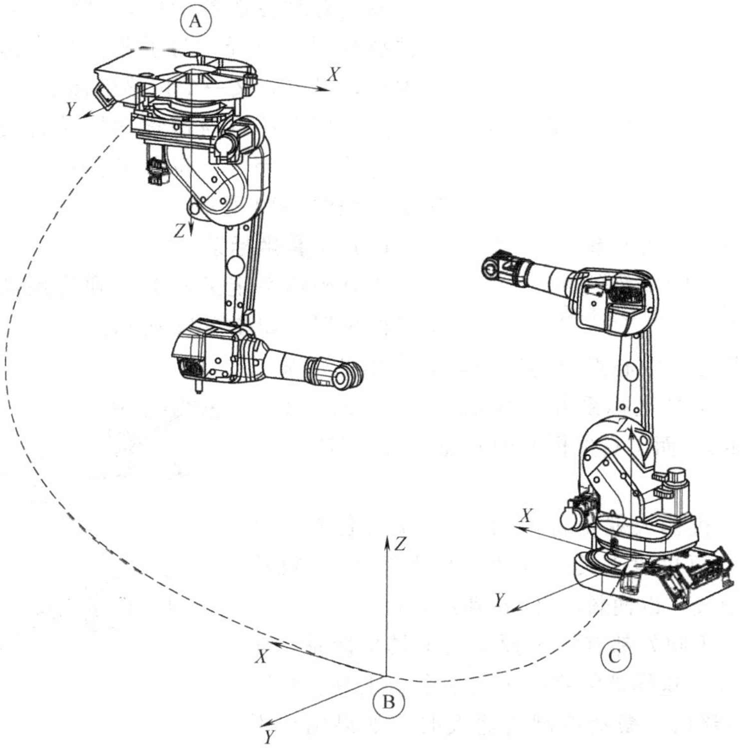

图 2-8　大地坐标系

Ⓐ—机器人 1 基坐标系；Ⓑ—大地坐标系；Ⓒ—机器人 2 基坐标系

工件坐标系是拥有特定附加属性的坐标系，它主要用于简化编程，工件坐标系拥有两个框架，即用户框架（与大地基座相关）和工件框架（与用户框架相关）。机器人可以拥有若干工件坐标系，或者表示不同工件，或者表示同一工件在不同位置的若干副本。对机器人进行编程时就是在工件坐标系中创建目标和路径。这带来很多优点：重新定位工作站中的工件时，只需更改工件坐标系的位置，所有路径将即刻随之更新。允许操作以外轴或传送导轨移动的工件，因为整个工件可连同其路径一起移动。

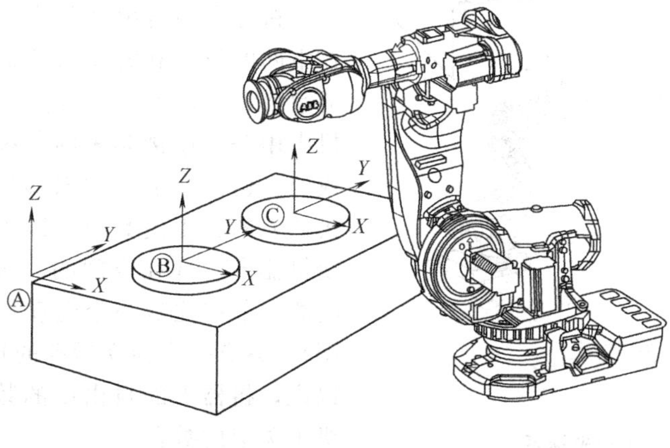

图 2-9　工件坐标系

Ⓐ—大地坐标系；Ⓑ—工件坐标系 1；Ⓒ—工件坐标系 2

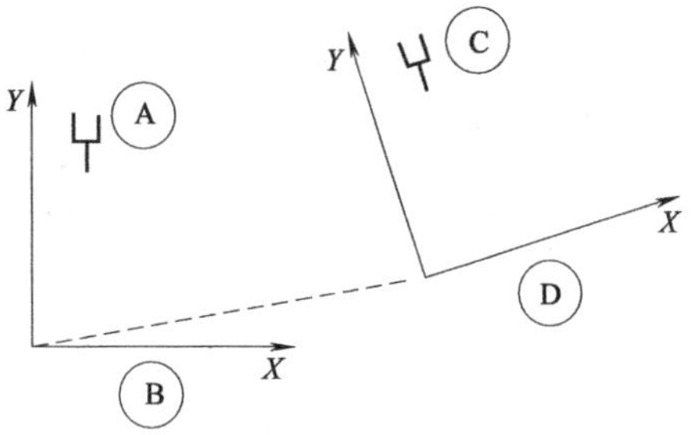

图 2-10 位移坐标系

Ⓐ—原始位置；Ⓑ—工件坐标系；
Ⓒ—新位置；Ⓓ—位移坐标系

(4) 位移坐标系

我们有时会在若干位置对同一对象或若干相邻工件执行同一路径，为了避免每次都必须为所有位置编程，可以定义一个位移坐标系。

此坐标系还可与搜索功能结合使用，以抵消单个部件的位置差异。位移坐标系基于工件坐标系而定义，如图 2-10 所示。

(5) 工具坐标系

工具坐标系定义机器人到达预设目标时所使用工具的位置，如图 2-11 所示。

工具坐标系将工具中心点设为零位，它会由此定义工具的位置和方向。工具坐标系经常被缩写为 TCPF（tool center point frame），而工具坐标系中心缩写为 TCP（tool center point）。

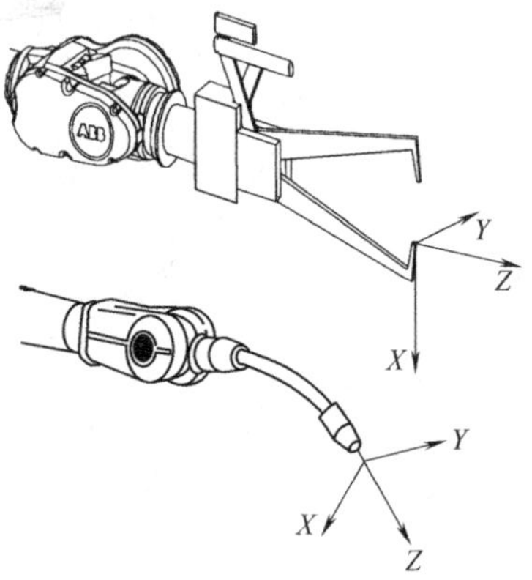

图 2-11 工具坐标系

执行程序时，机器人就是将 TCP 移至编程位置。这意味着，如果用户要更改工具（以及工具坐标系），机器人的移动将随之更改，以便新的 TCP 到达目标。

所有机器人在手腕处都有一个预定义工具坐标系，该坐标系被称为 tool0。这样就能将一个或多个新工具坐标系定义为 tool0 的偏移值。微动控制机器人时，如果用户不想在移动时改变工具方向（例如移动锯条时不使其弯曲），工具坐标系就显得非常有用。

(6) 用户坐标系

用户坐标系在表示持有其他坐标系的设备（如工件）时非常有用。

用户坐标系可用于表示固定装置、工作台等设备。这就在相关坐标系链中提供了一个额外级别，有助于处理持有工件或其他坐标系的关系，如图 2-12 所示。

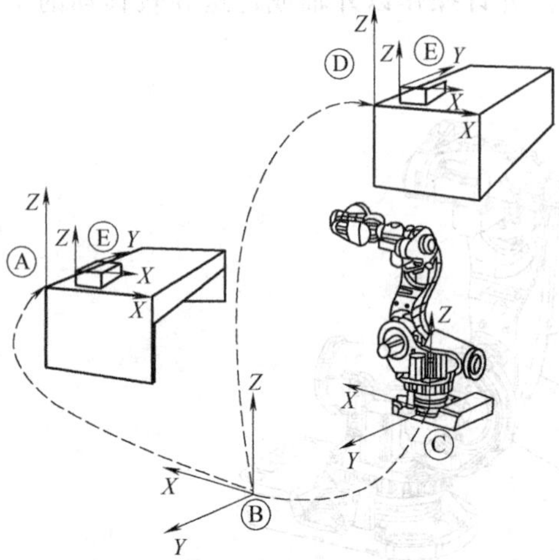

图 2-12 用户坐标系

Ⓐ—用户坐标系；Ⓑ—大地坐标系；Ⓒ—工件坐标系；Ⓓ—移动用户坐标系；Ⓔ—工件坐标系

2.3.3 机器人的自由度

机器人的自由度是指当确定机器人的手部在空间的位置和姿态时所需要的独立运动参数的数目，机器人手部在空间的运动是由其操作机中用关节连接起来的各种杆件的运动复合而成的。机器人手部的末端执行器的动作不计入机器人的自由度数目，因为这个动作并没有改变机器人手部在空间的位置和姿态。两杆件之间的关节往往是一个运动低副（移动副或转动副），只有一个独立运动的自由度，因此，也可以说，机器人的自由度的数目就是机器人操作机中关节的数目。

机器人自由度是衡量机器人技术水平的一个重要参数，自由度越多，机器人可实现的动作就越复杂，动作就越灵活，通用性就越强；机器人的自由度数目越多，但自由度数目越多，机器人的结构也越复杂、成本高、维修困难，控制就越困难，因此，在设计或选用机器人时，应根据需要确定适当的自由度。

自由度作为机器人的技术指标，反映机器人动作的灵活性，可用轴的直线移动、摆动或旋转动作的数目来表示。目前机器人常用的自由度数目一般不超过 5～6 个。每一个自由度数（活动关节）都需要相应的配置一个原动件（如各种电机、油缸等驱动装置），这样才能使机器人手部在空间具有确定的运动。

采用空间开链连杆结构的机器人，因为每个关节运动副仅有一个自由度，所以机器人的自由度数就等于它的关节数。具有六个旋转关节的铰接开链式机器人从运动学上已被证明能以最小的结构尺寸获取最大的工作空间，并能以较高的位置精度和最优的路径到达指定位置，因而关节机器人在工业领域得到广泛的应用。常见的焊接和涂装机器人多为 6 或 7 自由度，搬运、码垛和装配机器人多为 4～6 自由度。

2.4　机器人的基本术语与图形符号

2.4.1　机器人的基本术语

(1) 关节

关节（joint）即运动副，既是允许机器人手臂各零件之间发生相对运动的机构，又是两构件直接接触并能产生相对运动的活动连接。如图 2-13 所示，A、B 两部件可以做互动连接。

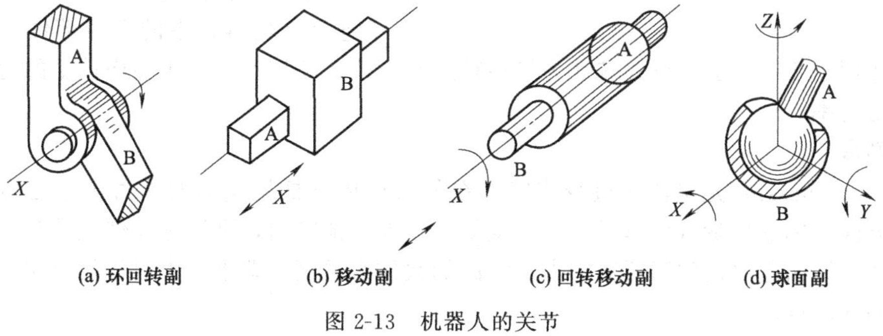

图 2-13　机器人的关节

高副机构（higher pair）简称高副，指的是运动机构的两构件通过点或线的接触而构成的运动副。例如齿轮副和凸轮副就属于高副机构。平面高副机构拥有两个自由度，即相对接触面切线方向的移动和相对接触点的转动。相对而言，通过面的接触而构成的运动副叫做低副机构。

关节是各杆件间的结合部分，是实现机器人各种运动的运动副，由于机器人的种类很多，其功能要求不同，关节的配置和传动系统的形式都不同。机器人常用的关节有移动、旋转运动副。一个关节系统包括驱动器、传动器和控制器，属于机器人的基础部件，是整个机器人伺服系统中的一个重要环节，其结构、重量、尺寸对机器人性能有直接影响。

① 回转关节　回转关节，又叫做回转副、旋转关节，是使连接两杆件的组件中的一件相对于另一件绕固定轴线转动的关节，两个构件之间只作相对转动的运动副。如手臂

与机座、手臂与手腕，并实现相对回转或摆动的关节机构，由驱动器、回转轴和轴承组成。多数电动机能直接产生旋转运动，但常需各种齿轮、链、带传动或其他减速装置，以获取较大的转矩。

② 移动关节　移动关节，又叫做移动副、滑动关节、棱柱关节，是使两杆件的组件中的一件相对于另一件作直线运动的关节，两个构件之间只作相对移动。它采用直线驱动方式传递运动，包括直角坐标结构的驱动，圆柱坐标结构的径向驱动和垂直升降驱动，以及极坐标结构的径向伸缩驱动。直线运动可以直接由气缸或液压缸和活塞产生，也可以采用齿轮齿条、丝杠、螺母等传动元件把旋转运动转换成直线运动。

③ 圆柱关节　圆柱关节，又叫做回转移动副、分布关节，是使两杆件的组件中的一件相对于另一件移动或绕一个移动轴线转动的关节，两个构件之间除了作相对转动之外，还同时可以做相对移动。

④ 球关节　球关节，又叫做球面副，是使两杆件间的组件中的一件相对于另一件在三个自由度上绕一固定点转动的关节，即组成运动副的两构件能绕一球心作三个独立的相对转动的运动副，如图 2-14 所示。

图 2-14　球关节

(2) 连杆

连杆 (link)：指机器人手臂上被相邻两关节分并的部分，既是保持各关节间固定关系的刚体，又是机械连杆机构中两端分别与主动和从动构件铰接以传递运动和力的杆件。例如在往复活塞式动力机械和压缩机中，用连杆来连接活塞与曲柄。连杆多为钢件，其主体部分的截面多为圆形或工字形，两端有孔，孔内装有青铜衬套或滚针轴承，供装入轴销而构成铰接。

连杆是机器人中的重要部件，它连接着关节，其作用是将一种运动形式转变为另一种运动形式，并把作用在主动构件上的力传给从动构件以输出功率。

(3) 刚度

刚度 (stiffness)：是机器人机身或臂部在外力作用下抵抗变形的能力。它是用外力和在外力作用方向上的变形量（位移）之比来度量。在弹性范围内，刚度是零件载荷与位移成正比的比例系数，即引起单位位移所需的力。它的倒数称为柔度，即单位力引起的位移。刚度可分为静刚度和动刚度。

在任何力的作用下，体积和形状都不发生改变的物体叫做刚体 (rigid body)。在物理学上，理想的刚体是一个固体的、尺寸值有限的、形变情况可以被忽略的物体。不论是否受力，在刚体内任意两点的距离都不会改变。在运动中，刚体上任意一条直线在各个时刻的位置都保持平行。

2.4.2 机器人的图形符号体系

(1) 运动副的图形符号

机器人所用的零件和材料以及装配方法等与现有的各种机械完全相同。机器人常用的关节有移动、旋转运动副，常用的运动副图形符号如表 2-4 所示。

表 2-4　常用的运动副图形符号

运动副名称		运动副符号	
	转动副	两运动构件构成的运动副	两构件之一固定时的运动副
平面运动副	转动副	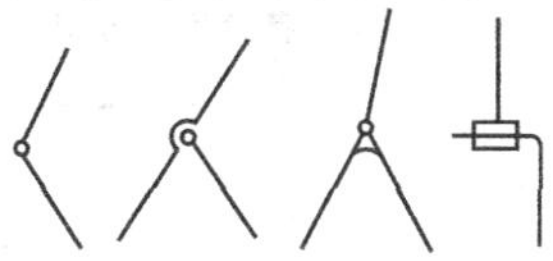	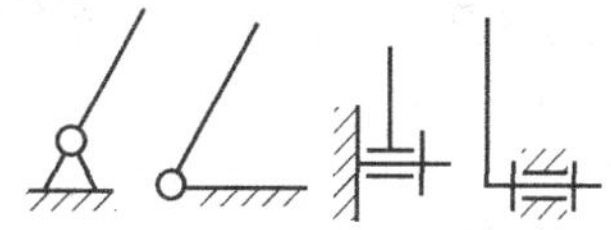
	移动副	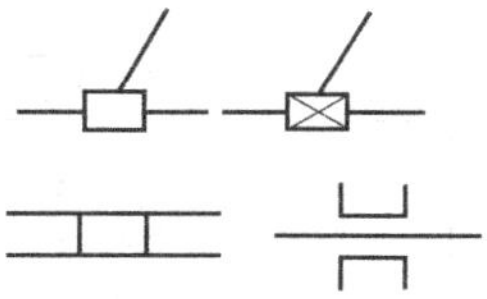	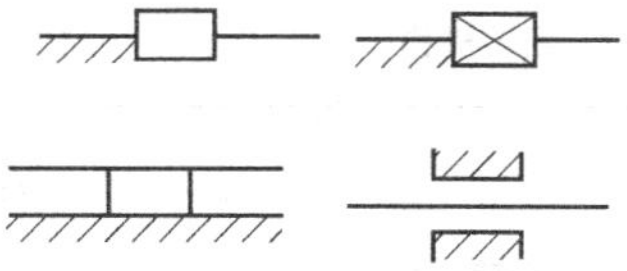
	平面高副		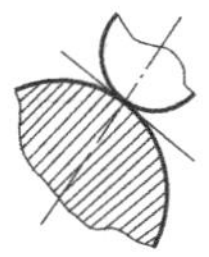
空间运动副	螺旋副	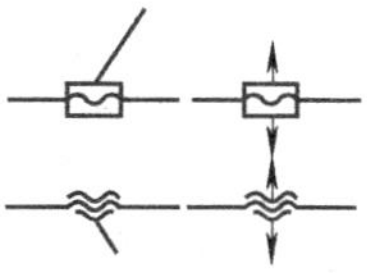	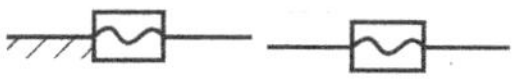
	球面副及球销副	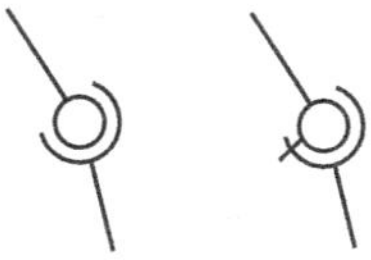	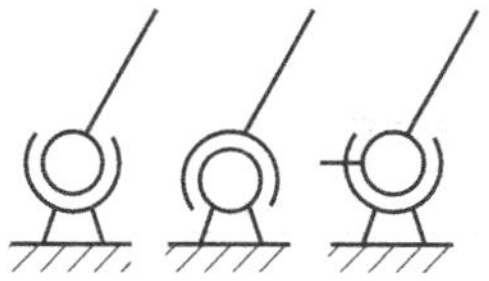

(2) 基本运动的图形符号

机器人的基本运动与现有的各种机械表示也完全相同。常用的基本运动图形符号如表 2-5 所示。

表 2-5　常用的基本运动图形符号

序号	名　称	符　号
1	直线运动方向	
2	旋转运动方向	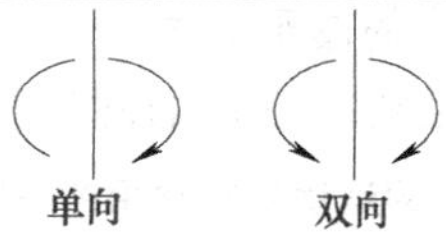
3	连杆、轴关节的轴	
4	刚性连接	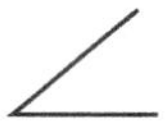
5	固定基础	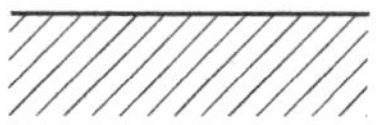
6	机械连锁	

(3) 运动机能的图形符号

机器人的运动机能常用的图形符号如表 2-6 所示。

表 2-6 机器人的运动机能常用的图形符号

编号	名称	图形符号	参考运动方向	备注
1	移动(1)	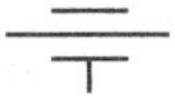	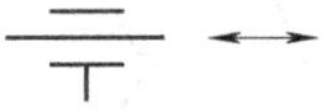	
2	移动(2)	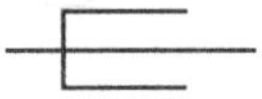		
3	回转机构	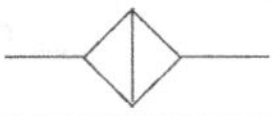	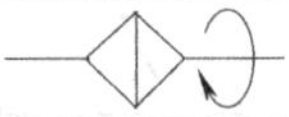	
4	旋转(1)	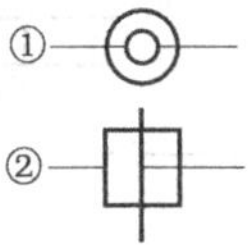	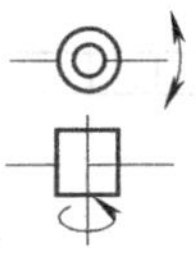	①一般常用的图形符号 ②表示①的侧向的图形符号
5	旋转(2)	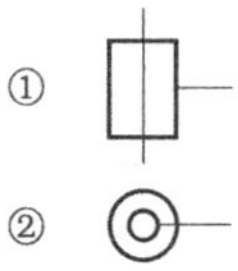	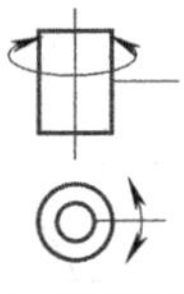	①一般常用的图形符号 ②表示①的侧向的图形符号
6	差动齿轮	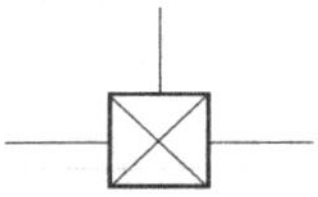	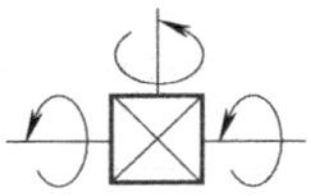	
7	球关节	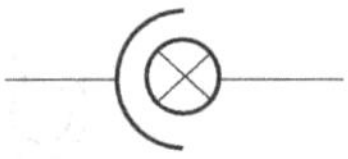		
8	握持	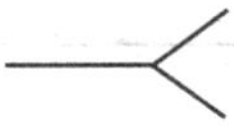	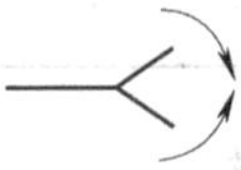	
9	保持	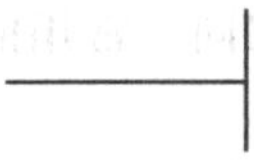		包括已成为工具的装置。工业机器人的工具此处未作规定
10	机座	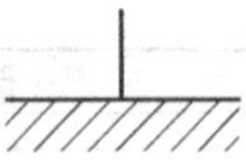		

(4) 运动机构的图形符号

机器人的运动机构常用的图形符号如表 2-7 所示。

表 2-7 机器人的运动机构常用的图形符号

序号	名称	自由度	图形符号	参考运动方向	备注
1	直线运动关节(1)	1	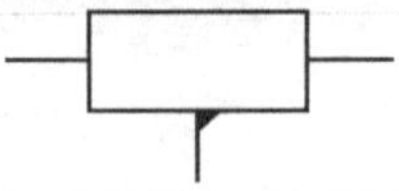	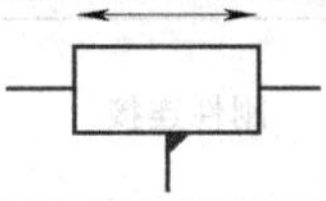	
2	直线运动关节(2)	1	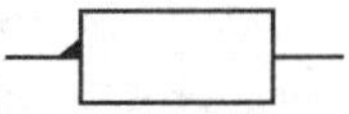	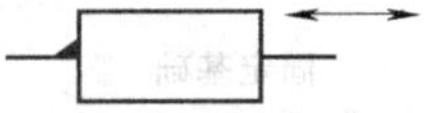	
3	旋转运动关节(1)	1	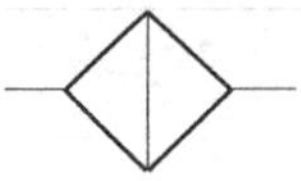	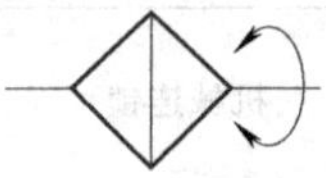	

续表

序号	名称	自由度	图形符号	参考运动方向	备注
4	旋转运动关节(2)	1		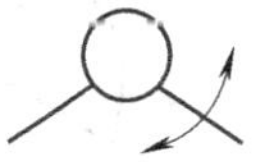	平面
5	旋转运动关节(2)	1	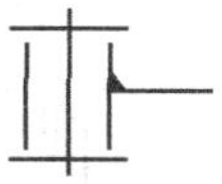	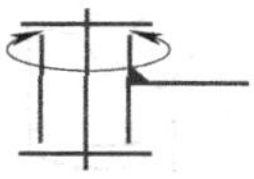	立体
6	轴套式关节	2		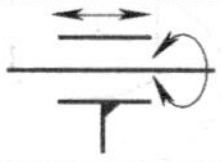	
7	球关节	3			
8	末端操作器		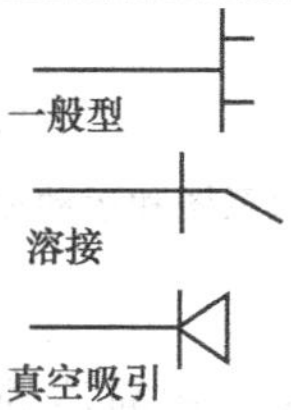		用途示例

2.4.3　机器人的图形符号表示

机器人的描述方法可分为机器人机构简图、机器人运动原理图、机器人传动原理图、机器人速度描述方程、机器人位姿运动学方程、机器人静力学描述方程等。

(1) 四种坐标机器人的机构简图

机器人的机构简图是描述机器人组成机构的直观图形表达形式，是将机器人的各个运动部件用简便的符号和图形表达出来，此图可用上述图形符号体系中的文字与代号表示。

直角坐标型、圆柱坐标型、极坐标型、多关节坐标型四种坐标机器人，其机构简图如图 2-15所示。

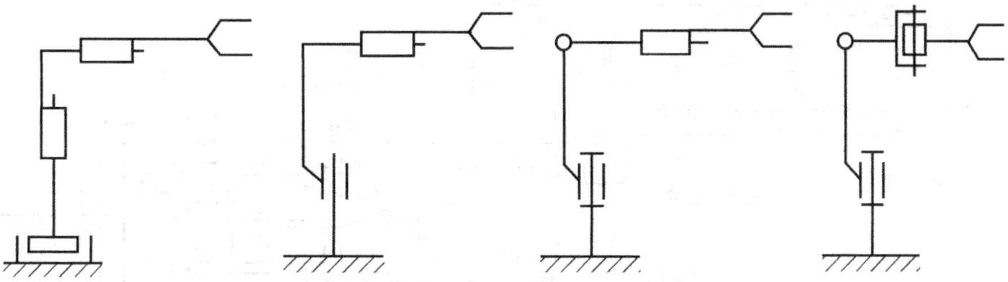

(a) 直角坐标型　(b) 圆柱坐标型　(c) 极坐标型　(d) 多关节坐标型

图 2-15　典型机器人机构简图

(2) 机器人运动原理图

机器人运动原理图是描述机器人运动的直观图形表达形式，是将机器人的运动功能原理用简便的符号和图形表达出来，此图可用上述的图形符号体系中的文字与代号表示。

机器人运动原理图是建立机器人坐标系、运动和动力方程式、设计机器人传动原理图的基础，也是我们为了应用好机器人，在学习使用机器人时最有效的工具。

PUMA-262 机器人的机构运动示意图和运动原理图如图 2-16 所示。可见，运动原理图可以简化为机构运动示意图，以明确主要因素。

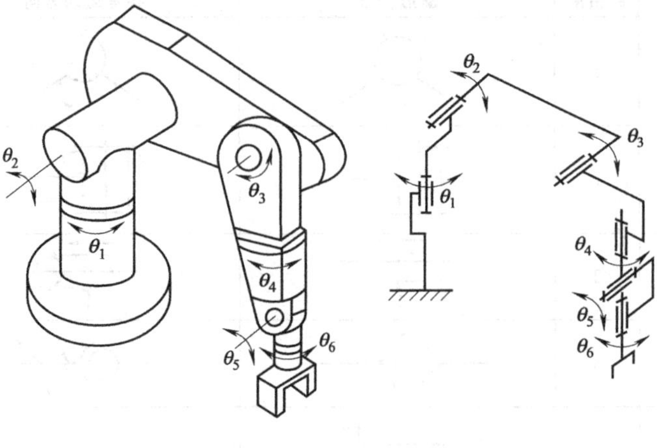

(a) 机构运动示意图　　(b) 机构运动原理图

图 2-16　机构运动示意图和运动原理图

(3) 机器人传动原理图

将机器人动力源与关节之间的运动及传动关系用简洁的符号表示出来，就是机器人传动原理图。PUMA-262 机器人的传动原理图如图 2-17 所示。机器人的传动原理图是机器人传动系统设计的依据，也是理解传动关系的有效工具。

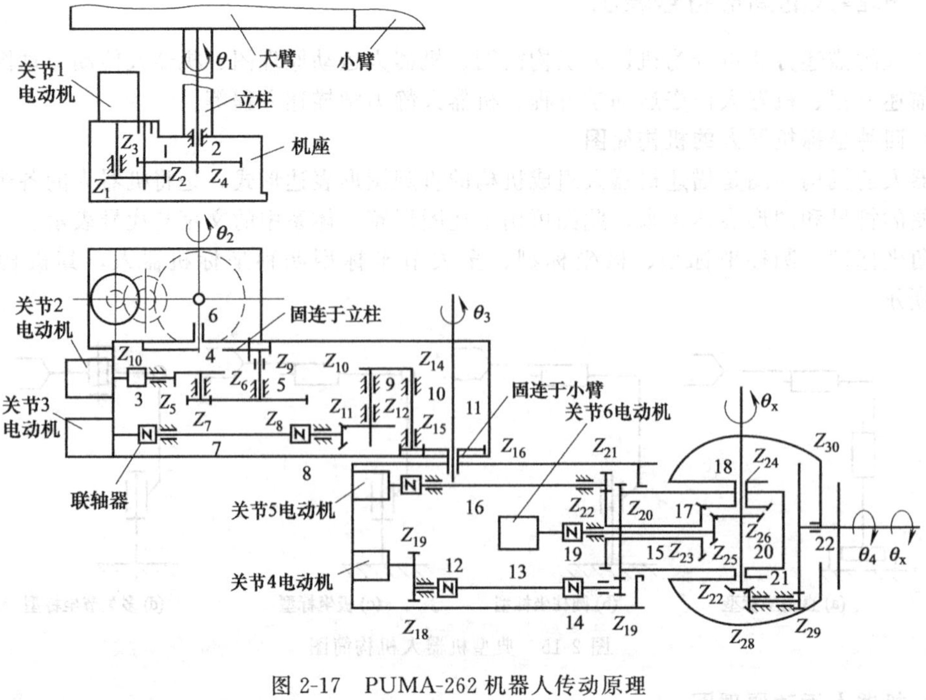

图 2-17　PUMA-262 机器人传动原理

(4) 典型机器人的结构简图

ABB、FANUC、KUKA 和 MOTOMAN 公司的典型产品的机械结构分析如下。

① KUKA 公司的 KR 5 scara　该 4 自由度机器人结构简单，有 3 个转动关节、1 个螺纹移动关节。其结构简图如图 2-18 所示。

② ABB 公司的 IRB2400　ABB、FANUC、KUKA 的大多数产品均为 6 自由度机器人，

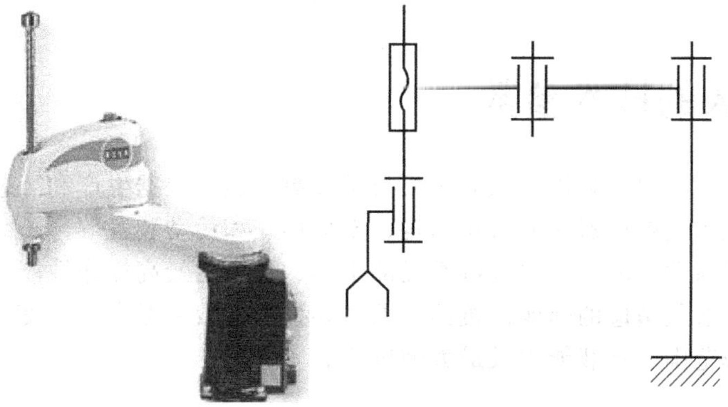

图 2-18　KR 5 scara 结构简图

MOTOMAN 也有 6 自由度产品，它们的关节分布比较类似，多采用安川的交流驱动电动机。其中 ABB 公司的 IRB2400 产品是全球销量最大的型号之一，已安装 20000 套。其结构简图如图 2-19 所示。

③ FANUC 公司的 R-2000iB　FUNAC 公司的 R-2000iB 也为 6 自由度机器人。其结构简图如图 2-20 所示。

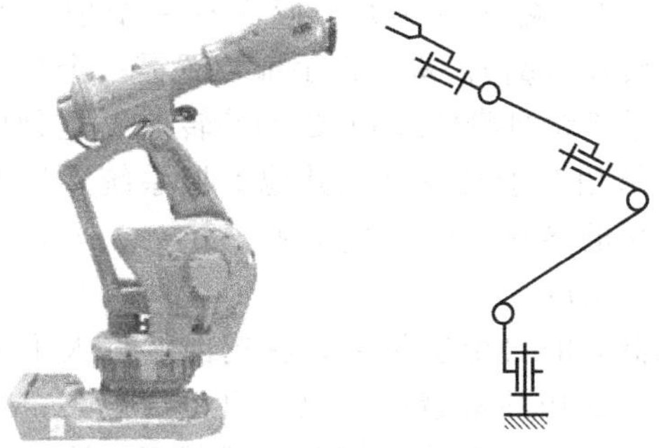

图 2-19　IRB2400 的结构简图

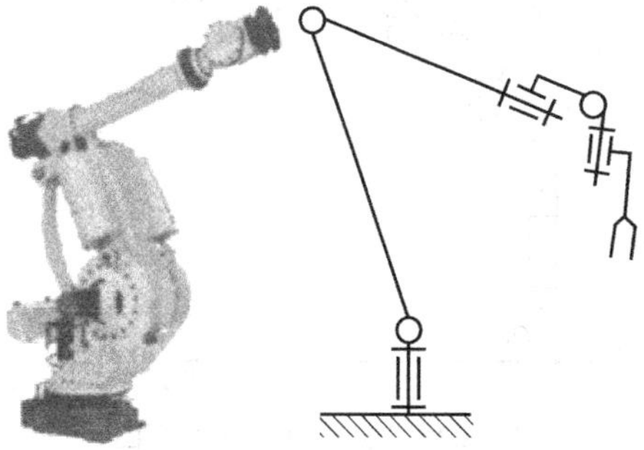

图 2-20　R-2000iB 的结构简图

④ MOTOMAN 公司的工业机器人　MOTOMAN 的 IA20 是 7 自由度产品，其结构简图如图 2-21 所示。MOTOMAN 的 DIA10 产品的结构较为复杂，有 15 个自由度，其结构简图如图 2-22 所示。

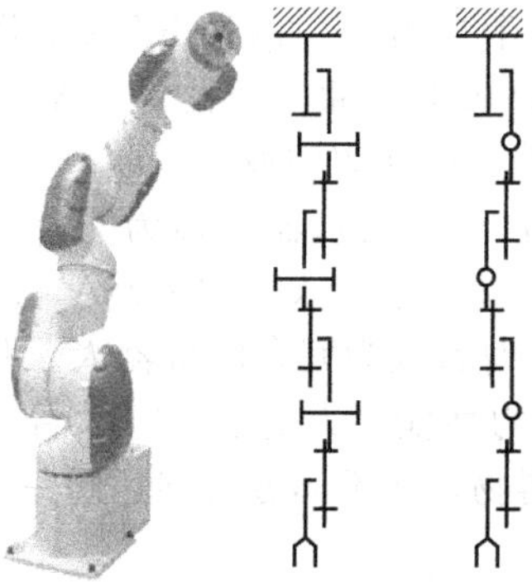

图 2-21　IA20 的结构简图

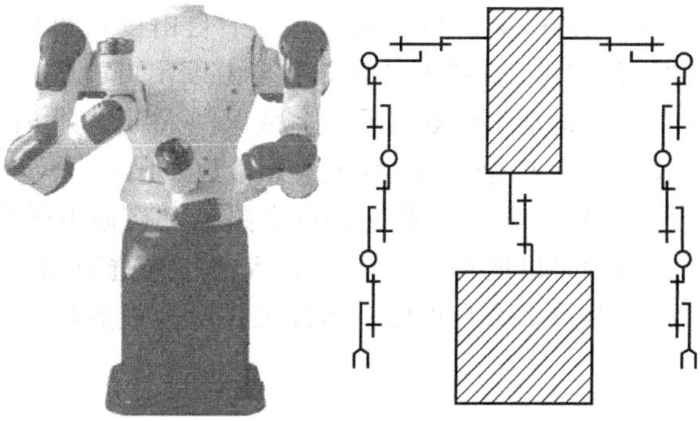

图 2-22　DIA10 结构简图

2.5 机器人的技术参数

选用机器人，首先要了解机器人的主要技术参数，然后根据生产和工艺的实际需求，通过机器人的技术参数来选择机器人的机械结构、坐标形式和传动装置等。

机器人的技术参数反映了机器人可胜任的工作、具有的最高操作性能等情况，是选择、设计、应用机器人所必须考虑的问题。机器人的主要技术参数一般有自由度、分辨率、精度、重复定位精度、工作范围、承载能力及最大速度等。

2.5.1 自由度

自由度是指描述物体运动所需要的独立坐标数。机器人的自由度是指机器人所具有的独立坐标轴运动的数目，不包括手爪（末端执行器）动作灵活的尺度，一般以轴的直线移动、摆动或旋转动作的数目来表示。

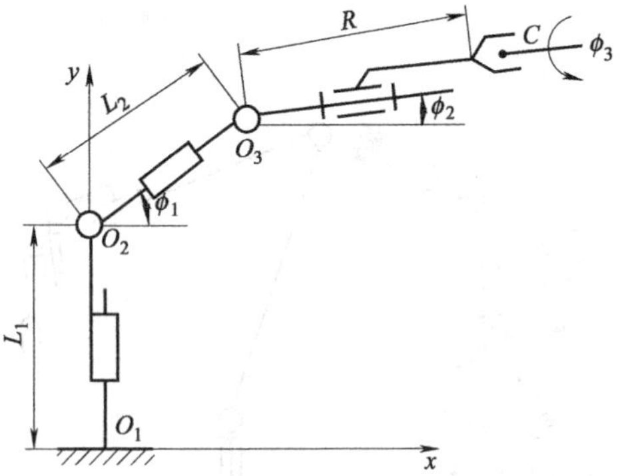

图 2-23　5 自由度机器人简图

如图 2-23 所示的机器人，臂部在 xO_1y 面内有三个独立运动——升降（L_1）、伸缩（L_2）和转动（ϕ_1），腕部在 xO_1y 面内有一个独立的运动——转动（ϕ_1）。机器人手部位置需一个独立运动——手部绕自身轴线 O_3C 的旋转 ϕ_3。这种用来确定手部相对于机身（或其他参照系统）位置的独立变化的参数（L_1，L_2，ϕ_1，ϕ_2，ϕ_3）即为机器人的自由度。

机器人的自由度越多，就越能接近人手的动作机能，通用性就越好；但是自由度越多，结构越复杂，对机器人的整体要求就越高，这是机器人设计中的一个矛盾。

自由度的选择与生产要求有关，若批量大，操作可靠性要求高，运行速度快，则机器人的自由度数可少一些，如果要便于产品更换，增加柔性，则机器人的自由度要多一些。

在三维空间中描述一个物体的位置和姿态（简称位姿）需要 6 个自由度。工业机器人一般多为 4～6 个自由度，7 个以上的自由度是冗余自由度，是用来躲避障碍物的。工业机器人的自由度是根据其用途而设计的，可能小于也可能大于 6 个自由度。例如 KUKA 公司生产的 KR 5 scara 装配机器人具有 4 个自由度，可以在印制电路板上接插电子器件；ABB 公司生产的 IRB2400 机器人具有 6 个自由度，可以进行复杂空间曲线的弧焊作业。

从运动学的观点看，完成某一特定作业时具有多余自由度的机器人称为冗余自由度机器人，也称冗余度机器人。MOTOMAN 公司生产的 IA20 机器人和 PUMA 公司生产的 PUMA700 机器人执行印制电路板上接插电子器件的作业时就成为冗余度机器人。利用冗余的自由度可以增加机器人的灵活性，躲避障碍物和改善动力性能。人的手臂（大臂、小臂、手腕）共有 7 个自由度，所以工作起来很灵巧，可躲避障碍物，从不同方向到达同一个目的点。

2.5.2 工作速度

不同厂家对工作速度规定的内容也有所不同，有的厂家定义为工业机器人主要自由度上最大的稳定速度；有的厂家定义为手臂末端最大的合成速度，通常在技术参数中加以说明。

一般来说，工作速度是指机器人在工作载荷条件下、匀速运动过程中，机械接口中心或工具中心点在单位时间内所移动的距离或转动的角度。最大工作速度是指在各轴联动情况下，机器人手腕中心所能达到的最大线速度。

显而易见，工作速度越高，工作效率就越高。然而工作速度越高就要花费更多的时间去升速或降速，对工业机器人最大加速度变化率及最大减速度变化率的要求更高。

在使用或设计机器人时，确定机器人手臂的最大行程后，根据循环时间安排每个动作的时间，并确定各动作同时进行或是顺序进行，就可以确定各动作的运动速度。分配各动作的时间除考虑工艺动作要求外，还要考虑惯性和行程大小、驱动和控制方式、定位和精度要求。

为了提高生产率，要求缩短整个运动循环时间。运动循环包括加速启动、等速运行和减速制动三个过程。过大的加减速度会导致惯性力加大，影响动作的平稳和精度。为了保证定位精度，加减速过程往往占用较长时间。

2.5.3 工作空间

工作空间又叫做工作范围、工作区域，是设备所能达到的所有空间区域。机器人的工作空间是指机器人手臂末端或手腕中心（手臂或手部安装点）所能到达的所有点的集合，不包括手部本身所能达到的区域。由于末端执行器的形状和尺寸是多种多样的，为真实反映机器人的特征参数，工作范围是指不安装末端执行器时的工作区域，常用图形表示如图 2-24 所示。

机器人所具有的自由度数目及其组合不同，其运动图形也不同；而自由度的变化量（即直线运动的距离和回转角度的大小）则决定着运动图形的大小。

工作范围的形状和大小是十分重要的，机器人在执行某作业时可能会因存在手部不能到达的作业死区（dead zone）而不能完成任务。

2.5.4 工作载荷

工作载荷，又叫做承载能力，是机器人在规定的性能范围内，机械接口处能承受的最大负载重量（包括手部），或者说是在工作范围内的任何位姿上所能承受的最大重量。通常用重量、力矩、惯性矩来表示。

负载大小主要考虑机器人各运动轴上的所受的力和力矩。承载能力不仅决定于负载的重量，还包括机器人末端执行器的重量，即手部的重量、抓取工件的重量；而且与机器人运行的速度和加速度的大小和方向有关，即由运动速度变化而产生的惯性力和惯性力矩。

一般机器人在低速运行时，承载能力大，为安全考虑，规定在高速运行时所能抓取的工件重量作为承载能力指标。即承载能力这一技术指标是指高速运行时的承载能力。目前，使用的工业机器人负载范围可从 0.5kg 直至 800kg，最大可达 1000kg。

2.5.5 分辨率

在机器人学中，分辨率常常容易和精度、重复定位精度相混淆。机器人的分辨率由系统设计检测参数决定，并受到位置反馈检测单元性能的影响。

分辨率是指机器人每根轴能够实现的最小移动距离或最小转动角度。分辨率分为编程分辨率与控制分辨率，统称为系统分辨率。

编程分辨率是指程序中可以设定的最小距离单位，又称为基准分辨率。例如：当电动机旋

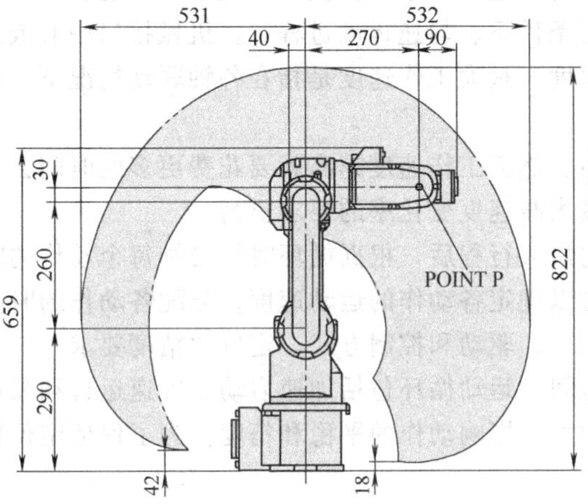

(a) 垂直串联多关节机器人 MOTOMAN MH3F

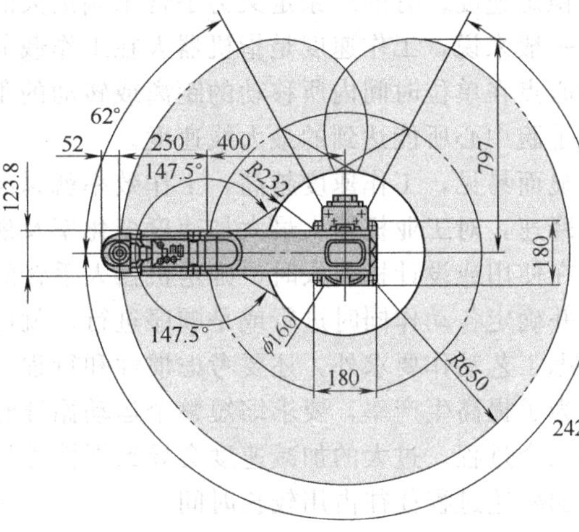

(b) 水平串联多关节机器人 MOTOMAN MPP3S

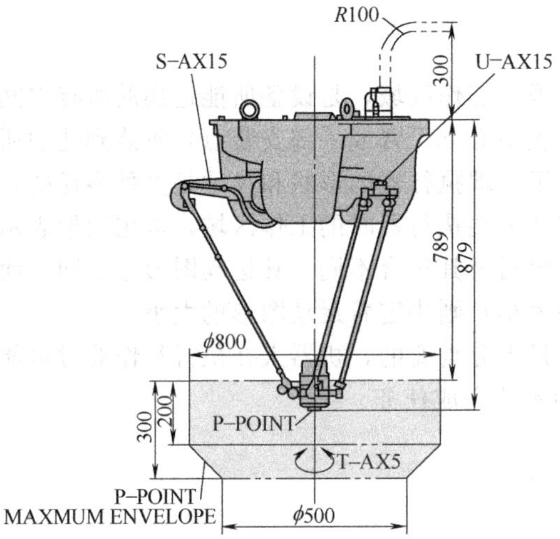

(c) 并联多关节机器人MOTOMAN MYS650L

图 2-24 不同本体结构 YASKAWA 机器人工作范围

转 0.1°，机器人腕点即手臂尖端点移动的直线距离为 0.01mm 时，其基准分辨率为 0.01mm。

控制分辨率是位置反馈回路能够检测到的最小位移量。例如：若每周（转）1000 个脉冲的增量式编码盘与电动机同轴安装，则电动机每旋转 0.36°（360°，1000r/min）编码盘就发出一个脉冲，0.36°以下的角度变化无法检测，则该系统的控制分辨率为 0.36°。显然，当编程分辨率与控制分辨率相等时，系统性能达到最高。

2.5.6 精度

精度是一个位置量相对于其参照系的绝对度量，指机器人手部实际到达位置与所需要到达的理想位置之间的差距。机器人的精度主要依存于机械误差、控制算法误差与分辨率系统误差。

机械误差主要产生于传动误差、关节间隙与连杆机构的挠性。传动误差是由轮齿误差、螺距误差等引起的；关节间隙是由关节处的轴承间隙、谐波齿隙等引起的；连杆机构的挠性随机器人位形、负载的变化而变化。

控制算法误差主要指算法能否得到直接解和算法在计算机内的运算字长所造成的比特

(bit) 误差。因为 16 位以上 CPU 进行浮点运算，精度可达到 82 位以上，所以比特误差与机构误差相比基本可以忽略不计。

分辨率系统误差可取 10 基准分辨率，其理由是基准分辨率以下的变位既无法编程又无法检测。机器人的精度可认为是 10 基准分辨率与机械误差之和，即：

机器人的精度＝1/2 基准分辨率＋机械误差

如能够做到使机械的综合误差达到 1/2 基准分辨率，则精度等于分辨率。但是，就目前的水平而言，除纳米领域的机构以外，工业机器人尚难以实现。

2.5.7 重复定位精度

重复定位精度是指在相同的运动位置命令下，机器人连续若干次运动轨迹之间的误差度量。如果机器人重复执行某位置给定指令，它每次走过的距离并不相同，而是在一平均值附近变化，该平均值代表精度，而变化的幅度代表重复定位精度。所以，重复定位精度是关于精度的统计数据。

任何一台机器人即使在同一环境、同一条件、同一动作、同一命令之下，每一次动作的位置也不可能完全一致。如对某一个型号的机器人的测试结果为：在 20mm/s、200mm/s 的速度下分别重复 10 次，其重复定位精度为 0.4mm。如图 2-25 所示，若重复定位精度为±0.2mm，则指所有的动作位置停止点均在以平均值位置为中心的左右 0.2mm 以内。

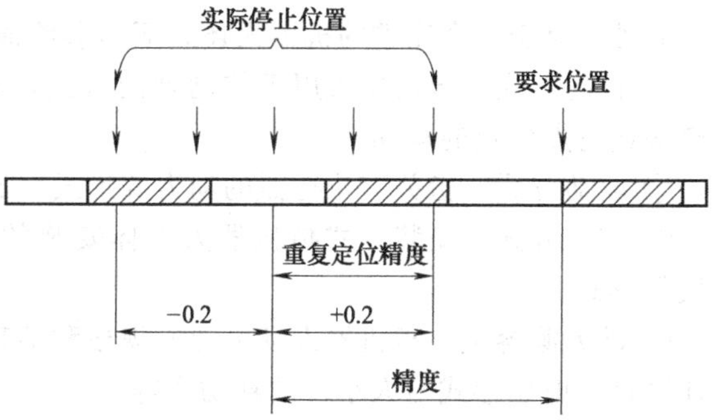

图 2-25　重复定位精度

在测试机器人的重复定位精度时，不同速度、不同方位下，反复试验的次数越多，重复定位精度的评价就越准确。因重复定位精度不受工作载荷变化的影响，故通常用重复定位精度这一指标作为衡量示教-再现工业机器人水平的重要指标。机器人标定重复定位精度时一般同时给出测试次数、测试过程所加的负载和手臂的姿态。精度和重复定位精度测试的典型情况如图 2-26 所示。

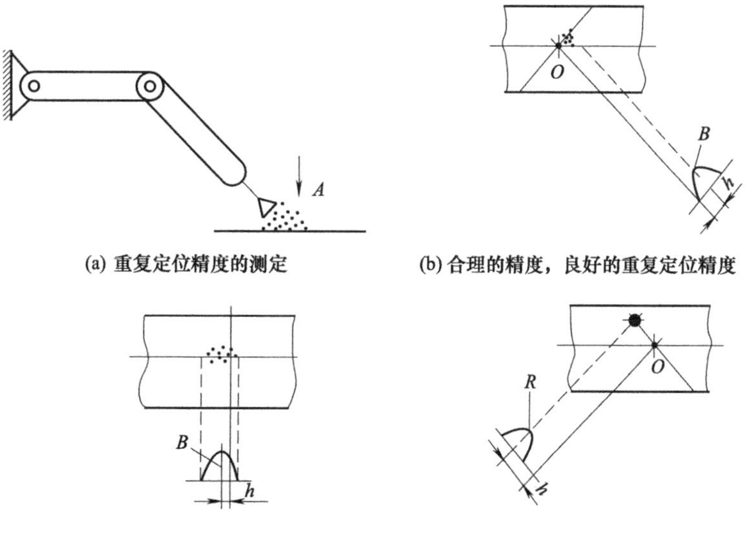

(a) 重复定位精度的测定　(b) 合理的精度，良好的重复定位精度

(c) 良好的精度，很差的重复定位精度　(d) 很差的精度，良好的重复定位精度

图 2-26　精度和重复定位精度测试的典型情况

精度、重复定位精度和分辨率都用来定义机器人手部的定位能力。工业机器人的精度、重复定位精度和分辨率要求是根据其使用要求确定的。机器人本身所能达到的精度取决于机器人结构的刚度、运动速度控制和驱动方式、定位和缓冲等因素。由于机器人有转动关节，不同回转半径时其直线分辨率是变化的，因此造成了机器人的精度难以确定。由于精度一般较难测定，通常工业机器人只给出重复精度。表 2-8 为不同工业机器人要求的重复定位精度。

表 2-8 不同工业机器人要求的重复定位精度 mm

任务	机床上下料	冲床上下料	点焊	模锻	喷涂	装配	测量	弧焊
重复精度	±(0.05～1)	±1	±1	±(0.1～2)	±3	±(0.01～0.5)	±(0.01～0.5)	±(0.2～0.5)

机器人在其技术规格书的说明中都会用表格的方式给出上述基本参数。

2.5.8 其他参数

此外，对于一个完整的机器人还有下列参数描述其技术规格。

① 控制方式 指机器人用于控制轴的方式，是伺服还是非伺服，伺服控制方式是实现连续轨迹还是点到点的运动。

② 驱动方式 指关节执行器的动力源形式。通常有气动、液压、电动等形式。

③ 安装方式 安装方式指机器人本体安装的工作场合的形式，通常有地面安装、架装、吊装等形式。

④ 动力源容量 指机器人动力源的规格和消耗功率的大小，比如，气压的大小、耗气量、液压高低、电压形式与大小、消耗功率等。

⑤ 本体质量 本体质量是指机器人在不加任何负载时本体的重量，用于估算运输、安装等。

⑥ 环境参数 指机器人在运输、存储和工作时需要提供的环境条件，比如，温度、湿度、振动、防护等级和防爆等级等。

第 3 章

工业机器人的感觉系统

近年来，高速发展的经济和工业技术为我国传感器技术的发展提供了良好的条件。与此同时，我国的传感器技术在工业发展中的应用较为滞后，尤其是在工业机器人中的应用不足现象日益突出。信息处理技术取得的进展以及微处理器和计算机技术的高速发展，都需要在传感器的开发方面有相应的进展。微处理器现在已经在测量和控制系统中得到了广泛的应用。随着这些系统能力的增强，作为信息采集系统的前端单元，传感器的作用越来越重要。传感器已成为自动化系统和机器人技术中的关键部件，作为系统中的一个结构组成，其重要性变得越来越明显。

3.1 机器人传感器的分类

传感器是一种检测装置，能检测到被测量的信息（如位移、力、加速度、温度等），并能将测量到的信息，按一定规律变换成为电信号或其他所需形式的信息输出，以满足信息的传输、处理、存储、显示、记录和控制等要求。

传感器一般由敏感元件、转换元件、变换电路和辅助电源四部分组成。敏感元件直接感受被测量，并输出与被测量有一定关系的物理量信号；转换元件将敏感元件输出的物理量信号转换为电信号；变换电路负责对转换元件输出的电信号进行放大调制；转换元件和变换电路一般还需要辅助电源供电。

根据一般传感器在系统中所发挥的作用，完整的传感器应包括敏感元件、转换元件、信号调整电路三部分。敏感元件能直接感受或响应测量，功能是将某种不便测量的物理量转换为易于测量的物理量；转换元件能将敏感元件感受或响应的测量转换成适于传输或测量的电信号；敏感元件与转换元件一起构成传感器的结构部分；而信号调整电路是将转换元件输出的易测量的小信号进行处理变换，使传感器的信号输出符合具体系统的要求（如 4～20mA、1～5V）。

机器人技术的发展总体上来讲，一共经过了三次更新换代，这三个阶段都与传感器技术的发展息息相关。第一代机器人由于没有融合传感器技术，不具有感知和反馈的功能；第二代机器人融合了传感器技术，所以对外界环境有一定感知能力，具有视觉、触觉、听觉等功能。第三代机器人又称为智能机器人，由于深度融合了传感器技术，所以在具有感觉能力的基础上，还具有了记忆、推理和决策的能力，具有与外部世界，包括对象、环境和人的相适应、相协调的工作机能。

从广义上来说，传感器是一种能把物理量或化学量转变成便于利用的电信号的器件。国际电工委员会的定义为：“传感器是测量系统中的一种前置部件，它将输入变量转换成可供测量的信号。”按照 Gopel 等的说法“传感器是包括承载体和电路连接的敏感元件”，而“传感器系统则是组合有某种信息处理（模拟或数字）能力的传感器”。传感器是传感器系统的一个组成部分，它是被测量信号输入的第一道关口。

传感器的种类很多，其分类方法如表 3-1 所示。

表 3-1 传感器的分类

分类的方法	类型	说明
按基本效应	物理型、化学型、生物型	分别以转换中的物理效应、化学效应等命名
按构成原理	结构型	以转换元件结构参数变化实现信号的转换
	物性型	以转换元件物理特性变化实现信号的转换
按输入量	角度、位移、压力、温度、流量、加速度等	以被测量(即按用途分类)
按工作原理	电阻式、热电式、光电式等	以传感器转换信号的工作原理命名
按能量关系	能量转换型(自然型)	传感器输出量直接由被测量能量转换而得
	能量转换型(外源型)	传感器输出量由外源供给,但受被测输入量控制
按输出信号形式	模拟式	输出为模拟信号
	数字式	输出为数字信号

从机器人的组成结构来分类，机器人的传感器可以分为机器人感受系统传感器和机器人与环境交互系统传感器。所谓机器人的感受系统，即机器人内部状态和外部环境状态中有需信息的获取系统；所谓机器人与环境交互系统，即机器人与外部环境中的设备相互传递的系统。

从检测对象来分类，机器人的传感器分为内部状态传感器和外部状态传感器。内部状态传感器是机器人感知自己本身内部状态的传感器，是机器人用来调整并控制其自身行动的传感器，主要通过检测自身的坐标轴来确定其位置。机器人的内部传感器一般由位置、加速度、速度及压力传感器组成。机器人的外部状态传感器主要用来感知外部环境、目标位置等状态信息，并且对环境有自校正和自适应能力。机器人的外部传感器一般包括触觉传感器、接近觉传感器、视觉传感器、听觉传感器、味觉传感器等。

从安装来分类，机器人的传感器可分为内部安装传感器和外部安装传感器。外部安装传感器是机器人对外界的感知，如视觉或触觉等，外部安装传感器不包括在机器人控制器的内部部件中；机器人内部安装传感器，则装入机器人内部，如旋转编码器等，属于机器人内部控制器的一部分。

不管机器人的传感器如何分类，总体上都可以分成两大类，即内部传感器和外部传感器，如图 3-1 所示。

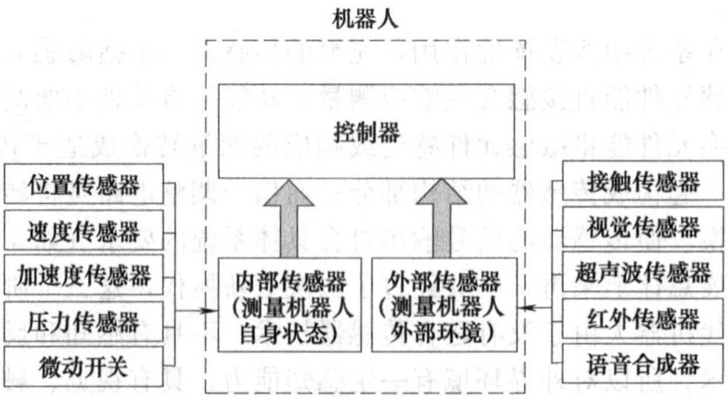

图 3-1 机器人传感器的分类

3.2 机器人的内部传感器

内部传感器是以机器人本身的坐标轴来确定其位置，安装在机器人自身中，用来感知机器人自己的状态，以调整和控制机器人的行动。内部传感器通常由位置传感器、角度传感器、速度传感器、加速度传感器等组成。

3.2.1　机器人的位置传感器

机器人的位置传感器是用来测量机器人自身位置的传感器。常见的机器人位置传感器包括电阻式位置传感器、电容式位置传感器、电感式位置传感器、光电式位置传感器、霍尔元件位置传感器和磁栅式位移传感器等。

典型的位置传感器是电位计式传感器，又称为电位差计。它由一个线绕电阻（或薄膜电阻）和一个滑动触头组成。滑动触头通过机械装置受被检测量的控制。当位置量发生变化时，滑动触头也发生位移，改变了滑动触点与电位器各端之间的电阻值和输出电压值，电位计式传感器通过输出电压值的变化量，检测机器人各关节的位置和位移量。

(1) 电位计式位移传感器

图 3-2 所示是一个电位计式位置传感器的实例。在载有物体的工作台或者是机器人的另外一个关节的下面有同电阻接触的触点，当工作台或关节左右移动时，接触触点也随之左右移动，从而改变了与电阻接触的位置。它检测的是以电阻中心为基准位置的移动距离。

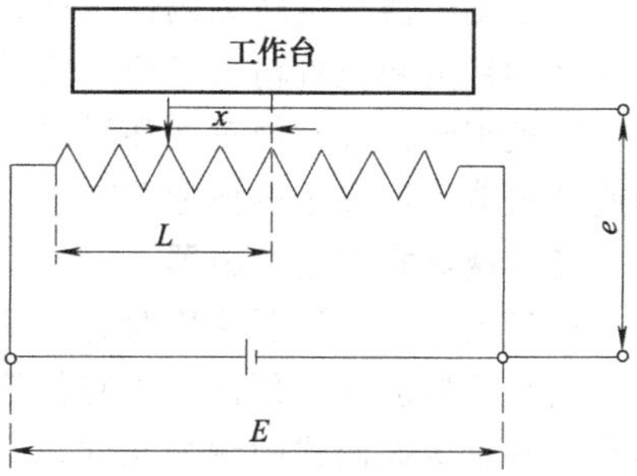

图 3-2　电位计式传感器

当输入电压为 E，从电阻中心到一端的长度为最大移动距离 L，在可动触点从中心向左端只移动 x 的状态，假定电阻右侧的输出电压为 e。图 3-2 的电路中流过一定的电流，由于电压与电阻的长度成比例，所以左、右的电压比等于电阻长度比，电位计式位移传感器位移和电压关系为：

$$x=\frac{L(2e-E)}{E} \tag{3-1}$$

式中　E——输入电压；

L——触头最大移动距离；

x——向左端移动的距离；

e——电阻右侧的输出电压。

(2) 旋转型电位计式角度传感器

当把电位计式位移传感器的电阻元件弯成圆弧形，可动触点的一端固定在圆的中心，像时针那样旋转时，由于电阻值随相应的转角变化，这样就构成一个简易的角度传感器。

旋转型电位计式角度传感器由环状电阻器和一个可旋转的电刷共同组成。当电流流过电阻器时，形成电压分布。当电压分布与角度成比例时，则从电刷上提取出的电压值 V，也与角度 θ 成比例，如图 3-3 所示。

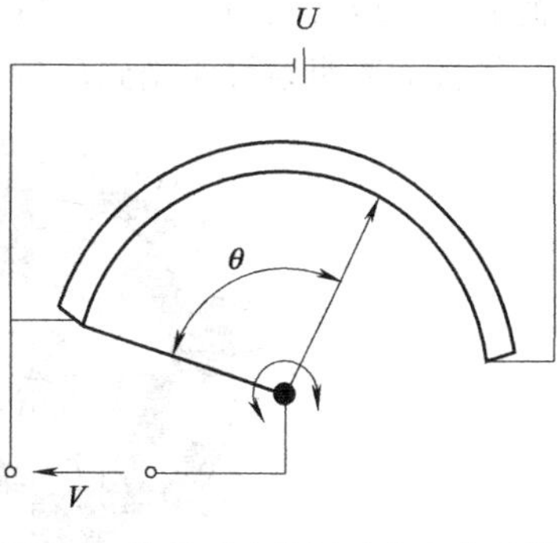

图 3-3　旋转型电位计式角度传感器

3.2.2　机器人的角度传感器

(1) 编码器的分类

旋转编码器是目前机器人中应用最多的测量角度的传感器，旋转编码器又称为回转编码器。旋转编码器一般装在机器人各关节的转轴上，用来测量各关节转轴的实时角度。旋转编码器把连续输入的转轴的旋转角度进行离散化和量化处理提供给机器人的处理器。

① 绝对式编码器/增量式编码器　旋转角度的现有值，用 $n$bit 的二进制码表示进行输出，这种形式的编码器称为绝对式编码器。当测出的信号是绝对信号时使用绝对式编码器。

每旋转一定角度，就有 1bit 的脉冲（1 和 0 交替取值）被输出，这种形式的编码器称为增量式（相对值型）。当测出的信号是增量信号时使用增量式编码器。增量式编码器用计数器对脉冲进行累积计算，从而可以得知初始角旋转的角度。

除上述两种编码器外，目前出现了混合式编码器。使用这种编码器时，在确定由初始位置时用绝对式；在确定由初始位置开始变动量的精确位置时则用增量式。

② 光电式/接触式/电磁式编码器　编码器按照检测方法、结构及信号转换方式的不同，又可分为光电式、接触式和电磁式等。在机器人感觉系统中最常用的是光电式编码器。

③ 直线编码器/旋转编码器　当直线编码器检测的是单位时间的位移距离可作为速度传感器。直线编码器与旋转编码器一样，可作为位置传感器和加速度传感器。直线编码器是根据线性移动的距离和位置输出量值；旋转编码器是根据旋转移动的角度和位置输出量值。

这类编码器都有绝对式和增量式两类。旋转型器件在机器人中的应用特别多，因为机器人的旋转关节远远多于棱柱形关节。

(2) 绝对式光电编码器

增量式光电编码器使用时有可能由于外界的干扰产生计数错误，并且在停电或故障停车后无法找到事故前执行部件的正确位置。采用绝对式光电编码器可以避免上述缺点。绝对式编码器是一种直接编码式的测量元件，它可以直接把被测转角或位移转化成相应的代码，指示的是绝对位置而无绝对误差，在电源切断时不会失去位置信息。但绝对式编码器结构复杂，价格昂贵，且不易做到高精度和高分辨率。

绝对式旋转编码器在使用时，可以用一个传感器检测角度和角速度。这种编码器的输出是旋转角度的实时值，所以若对采集的值进行记忆，并计算它与实时值之间的差值，就可以求出角速度。

编码盘以二进制等编码形式表示，将圆盘分成若干等分，利用光电原理把代表被测位置的各等分上的数码转化成电信号输出以用于检测。图 3-4 所示为绝对式光电编码器的码盘。在输入轴上的旋转透明圆盘上，设置 n 条同心圆环带，对环带（或码道）上的角度实施二进制编码，并将不透明条纹印制到环带上。

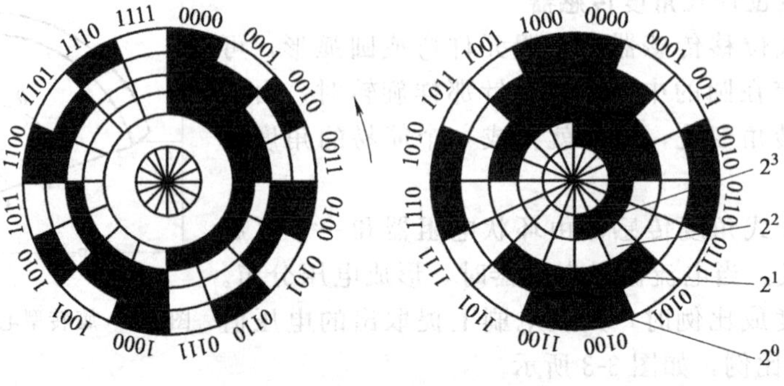

图 3-4　绝对式光电编码器码盘

当光线照射在圆盘上时，用传感器来读取透过圆盘的 n 个光，读取出 nbit 的二进制码数据。编码器的分辨率由比特数（环带数）决定。例如，12bit 编码器的分辨率为 $2^{-12}=1/4096$，所以可以有 1/4096 的分辨率，并对 1°转 360°进行检测。BCD 编码器以十进制作为基数，所以其分辨率变为（360/4000)°。

绝对式编码器对于转轴的每一个位置均产生唯一的二进制编码，因此可用于确定绝对位置。绝对位置的分辨率取决于二进制编码的位数，即码道的个数。目前光电编码器单个编码盘可以做到 18 个码道。

二进制码编码盘使用时，当编码盘在其两个相邻位置的边缘交替或来回摆动时，由于制造精度和安装质量误差或光电器件的排列误差将产生编码数据的大幅跳动，导致位置显示和控制失常。例如，从位置 0011 到 0100，若位置失常，就可能得到 0000、0001、0010、0101、0110、0111 等多个码值。所以，普通二进制码编码盘现在已较少使用，而改为采用格雷码编码盘。

格雷码为一种循环编码方式，其真值与格雷值及二进制码值的对照如表 3-2 所示。格雷码是非加权码，其特点是相邻两个代码间只有一位数变化，即 0 变 1，或 1 变 0。如果在连续的两个数码中发现数码变化超过一位，就认为是非法的数码，通过这种方式使格雷码具有一定的纠错能力。

表 3-2　格雷码与二进制码及真值对照

真　值	格雷码	二进制码	真　值	格雷码	二进制码
0	0000	0000	8	1100	1000
1	0001	0001	9	1101	1001
2	0011	0010	10	1111	1010
3	0010	0011	11	1110	1011
4	0110	0100	12	1010	1100
5	0111	0101	13	1011	1101
6	0101	0110	14	1001	1110
7	0100	0111	15	1000	1111

格雷码是一种可靠的编码方式，也是一种错误最小化的编码方式。因为，虽然自然二进制码可以直接由数/模转换器转换成模拟信号，但在某些情况下，例如从十进制的 3 转换为 4 时二进制码的每一位都要变，能使数字电路产生很大的尖峰电流脉冲。而格雷码则没有这一缺点，它在相邻位间转换时，只有一位产生变化。它大大地减少了由一个状态到下一个状态时逻辑的混淆。由于这种编码相邻的两个码组之间只有一位不同，因而在用于方向的转角位移量—数字量的转换中，当方向的转角位移量发生微小变化而可能引起数字量发生变化时，格雷码仅改变一位，这样与其他编码同时改变两位或多位的情况相比更为可靠，即可减少出错的可能性。

光电编码器的性能取决于光电敏感元件的质量和光源。对于光源来说，一般要求具有较好的可靠性及环境适应性，并且要求光源的光谱与光电敏感元件相匹配。当输出信号的强度不足时，可以在输出端接电压放大器。为了减少光噪声的污染，在光通路中还应加上透镜和狭缝装置。透镜可以使光源发出的光聚焦成平行光束，狭缝装置可以使所有轨道的光电敏感元件的敏感区均处于狭缝内。

(3) 增量式光电编码器

增量式光电编码器可以测量出转轴相对于基准位置位移增量的数字值，同时可以测量转轴的转速和转向。机器人的关节转轴上装有增量式光电编码器，可测量出转轴的相对位置，它是相对于基准位置的相对位置增量，不能够直接检测出轴的绝对位置信息，所以这种光电编码器一般用于对于定位精度要求不高的机器人，如喷涂、搬运及码垛机器人等。

增量式光电编码器不存在接触磨损，可在高转速下工作，精度及可靠性好，但结构复杂，安装困难。编码器的编码盘有三个同心光栅，分别为 A 相光栅、B 相光栅和 C 相光栅，如图 3-5 (a) 所示。A 相光栅和 B 相光栅上布满间隔相等的透明区域和不透明区域，这些区域用来透光和遮光，A 相光栅和 B 相光栅在编码盘上互相错开半个区域。当编码盘顺时针方向旋转时，A 相光栅比 B 相光栅优先透光导通，A 相光栅和 B 相光栅对应的光电元件接受时断时续的光。A 相超前 B 相 90°相位角，即 1/4 个周期，这样得到的信号类似正弦的信号，如图 3-5

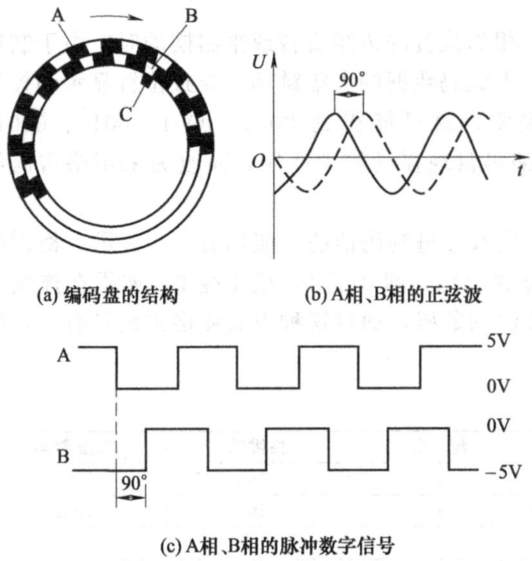

图 3-5 增量式编码器的工作原理

(b) 所示。这些信号经过放大整形后成为脉冲数字信号，如图 3-5 (c) 所示。

利用A相或是B相输出的脉冲数量就可以确定编码盘的相对转角；利用脉冲的频率可以确定编码盘的转速；通过A相和B相输出脉冲的相序就可以确定编码盘的转向。C相一般为标志信号，编码盘每旋转一周，标志信号发出一个脉冲，用来作为同步信号。

采用增量式旋转编码器测量角度时，测量到的是从初始值开始角度的增量。角度的分辨率由环带上透光和遮光条纹的个数决定。例如，在 360°内能形成 600 个透光和遮光条纹，就称其为 600p/r（脉冲/转）。此外，分辨率以 2 的幂乘作为基准，目前在市场上销售的增量式旋转编码器分辨率可以达到 $2^{11}=2048$p/r。

3.2.3 机器人的速度传感器

机器人自动化技术中，旋转运动速度测量较多，而且直线运动速度也经常通过旋转速度间接测量。在机器人中主要测量机器人关节的运行速度，下面重点以角速度传感器进行介绍。

目前广泛使用的角速度传感器有测速发电机和增量式光电编码器两种。测速发电机可以把机械转速变换成电压信号，而且输出电压与输入的转速成正比。增量式编码器既可测量增量角位移又可测量瞬时角速度。速度传感器的输出信号一般有模拟和数字信号两种。

(1) 测速发电机

测速发电机的输出电动势与转速成比例。改变旋转方向时输出电动势的极性即相应改变。被测机构与测速发电机同轴连接时，只要检测出输出电动势，就能获得被测机构的转速，故又称速度传感器。按其构造分为直流测速发电机和交流测速发电机。

直流测速发电机实际是一种微型直流发电机，按定子磁极的励磁方式分为永磁式和电磁式。永磁式采用高性能永久磁钢励磁，受温度变化的影响较小，输出变化小，斜率高，线性误差小。这种电机在 20 世纪 80 年代因新型永磁材料的出现而发展较快。电磁式采用他励式，不仅复杂且因励磁受电源、环境等因素的影响，输出电压变化较大，用得不多，图 3-6 为直流测速发电机的结构原理。

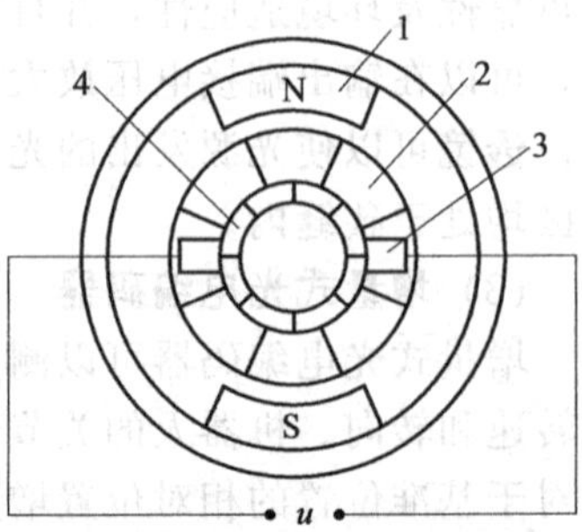

图 3-6 直流测速发电机的结构原理

1—永久磁铁；2—转子线圈；3—电刷；4—整流子

交流异步测速发电机与交流伺服电动机的结构相似，其转子结构有笼型的，也有杯型的，在自动控制系统中多用空心杯转子异步测速发电机。交流同步测速发电机由于输出电压和频率随转速同时变化，而且不能判别旋转方向，使用不便，在自动控制系统中很少使用。

测速发电机属于模拟式速度传感器，它的工作原理类似于小型永磁式直流发电机。它们的工作原理都是基于法拉第电磁感应定律，当通过线圈的磁通量恒定时，位于磁场中的线圈旋转使线圈两端产生的感应电动势与转子线圈的转速成正比，即：

$$u=kn \tag{3-2}$$

式中　u——测速发电机的输出电压，V；

n——测速发电机的转速，r/min；

k——比例系数。

通过以上分析可以看出，测速发电机的输出电压与转子转速呈线性关系。当直流测速发电机带有负载时，电枢的线圈绕组便会产生电流而使输出电压下降，它们之间的线性关系将被破坏，使输出产生误差。为了减少误差，测速发电机应保持负载尽可能小，同时要保持负载的性质不变。

利用测速发电机与机器人关节伺服驱动电动机相连就能测出机器人运动过程中的关节转动速度，并能在机器人自动系统中作为速度闭环系统的反馈元件。机器人速度闭环控制系统原理如图 3-7 所示。

测速发电机具有线性度好、灵敏度高、输出信号强等特点，目前检测范围一般在 20～40r/min，精度为 0.2%～0.5%。

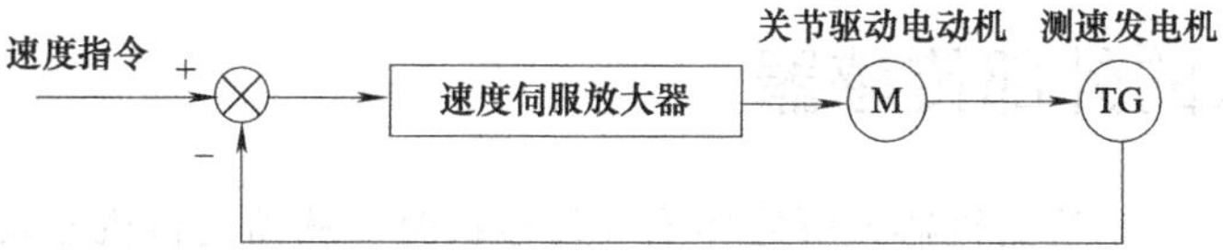

图 3-7　机器人速度闭环控制系统

(2) 增量式光电编码器

增量式光电编码器在机器人中既可以作为位置传感器又可作为速度传感器使用，当作为位置传感器时可测量关节的相对位置，当作为速度传感器时可测量关节移动速度。当增量式光电编码器作为速度传感器时可以在数字量方式和模拟量方式下使用。

① 增量式光电编码器的模拟量控制　模拟方式下，必须有一个频率-电压变换器（F-V 转换器），用来把编码器测得的脉冲频率转换成与速度成正比的模拟信号，其原理如图 3-8 所示。频率-电压变换器必须有良好的零输入、零输出特性和较小的温度漂移才能满足测试要求。

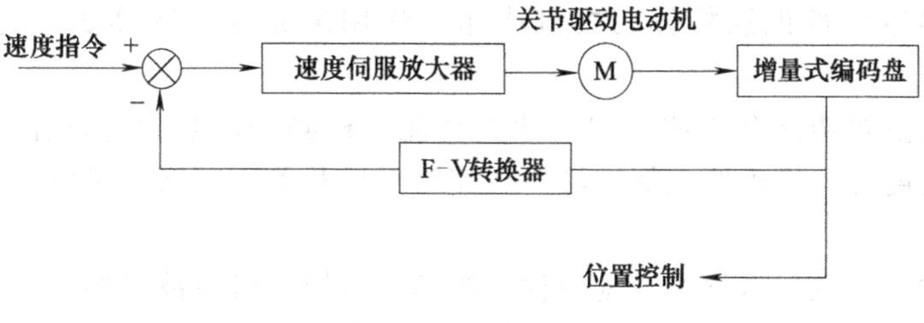

图 3-8　模拟方式的增量式编码盘测速

② 数字方式　增量式光电编码器的数字方式测速是指利用计算机软件通过数学方式计算出速度。由于角速度是转角对时间的一阶导数，如果能测得单位时间 Δt 内编码器转过的角度 $\Delta\theta$，则编码器在该时间内的平均转速为：

$$\bar{\omega}=\frac{\Delta\theta}{\Delta t} \tag{3-3}$$

当单位时间取的越短时，求得的转速越接近瞬时转速。但是时间太短时，编码器通过的脉冲数量太少，会导致速度分辨率下降，需要利用数学计算方法来解决。

3.2.4 机器人的姿态传感器

姿态传感器是用来检测机器人与地面相对关系的传感器。当机器人可以进行自由的移动时，如移动机器人，需要安装姿态传感器。

姿态传感器主要包括加速度传感器和陀螺仪。其中常用的姿态传感器是陀螺仪，它利用的是高速旋转转子经常保持其一定姿态的性质。转子通过一个支撑它的被称为万向接头的自由支持机构，安装在机器人上。

姿态传感器设置在机器人的躯干部分，它用来检测移动中的姿态和方位变化，保持机器人的正确姿态，并且实现指令要求的方位。此外，还有气体速率陀螺仪、光陀螺仪，气体速率陀螺仪利用了姿态变化时气流也发生变化这一现象；光陀螺仪则利用了当环路状光相对于惯性空间旋转时，沿这种光径传播的光会因向右旋转而呈现速度变化的现象。

3.3 机器人的外部传感器

外部传感器主要用来检测机器人所处环境及目标状况，从而使得机器人能够与环境发生交互作用并对环境具有自我校正和适应能力。机器人的外部传感器主要包括：视觉传感器，听觉传感器、触觉传感器、力觉传感器、接近觉传感器等。广义来看，机器人外部传感器就是具有人类五官的感知能力的传感器。

3.3.1 机器人的触觉传感器

人的触觉是指分布于人体全身皮肤上的神经细胞接受来自外界的温度、湿度、疼痛、压力、振动等方面的感觉。在机器人中使用触觉传感器的目的在于获取机械手与工作空间中物体接触的有关信息。例如，触觉信息可以用于物体的定位和识别以及控制机械手加在物体上的力。

机器人触觉是在人的触觉功能上模仿而来，它是机器人和与其接触的对象物之间的直接感觉。通过触觉传感器与被识别物体相接触或相互作用来完成对物体表面特征和物理性能的感知。

机器人触觉的主要功能有检测与识别两大功能。检测功能是指对操作物进行物理性质检测，如粗糙度、硬度等，使机器人能够灵活地控制手爪及关节以操作对象物。识别功能是指识别对象物的形状。

触觉有接触觉、压觉、力觉和滑觉四种。接触觉是指手指与被测物是否接触，属于接触图形的检测。压觉是垂直于机器人和对象物接触面上的力感觉。力觉是机器人动作时各自由度的力感觉。滑觉是物体向着垂直于手指把持面的方向滑动或变形。

(1) 接近觉传感器

接近觉传感器是机器人用来探测其自身与周围物体之间相对位置或距离的一种传感器，接近觉传感器探测的距离一般在几毫米到十几厘米之间。接近觉传感器能让机器人感知区间内对象物或障碍物的距离、对象物的表面性质等。这种感觉是非接触性的，一般采用非接触型测量元件。

常用的接近觉传感器分为电磁式、光电式、电容式、气动式、超声波式、红外式等类型。根据感知范围，接近觉传感器可分为三类：感知近距离物体（毫米级），包括电磁感应式、气压式、电容式；感知中距离物体（30cm 以内），包括红外光电式；感知远距离物体（30cm 以外），包括超声式、激光式。

① 电涡流式接近觉传感器　导体处于变化着的磁场中或在磁场中运动时，导体内都会产生感应电动势，从而在导体中产生感应电流。这种感应电流称为电涡流，这一现象称为电涡流现象，电涡流传感器就是利用这一原理而制成的。电涡流传感器的工作原理如图 3-9 所示。涡流的大小随金属体表面与线圈的距离大小而变化。当电感线圈内通以高频电流时，金属体表面的涡流电流反作用于线圈 L，改变 L 内的电感大小，通过检测电感便可获得线圈与金属体表面的距离信息。

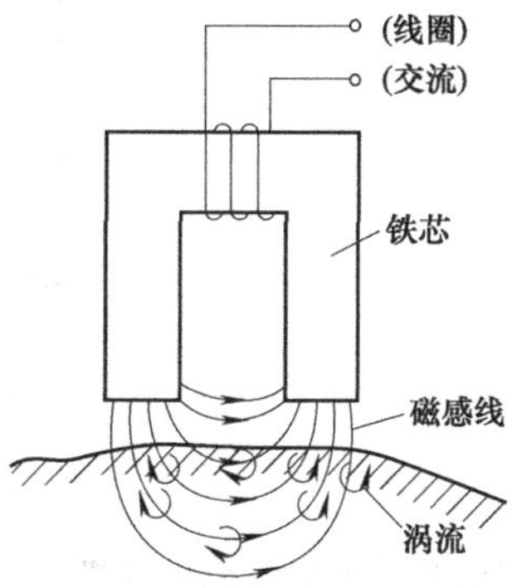

图 3-9　电涡流传感器的工作原理

利用转换电路把传感器电感和阻抗的变化转换成转换电压，就能计算出传感器与目标物之间的距离。该距离正比于转换电压，但存在一定的线性误差。对于钢或铝等材料的目标物，线性度误差为±0.5%。

电涡流传感器外形尺寸小，价格低廉，可靠性高，抗干扰能力强，而且检测精度也高，能够检测到 0.02mm 的微量位移。但电涡流传感器检测距离短，一般只能检测到 13mm 以内，而且只能对固态导体进行检测。

② 光纤式接近觉传感器　光纤是一种新型的光电材料，在远距离通信和遥测方面应用广泛。用光纤制作接近觉传感器可以检测机器人与目标物间较远的距离。这种传感器具有抗电磁干扰能力强，灵敏度高，响应快的特点。

光纤式传感器有三种不同的形式，包括射束中断型、回射型和扩散型三种。

第一种为射束中断型，如图 3-10（a）所示。这种光纤传感器中，如果光发射器和接收器通路中的光被遮断，则说明通路中有物体存在，传感器便能检测出该物体。这种传感器只能检测出不透明物体，对透明或半透明的物体无法检测。

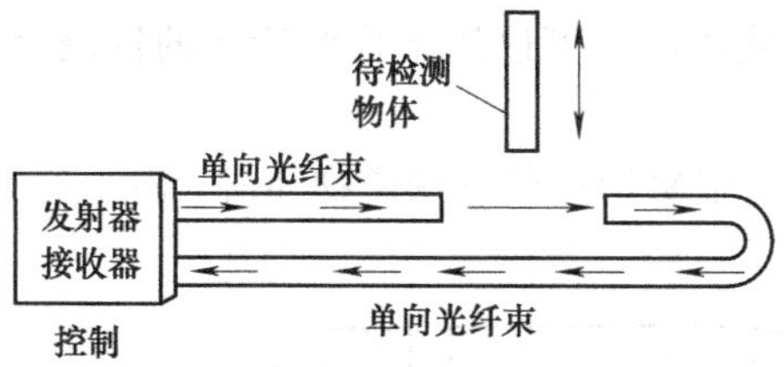

(a) 射束中断型光纤传感器

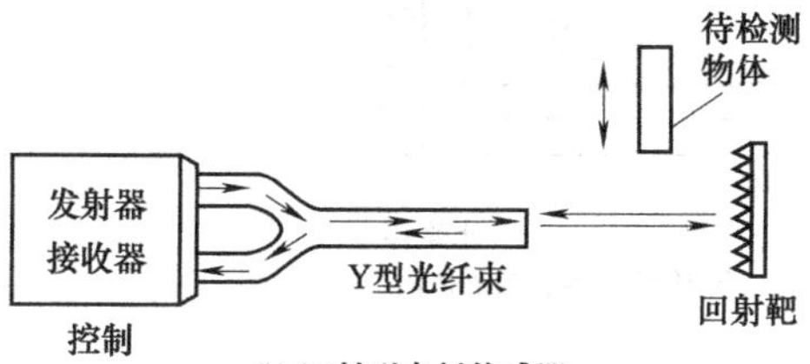

(b) 回射型光纤传感器

(c) 扩散型光纤传感器

图 3-10　光纤式传感器

第二种为回射型，如图 3-10（b）所示。不透光物体进入 Y 型光纤束末端和靶体之间时，到达接收器的反射光强度大为减弱，故可检测出光通路上是否有物体存在。与第一种类型相比，回射型光纤传感器可以检测出透光材料制成的物体。

第三种为扩散型，如图 3-10（c）所示。与第二种相比少了回射靶。因为大部分材料都能反射一定量的光，这种类型可检测透光或半透光物体。

③ 电容式接近觉传感器　电容式接近觉传感器是利用平板电容器的电容 C 与极板距离 d 成反比的关系设计的，图 3-11 所示为电容式接近觉传感器的检测原理。其优点是对物体的颜色、构造和表面都不敏感且实时性好。其缺点是必须将传感器本身作为一个极板，被接近物作为另一个极板。这就要求被测物体是导体且必须接地，大大降低了其实用性。

双极板电容式接近觉传感器如图 3-12 所示。传感器本身由两个极板 1、2 构成，一个极板 1 由

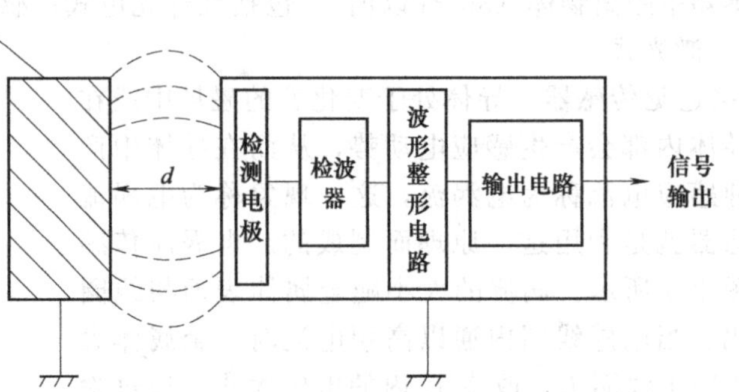

图 3-11 电容式接近觉传感器检测原理

固定频率的正弦波电压激励，另一个极板 2 接电荷放大器，被测物体 0 介于两个极板之间时，在传感器两极板与被接近物三者之间形成交变电场。

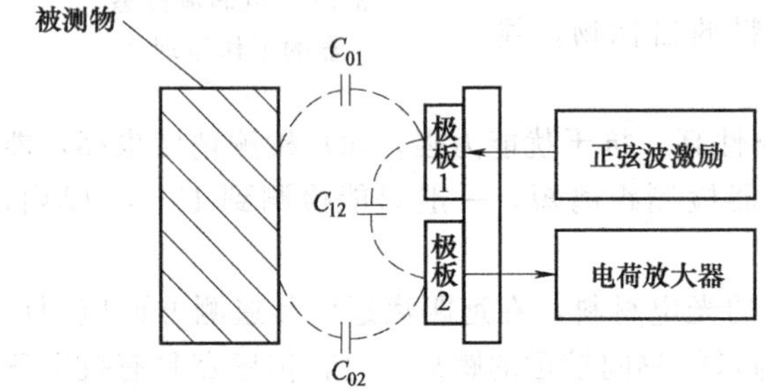

图 3-12 电容式接近觉传感器

当被测物体接近双极板电容式接近觉传感器两个极板时，两个极板之间的电场就会受到影响，被测物体阻断了两个极板间连续的电力线。电场的变化引起两个极板间电容的变化。由于电压幅值恒定，电容的变化又反映为第二个极板上电荷的变化，这个变化可以间接反映出被测物体的接近程度。

④ 霍尔式接近觉传感器　当电流垂直于外磁场通过导体时，载流子发生偏转，垂直于电流和磁场的方向会产生一附加电场，从而在导体的两端产生电势差，这一现象就是霍尔效应，这个电势差也被称为霍尔电势差。霍尔传感器单独使用时，只能检测有磁性物体。当与永磁体配合使用时，可以用来检测所有的铁磁物体，如图 3-13 所示。

传感器附近没有铁磁物体时，霍尔传感器感受一个强磁场；若有铁磁物体时，由于磁力线被铁磁物体旁路，传感器感受到的磁场将减弱。

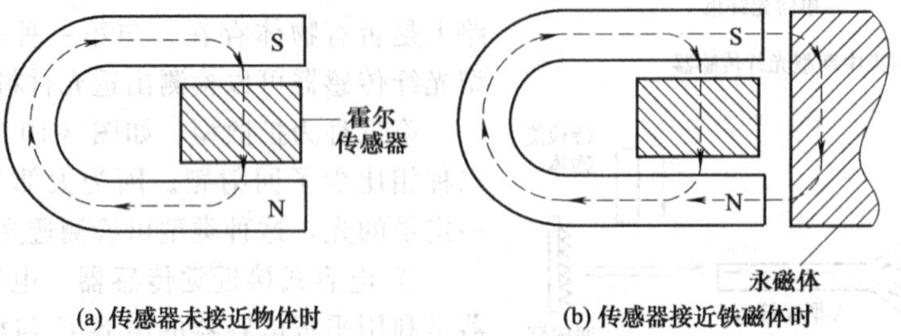

图 3-13 霍尔传感器与永久磁铁组合使用

接近觉传感器在机器人中主要有两个用途：避障和防止冲击。避障是指移动的机器人绕开障碍物。防止冲击是指柔性接触，例如机械手抓取物体时实现柔性接触。接近觉传感器应用场合不同，感觉的距离范围也不同，远的可达几米至十几米，近的可至几毫米甚至 1mm。

(2) 触觉传感器

触觉是仅次于视觉的一种重要感知形式，人类具有相当强的触觉能力。通过触觉，人们不用眼睛就能识别接触物体的外形，并辨别出它是什么东西。如果要求机器人能够进行复杂的装配工作，它也需要具有这种能力。采用多个接触传感器组成的触觉传感器阵列是辨认物体的方法之一。

最早的触觉传感器为开关式传感器，只有 0 和 1 两个信号，相当于开关的接通与关闭两个状态，用于表示手指与对象物的接触与不接触。触觉传感器的工作重点集中在阵列式触觉传感器信号的处理上，目的是辨识接触物体的形状。

触觉传感器的作用包括感知操作手指的作用力，使手指动作适当；识别操作物的大小、形状、质量及硬度等；躲避危险，以防碰撞障碍物。

① 触觉传感器的种类　触觉传感器主要分为非阵列触觉传感器和阵列式触觉传感器两种。非阵列触觉传感器主要是为了感知物体的有无。由于信息量较少，处理技术相对比较简单、成熟。阵列式触觉传感器目的是辨识物体接触面的轮廓。这种信号的处理涉及信号处理、图像处理、计算机图形学、人工智能、模式识别等技术，是一门比较复杂、比较困难的技术，还很不成熟，有待于进一步研究和发展。

触觉阵列原理是指电极与柔性导电材料（条形导电橡胶、PVF2 薄膜）保持电气接触，导电材料的电阻随压力而变化。当物体压在其表面时，将引起局部变形，导电材料的电阻将会随之发生变化，通过测量得出连续变化的电压。电阻的改变很容易转换成电信号，其幅值正比于材料表面上某一点的力，如图 3-14 所示。

② 开关式触觉传感器　开关式接触觉传感器是用于检测物体是否存在的一种最简单的触觉器件，它的特点是外形尺寸十分大，空间分辨率低。机器人在探测是否接触到物体时可以用开关式传感器，传感器接受由于接触产生的柔量（位移等的响应）。机械式的接触传感器有微动开关、限位开关等。微动开关是按下开关就能接通电信号的简单机构，限定机器人动作范围的限位开关也可使用接触传感器。

平板上安装着多点通、断传感器附着板的装置。平常为通态，当与物体接触时，弹簧收缩，上、下板间电流断开。它的功能相当于一个开关，即输出 0 和 1 两种信号，可用于控制机械手的运动方向和范围、躲避障碍物等，如图 3-15 所示。

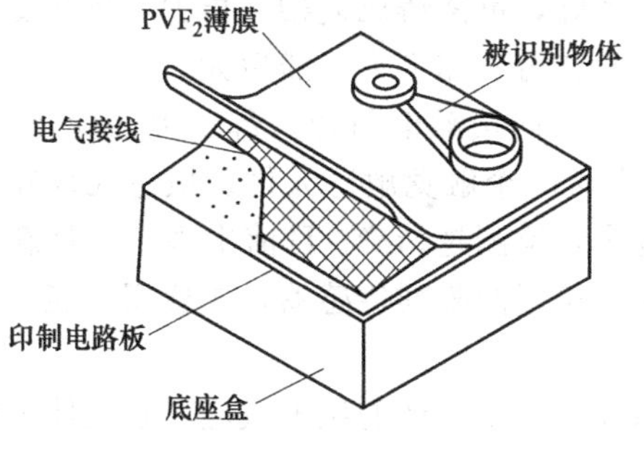

图 3-14　阵列触觉传感器

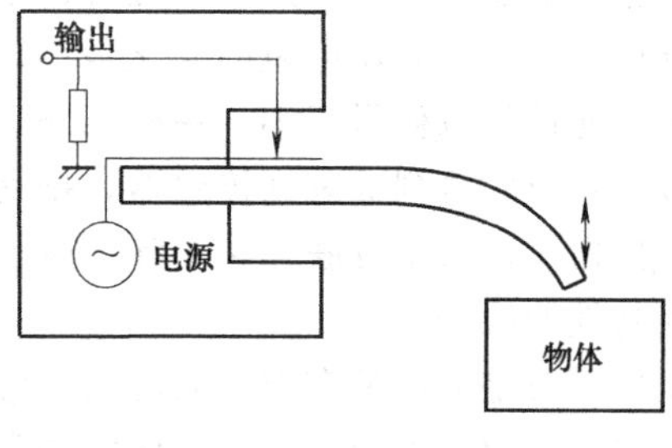

图 3-15　开关式触觉传感器

③ 面接触式传感器　将接触觉阵列的电极或光电开关应用于机器人手爪的前端及内外侧面，或在相当于手掌心的部分装置接触式传感器阵列，则通过识别手爪上接触物体的位置，可使手爪接近物体并且准确地完成把持动作。图 3-16 所示是一种电极反应式面接触觉传感器。

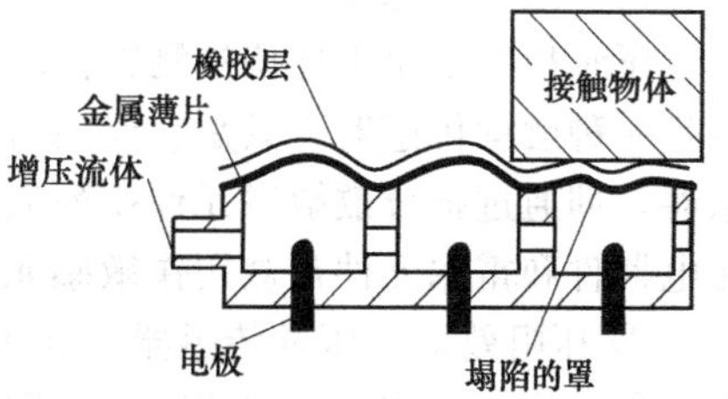

图 3-16　电极反应式面接触觉传感器

④ 针式差动变压器矩阵式触觉传感器　针式差动变压器矩阵式触觉传感器由若干个触针式触觉传感器构成矩阵形状，如图 3-17 所示。每个触针传感器由钢针、塑料套筒以及使针杆复位的磷青铜弹簧等构成，并在每

个触针上绕着激励线圈与检测线圈，用以将感知的信息转换成电信号，再由计算机判定接触程度和接触位置等。当针杆与物体接触而产生位移时，其根部的磁极体将随之运动，从而增强了两个线圈——激励线圈与检测线圈间的耦合系数，检测线圈上的感应电压随针杆的位移增加而增大。通过扫描电路轮流读出各列检测线圈上的感应电压（代表针杆的位移量），经计算机运算判断，即可知道被接触物体的特征或传感器自身的感知特性。

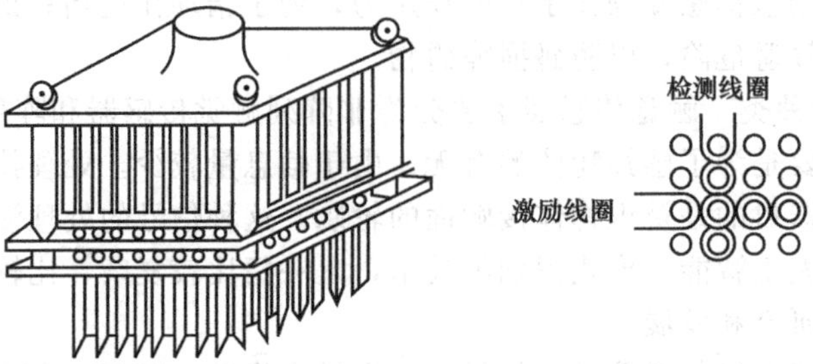

图 3-17　针式差动变压器矩阵式触觉传感器

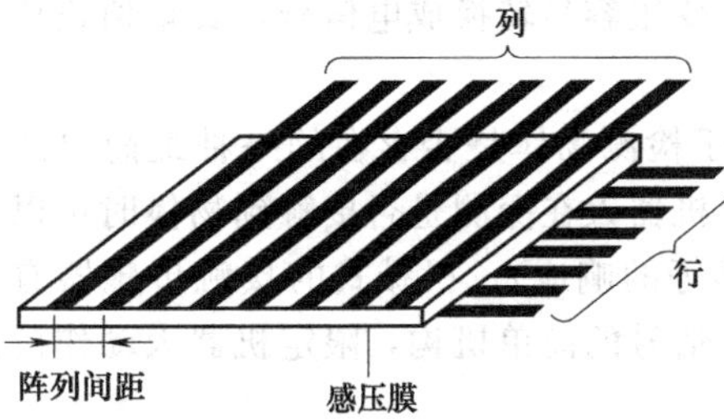

图 3-18　压阻阵列触觉传感器

⑤ 压阻阵列触觉传感器　利用压阻材料制成阵列式触觉传感器，可有效地提高阵列数、阵列密度、灵敏度、柔顺性和强固性。压阻阵列触觉传感器基本结构是：压阻材料上面排列平行的列电极，下面排列平行的行电极，行列交叉点构成阵列压阻触元，如图 3-18 所示。

触元的触觉性能在压力作用下，可由上下电极间的电阻值表示。压阻材料一般使用导电橡胶、碳毡（CSA）和碳纤维等。导电橡胶是在橡胶类材料中添加金属微粒而构成的聚合高分子导电材料，具有柔顺性，电阻随压力的变化而变化。

导电橡胶作为压阻材料，工作温度范围宽，可塑性好，可浇铸成复杂（指尖）形状复合曲面，其输出电压信号强，频率响应可达至 100Hz，但易疲劳、蠕变大、滞后大。

导电胶压变时其体电阻的变化很小，但接触面积和反向接触电阻随外部压力的变化很大。这种敏感元件可以做得很小，一般 $1cm^2$ 的面积内可有 256 个触觉敏感元件。敏感元件在接触表面以一定形式排列成阵列传感器，排列的传感器越多，检测越精确。目前出现了一种新型的触觉传感器——人工皮肤，它实际上就是一种超高密度排列的阵列传感器，主要用于表面形状和表面特性的检测。

压电材料是另一种有潜力的触觉敏感材料，其原理是利用晶体的压电效应，在晶体上施压时，一定范围内施加的压力与晶体的电阻成比例关系。但是一般晶体的脆性比较大，作敏感材料时很难制作。目前已有一种聚合物材料具有良好的压电性，且柔性好，易制作，有望成为新的触觉敏感材料。

(3) 压觉传感器

压觉指的是手指把持被测物体时感受到的感觉，实际是接触觉的延伸。压觉传感器实际上也是一种触觉传感器，只是它专门对压觉有感知作用。目前的压觉传感器主要是分布式压觉传感器，即通过把分散敏感元件排列成矩阵式格子来设计的。导电橡胶、感应高分子、应变计、光电器件和霍尔元件常被用作敏感元件阵列单元。

① 压阻效应式压觉传感器　利用某些材料的内阻随压力变化而变化的压阻效应制成的压阻器件，将它们密集配置成阵列，即可检测压力的分布，如压敏导电橡胶或塑料等。

② 压电效应式压觉传感器　压电现象的机理是：在显示压电效果的物质上施力时，由于

物质被压缩而产生极化（与压缩量成比例），如在两端接上外部电路，电流就会流过，所以通过检测这个电流就可测得压力。加速度输出通过电阻和电容构成的积分电路可求得速度，再进一步把速度输出积分，就可求得移动距离，因此能够比较容易构成振动传感器。

如果把多个压电元件和弹簧排列成平面状，就可识别各处压力的大小以及压力的分布。使用弹簧的平面传感器如图 3-19 所示，由于压力分布可表示物体的形状，所以也可作为物体识别传感器。虽然不是机器人形状，但把手放在一种压电元件的感压导电橡胶板上，通过识别手的形状来鉴别人的系统，也是压觉传感器的一种应用。

通过对压觉的巧妙控制，机器人既能抓取豆腐及蛋等软物体，也能抓取易碎的物体。

③ 半导体高密度智能压觉传感器　图 3-20 所示是利用半导体技术制成的高密度智能压觉传感器。其中传感元件以压阻式与电容式为最多。虽然压阻式器件比电容式器件的线性好，封装也简单，但是其灵敏度要比电容式器件小一个数量级，温度灵敏度比电容式器件大一个数量级。因此电容式压觉传感器，特别是硅电容式压觉传感器得到了广泛的应用。

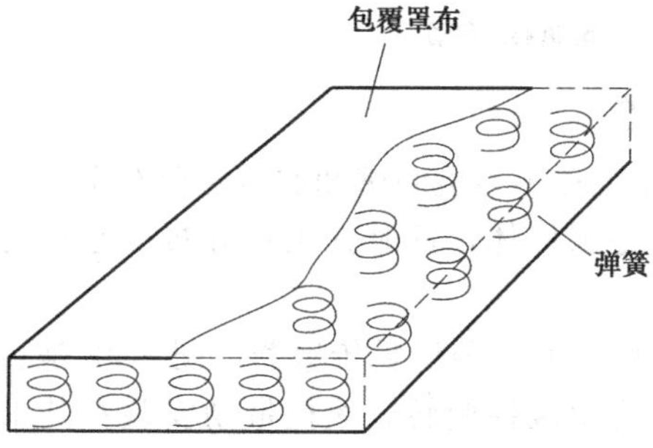

图 3-19　压觉传感器

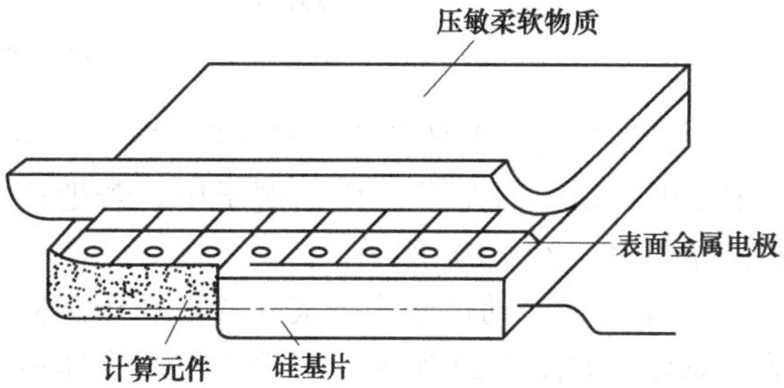

图 3-20　半导体高密度智能压觉传感器

(4) 滑觉传感器

滑觉传感器是用来检测在垂直于握持方向物体的位移、旋转和由重力引起的变形，以达到修正受力值，防止滑动，进行多层次作业及测量物体重量和表面特性等目的。机械手用手爪抓取处于水平位置的物体时，手爪对物体施加水平压力，如果压力较小，垂直方向作用的重力会克服这个压力使物体下滑。能够克服重力的手爪把持力称为最小把持力。

一般可将机械手抓取物体的方式分为硬抓取和软抓取。硬抓取在无感知时采用，末端执行器利用最大的夹紧力抓取工件。软抓取在有滑觉传感器时采用，末端执行器使夹紧力保持在能稳固抓取工件的最小值，以免损伤工件。此时机器人要抓住物体，必须确定最适当的握力大小。因此需检测出握力不够时物体的滑动，利用这一信号，在不损坏物体的情况下牢牢抓住物体。

实际上，滑觉传感器是用于检测物体接触面之间相对运动大小和方向的传感器，也就是用于检测物体的滑动。例如，利用滑觉传感器判断机械手是否握住物体，以及应该使用多大的力等。当手指夹住物体，做把它举起的动作、把它交给对方的动作和加速或减速运动的动作时，物体有可能在垂直于所加握力方向的平面内移动，即物体在机器人手中产生滑动，为了能安全正确地工作，滑动的检测和握力的控制就显得十分重要。

① 滑觉传感器原理　压觉传感器可以实现滑觉感知（图 3-21），当用手爪抓取处于水平位置的物体时，手爪对物体施加水平压力，垂直方向作用的重力会克服这一压力使物体下滑。

如果把物体的运动约束在一定面上的力（即垂直作用在这个面的力）称为阻力 R（例如离心力和向心力垂直于圆周运动方向且作用在圆心方向），考虑面上有摩擦时，还有摩擦力 F 作用在这个面的切线方向阻碍物体运动，其大小与阻力 R 有关。静止物体刚要运动时，假设 μ_0 为静止摩擦因数，则 $F\leqslant\mu_0 R$（$F=\mu_0 R$ 为最大摩擦力）。设运动摩擦因数为 μ，则运动时，

摩擦力 $F=\mu R$。

假设物体的质量为 m，重力加速度为 g，图 3-21（a）中所示的物体看做是处于滑落状态，则手爪的把持力 F 是为了把物体束缚在手爪面上，垂直作用于手爪面的把持力 F 相当于阻力 R。当向下的重力 mg 比最大摩擦力 $\mu_0 F$ 大时，物体会滑落。重力 $mg=\mu_0 F$ 时的把持力 $F_{\min}=mg/\mu_0$ 称为最小把持力。

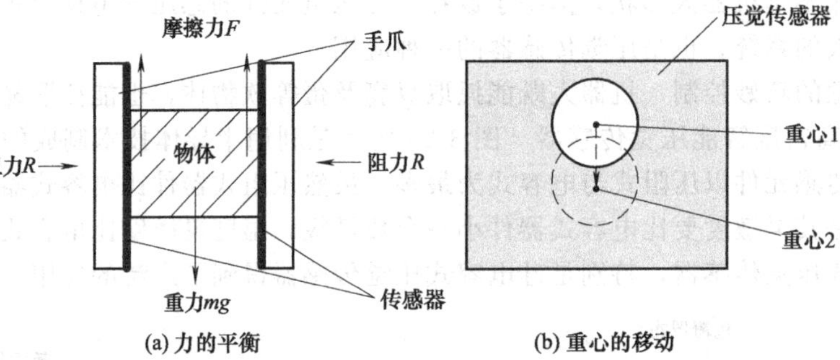

图 3-21　滑觉传感器

作为滑觉传感器的例子，可用贴在手爪上的面状压觉传感器检测感知的压觉分布重心之类特定点的移动。而在图 3-21 的例子中，若把持的物体是圆柱体，这时其压觉分布重心移动时的情况如图 3-21（b）所示。

② 滚柱式滑动传感器　滚柱式滑动传感器是经常使用的一种滑觉传感器，图 3-22 是它的结构原理。如图 3-22 所示，当手爪中的物体滑动时，将使滚柱旋转，滚柱带动安装在其中的光电传感器和缝隙圆板而产生脉冲信号。这些信号通过计数电路和 D/A 转换器转换成模拟电压信号，通过反馈系统，构成闭环控制，不断修正握力，达到消除滑动的目的。

③ 滚筒式滑觉传感器　滚筒式滑觉传感器只能检测一个方向的滑动。为此，前南斯拉夫贝尔格莱德大学研制了机器人专用的滚筒式滑觉传感器，如图 3-23 所示。它由一个金属球和触针组成，金属球表面分成许多个相间排列的导电和绝缘小格。触针头很细，每次只能触及一格。当工件滑动时，金属球也随之转动，在触针上输出脉冲信号。脉冲信号的频率反映了滑移速度，脉冲信号的个数对应滑移距离。

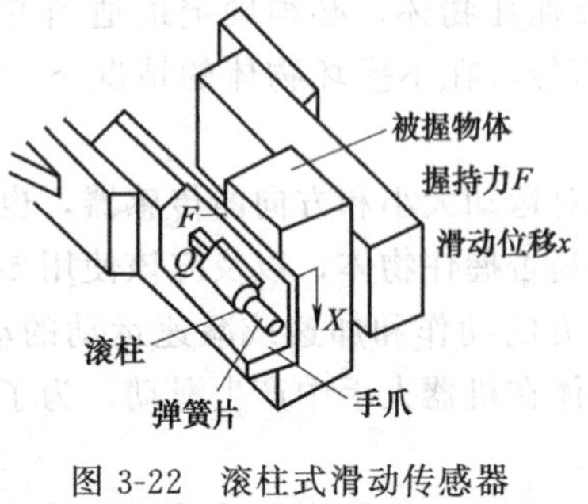

图 3-22　滚柱式滑动传感器

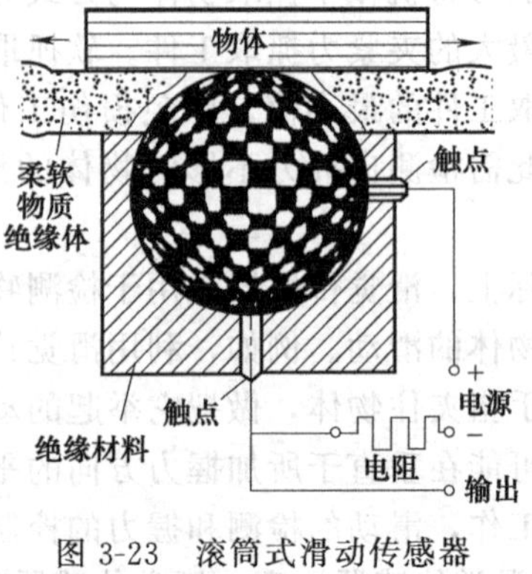

图 3-23　滚筒式滑动传感器

接触器触针头面积小于球面上露出的导体面积，它不仅可以做得很小，而且提高了检测灵敏度。球与被握物体相接触，无论滑动方向如何，只要球一转动，传感器就会产生脉冲输出。该球体在冲击力作用下不转动，因此抗干扰能力强。

④ 振动滑觉传感器　基于振动的机器人专用滑觉传感器通过检测滑动时的微小振动来检测滑动。钢球指针与被抓物体接触。若工件滑动，则指针振动，线圈输出信号，如图 3-24

所示。

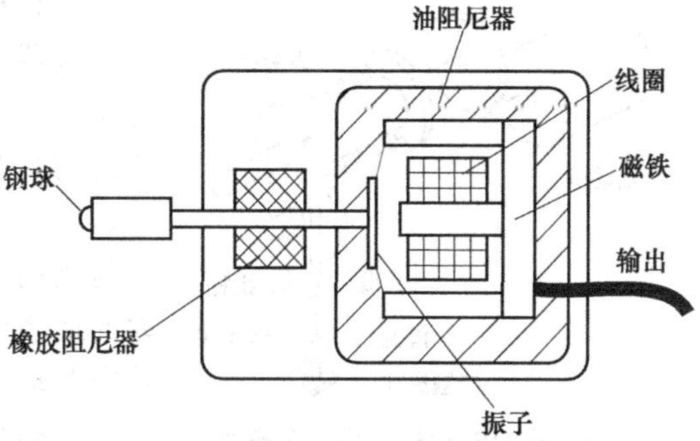

图 3-24　振动滑觉传感器

3.3.2　机器人的力觉传感器

(1) 力觉传感器

力觉是指对机器人的指、肢和关节等运动中所受力的感知。机器人在进行装配、搬运、研磨等作业时需要对工作力或转矩进行控制。

力觉传感器是用来检测机器人的手臂和手腕所产生的力或其所受反力的传感器。手臂部分和手腕部分的力觉传感器，可用于控制机器人手所产生的力，在进行费力的工作中以及限制性作业、协调作业等方面是有效的，特别是在镶嵌类的装配工作中，它是一种特别重要的传感器。

力觉传感器主要的使用元件有压电晶体、力敏电阻和电阻应变片。电阻应变片是最主要的应用元件，它利用了金属丝拉伸时电阻变大的现象，它被贴在加力的方向上。电阻应变片用导线接到外部电路上可测定输出电压，得出电阻值的变化。

通常将机器人的力觉传感器分为三类：关节力传感器、腕力传感器和指力传感器。关节力传感器是用来测量驱动器本身的输出力和力矩，用于控制中的力反馈。腕力传感器是用来测量作用在末端执行器上的各向力和力矩。指力传感器是用来测量夹持物体手指的受力情况。

(2) 力觉传感器的工作原理

力和转矩传感器种类很多，常用的有电阻应变片式、压电式、电容式、电感式以及各种外力传感器。力或转矩传感器都是通过弹性敏感元件将被测力或转矩转换成某种位移量或信号量，然后通过敏感元件把位移量或信号量转换成能够输出的电信号。

当拉力 F 作用于应变片的电阻丝时，将产生应力 σ，使得电阻丝伸长，横截面积变小，此时电阻值相对变化量为：

$$\frac{\Delta R}{R}=(1+2\mu)\varepsilon=\frac{1+2\mu}{E}\sigma \tag{3-4}$$

式中　μ——电阻丝材料的泊松比；

ε——电阻丝材料的应变；

σ——弹性材料受到的应力；

E——弹性材料的弹性模量。

将电阻应变片接到惠斯顿测量电路上，可根据输出电压算出其电阻值的变化，如图 3-25 所示。在不加力时，电桥上的 4 个电阻的电阻值 R 相同；R_L 上的输出 $U_0=0$。当电阻应变片受力时，电阻应变片 R_1 被拉伸，电阻应变片的电阻增加 ΔR，此时电桥输出电压 $U_0\neq0$，其值为：

$$U_0=U\left(\frac{R_2}{R_1+\Delta R_1+R_2}-\frac{R_4}{R_3+R_4}\right) \tag{3-5}$$

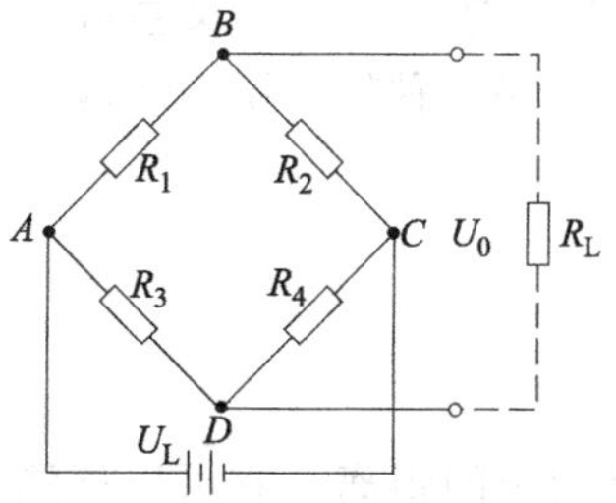

图 3-25　电阻应变片测量电路

由于 $\Delta R_1<<R_1$，并代入式 (3-4) 可得到：

$$U_0=\frac{U}{4}\times\frac{\Delta R_1}{R_1}=\frac{U}{4}\times\frac{1+2\mu}{E}\sigma \tag{3-6}$$

测得电桥的输出电压，就能测得电阻值的微小变化，这个变化与其受力成正比的。

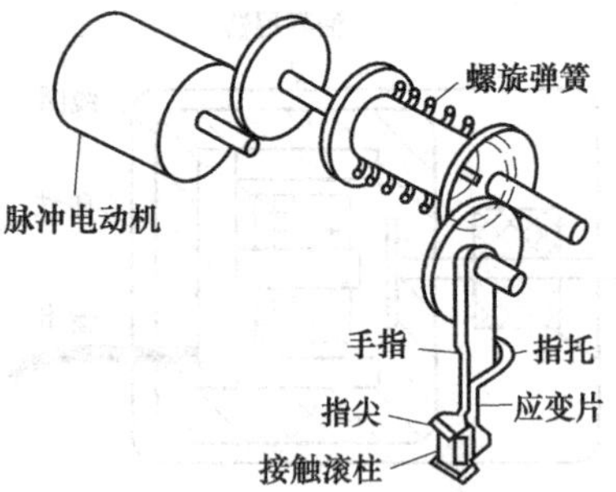

图 3-26 脉冲电动机的指力传感器

(3) 指力传感器

机器人手指部分的指力控制，最简单的形式就是采用将应变片直接粘贴于手指根部的检测方法。关于指力传感器的信息处理，为了保证其稳定性，消除接触时的冲击力，或实现微小的握力，在两个手指式的钳形机构中，通常是利用 PID 运算反馈。PID 是通过比例、积分和微分参数的适当给定，从而实现软接触、软掌握、反射接触、零掌握等动作。

检测指力的方法，一般是从螺旋弹簧的应变量推算出来的。图 3-26 所示的结构中，由脉冲电动机通过螺旋弹簧去驱动机器人的手指。检测出的螺旋弹簧的转角与脉冲电动机转角之差即为变形量，从而也就可以知道手指产生的力。对这种手指可以控制它，令其完成搬运之类的工作。手指部分的应变片，是一种控制力量大小的器件。

(4) 腕力传感器

目前在手腕上安装力传感器技术已获得了广泛应用。其中六轴传感器，就能够在三维空间内，检测所有的作用转矩。转矩是作用在旋转物体上的力，也称为旋转力。在表示三维空间时，采用三个轴互成直角相交的坐标系。在这个三维空间中，力能使物体做直线运动，转矩能使物体做旋转运动。力可以分解为沿三个轴方向的分量，转矩也可以分解为围绕着三个轴的分量，而六轴传感器就是一种能对全部这些力和转矩进行检测的传感器。

机器人腕力传感器测量的是三个方向的力，由于腕力传感器既是测量的载体又是传递力的环节，所以腕力传感器的结构一般为弹性结构梁，通过测量弹性体的变形得到三个方向的力。

① 六维腕力传感器　它由一只直径为 75mm 的铝管铣削而成，具有八个窄长的弹性梁，每个梁的颈部开有小槽以使颈部只传递力，扭矩作用很小。梁的另一头贴有应变片。图 3-27 中从 P_{X+} 到 Q_{Y-} 代表了 8 根应变梁的变形信号的输出。图 3-27 所示是由美国 SRI（Stanford Research Institute，斯坦福研究院）研制的六维腕力传感器。

机器人各个杆件通过关节连接在一起，当机器人运动时各杆件作相互联动，单个杆件的受力状况是非常复杂。但根据刚体力学可知，刚体上任何一点的力都可以表示为笛卡儿坐标系三个坐标轴的分力和绕三个轴的分转矩。只要测出这三个力和转矩，就能计算出该点的合成力。

图 3-27 所示的六维腕力传感器上，传感器的 8 个梁中有 4 个水平梁和 4 个垂直梁，每个梁发生的应变集中在梁的一端，把应变片贴在应变最大处就可以测出一个力。梁的另一头两侧贴有应变片，若应变片的阻值分别为 R_1、R_2，则将其连成图 3-27 所示的形式输出，由于 R_1、R_2 所受应变方向相反，U_0 输出比使用单个应变片时大一倍。

② 十字梁腕力传感器　日本大和制衡株式会社林纯一 JPL 实验室研制的腕力传感器是一种整体轮辐式结构，传感器在十字梁与轮缘连接处有一个柔性环节，因而简化了弹性体的受力模型，如图 3-28 所示。这种腕力传感器在 4 根交叉梁上总共贴有 32 个应变片（图中以小方块表示），组成 8 路全桥输出，六维力的获得须通过解耦计算。这一传感器一般将十字交叉主杆与手臂的连接件设计成弹性体变形限幅的形式，可有效起到过载保护作用，是一种较实用的结构。

3.3.3 机器人的距离传感器

(1) 距离传感器原理

距离传感器与接近觉传感器不同之处在于距离传感器可以测量较长的距离，它可以探测障碍物和物体表面的形状。常用的测量方法是三角法和测量传输时间法。

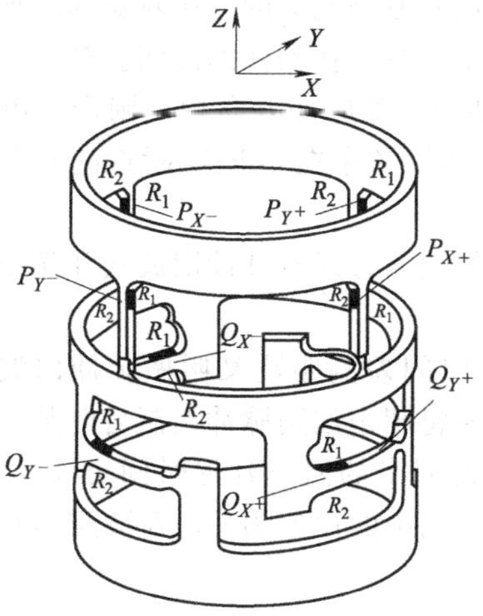

图 3-27　六维腕力传感器

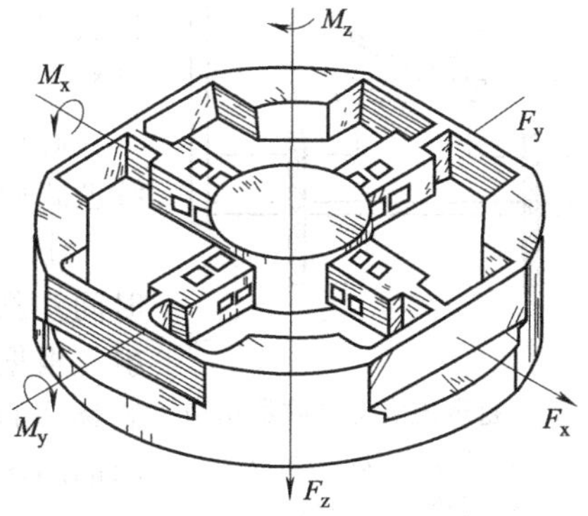

图 3-28　林纯一十字梁腕力传感器

① 三角测距法原理　发射器以特定角度发射光线时，接收器才能检测到物体上的光斑，利用发射角的角度可以计算出距离，如图 3-29 所示。

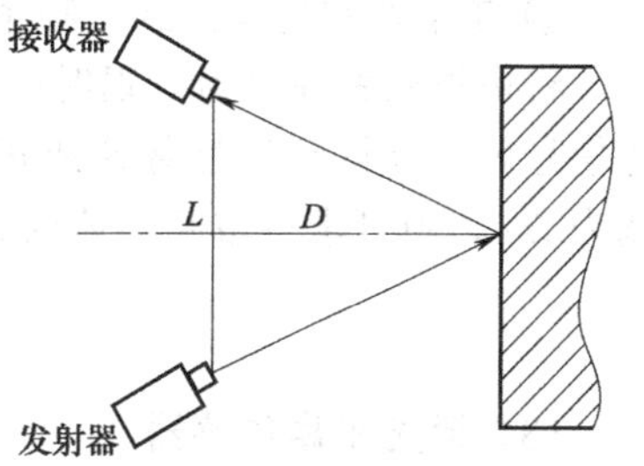

图 3-29　三角测距法测量原理

三角测距法（triangulation-based）就是把发射器和接收器按照一定距离安装，然后与被探测的点形成一个三角形的三个顶点，由于发射器和接收器的距离已知，仅当发射器以特定角度发射光线时，接收器才能检测到物体上的光斑，当发射角度已知时，反射角度也可以被检测到，因此检测点到发射器的距离就可以求出。假设发射角度是 90°，距离 D 为：

$$D=f\frac{L}{x} \tag{3-7}$$

式中　L——发射器和接收器的距离；

　　x——接受波的偏移距离。

由此可见，距离 D 是由 $1/x$ 决定的，所以用这个测量法可以测得距离非常近的物体，目前最精确可以到 1μm 的分辨率。但是由于 D 同时也是 L 的函数，要增加测量距离就必须增大 L 值，所以不能探测远距离物体。但是如果将红外传感器和超声波传感器同时应用于机器人，就能提供全范围的探测，超声波传感器的盲区正好可以由红外传感器来弥补。

② 测量传输时间法原理　测量传输时间法是指信号传输的距离包括从发射器到物体和被物体反射到接收器两部分。传感器与物体之间的距离也就是信号传输距离的一半，如果传输速度已知，通过测量信号的传输时间即可计算出物体的距离。

(2) 超声波距离传感器

超声波是由机械振动产生的，可以在不同的介质中以不同的速度传播，其频率高于 20kHz。由于超声波指向性强，能量消耗缓慢，在介质中传播的距离较远，因而超声波经常用于距离的测量，如测距仪和物位测量仪等都可以通过超声波来实现。利用超声波检测具有检测迅速、设计方便、计算简单、易于实时控制，并且测量精度较高的特点，因此在移动机器人的研制上得到了广泛的应用。

超声波距离传感器是由发射器和接收器构成的，几乎所有超声波距离传感器的发射器和接收器都是利用压电效应制成的。其中，发射器是利用给压电晶体加一个外加电场时，晶片将产

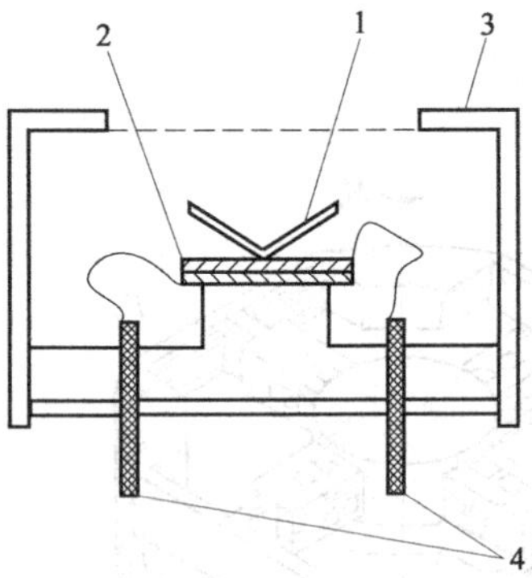

图 3-30　超声波发射接收器结构
1—锥状体；2—压电元件；
3—外壳；4—电极

生应变（压电逆效应）这一原理制成的。接收器的原理是：当给晶片加一个外力使其变形时，在晶体的两面会产生与应变量相当的电荷（压电正效应），若应变方向相反则产生电荷的极极反向。图 3-30 为一个共振频率在 40kHz 附近的发射接收器结构。

超声波距离传感器的检测方式有脉冲回波式和频率调制连续波式两种。

① 时间差测距法　时间差测距法又叫做脉冲回波式。在时间差测距法测量中，先将超声波用脉冲调制后向某一方向发射，根据经被测物体反射回来的回波延迟时间 Δt，计算出被测物体的距离 S，假设空气中的声速为 v，则被测物与传感器间的距离 S 为：

$$S=v\frac{\Delta t}{2} \tag{3-8}$$

② 频率调制连续波式　频率调制连续波式（FW-CW）是利用连续波对超声波信号进行调制，将由被测物体反射延迟时间 Δt 后得到的接收波信号与发射波信号相乘，仅取出其中的低频信号就可以得到与距离 S 成正比的差频 f_r 信号。设调制信号的频率为 f_m，调制频率的带宽为 Δf，则可求得被测物体的距离 S 为：

$$S=\frac{f_x v}{4f_m\Delta f} \tag{3-9}$$

(3) 激光距离传感器

激光距离传感器是利用激光二极管对准被测目标发射激光脉冲，经被测目标反射后向各方向散射，部分散射光返回传感器接收器，被光学系统接收后成像到雪崩光敏二极管上。雪崩光敏二极管是一种内部具有放大功能的光学传感器，因此它能检测极其微弱的光信号。记录并处理从光脉冲发出到返回被接收所经历的时间，即可测出目标距离。

激光传感器必须极其精确地测定传输时间，因为光速太快（约为 3×10^8m/s），要想使分辨率达到 1mm，则测距传感器的电子电路必须能分辨出以下极短的时间：

$$0.001\text{m}/(3\times10^8\text{m/s})=3\text{ps} \tag{3-10}$$

如果要分辨出 3ps 的时间，对于目前的电子技术来说难以实现，而且造价太高。目前使用的激光传感器利用简单的统计学原理巧妙地避开了这一障碍，借助平均法实现了 1mm 的分辨率，并且能保证响应速度。

(4) 红外距离传感器

红外距离传感器是用红外线作为测量介质的测量系统，主要功能包括辐射计、搜索和跟踪系统、热成像系统、红外测距和通信系统、混合系统五类。辐射计用于辐射和光谱测量；搜索和跟踪系统用于搜索和跟踪红外目标，确定其空间位置并对它的运动进行跟踪；热成像系统可产生整个目标红外辐射的分布图像；红外测距和通信系统；混合系统是指以上各类系统中的两个或者多个的组合。

红外距离传感器按探测机理可分成光子探测器和热探测器。红外距离传感的原理基于红外光，采用直接延迟时间测量法、间接幅值调制法和三角法等方法测量到物体的距离。

红外距离传感器具有一对红外信号发射与接收二极管，利用的红外距离传感器发射出一束红外光，在照射到物体后形成一个反射的过程，反射到传感器后接收信号，然后利用处理发射与接收的时间差数据，经信号处理器处理后计算出物体的距离。它不仅可以用于自然表面，也可用于加反射板，测量距离远，具有很高的频率响应，能适应恶劣的工业环境。

3.3.4　机器人的听觉传感器

人的听觉的外周感受器官是耳，耳的适宜刺激是一定频率范围内的声波振动。耳由外耳、中耳和内耳迷路中的耳蜗部分组成。由声源振动引起空气产生的疏密波，通过外耳道、鼓膜和听骨链的传递，引起耳蜗中淋巴液和基底膜的振动，使耳蜗科蒂氏器官中的毛细胞产生兴奋。科蒂氏器官和其中所含的毛细胞，是真正的声音感受装置，外耳和中耳等结构只是辅助振动波到达耳蜗的传音装置。听神经纤维就分布在毛细胞下方的基底膜中。振动波的机械能在这里转变为听神经纤维上的神经冲动，并以神经冲动的不同频率和组合形式对声音信息进行编码，传送到大脑皮层的中枢，产生听觉。

机器人由听觉传感器实现“人-机”对话。一台高级的机器人不仅能听懂人讲的话，而且能讲出人能听懂的语言，赋予机器人这些智慧与技术统称语言处理技术，前者为语言识别技术，后者为语音合成技术。具有语音识别功能，能检测出声音或声波的传感器称为听觉传感器，通常用话筒等振动检测器作为检测元件。

机器人听觉系统中的听觉传感器的基本形态与传声器相同，所以在声音的输入端方面问题较少。其工作原理多为利用压电效应、磁电效应等。

(1) 语音识别技术

语音识别技术就是让机器通过识别和理解过程把语音信号转变为相应的文本或命令的技术。语音识别是一门涉及面很广的交叉学科，它与声学、语音学、语言学、信息理论、模式识别理论以及神经生物学等学科都有非常密切的关系。随着语音识别技术的发展，已经部分实现用机器代替人耳。机器人不仅能通过语音处理及辨识技术识别讲话，还能正确理解一些简单的语句。

听觉系统中，最关键问题在于声音识别上，即语音识别技术和语义识别技术。它与图像识别同属于模式识别领域，而模式识别技术是最终实现人工智能的主要手段。语音识别系统本质上是一种模式识别系统，包括特征提取、模式匹配、参考模式三个基本单元，它的基本结构如图 3-31 所示。

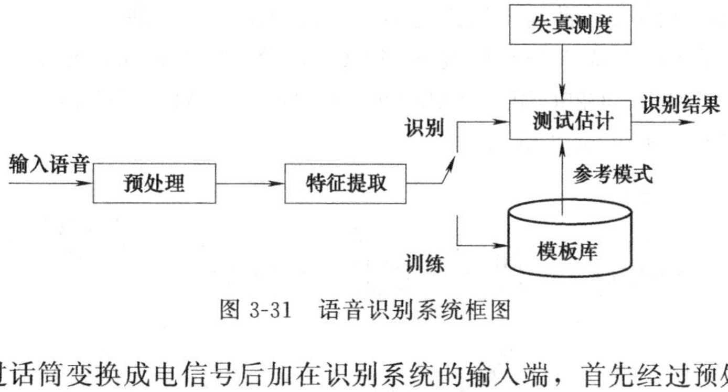

图 3-31　语音识别系统框图

未知语音经过话筒变换成电信号后加在识别系统的输入端，首先经过预处理，再根据人的语音特点建立语音模型，对输入的语音信号进行分析，并抽取所需的特征，在此基础上建立语音识别所需的模板。而计算机在识别过程中要根据语音识别的模型，将计算机中存放的语音模板与输入的语音信号的特征进行比较，根据一定的搜索和匹配策略，找出一系列最优的与输入语音匹配的模板。然后根据此模板的定义，通过查表就可以给出计算机的识别结果。显然，这种最优的结果与特征的选择、语音模型的好坏、模板是否准确都有直接的关系。

(2) 语音识别的方法

目前具有代表性的语音识别方法主要有动态时间规整技术（DTW）、隐马尔可夫模型

(HMM)和矢量量化(VQ)等方法。

① 动态时间规整算法　动态时间规整算法(dynamic time warping, DTW)是在非特定人语音识别中一种简单有效的方法,该算法基于动态规划的思想,解决了发音长短不一的模板匹配问题,是语音识别技术中出现较早、较常用的一种算法。在应用DTW算法进行语音识别时,就是将已经预处理和分帧过的语音测试信号和参考语音模板进行比较以获取它们之间的相似度,按照某种距离测度得出两模板间的相似程度并选择最佳路径。

② 隐马尔可夫模型　隐马尔可夫模型(HMM)是语音信号处理中的一种统计模型,是由Markov链演变来的,所以它是基于参数模型的统计识别方法。由于其模式库是通过反复训练形成的与训练输出信号吻合概率最大的最佳模型参数而不是预先储存好的模式样本,且其识别过程中运用待识别语音序列与HMM参数之间的似然概率达到最大值所对应的最佳状态序列作为识别输出,因此是较理想的语音识别模型。

③ 矢量量化　矢量量化(vector quantization)是一种重要的信号压缩方法。与HMM相比,矢量量化主要适用于小词汇量、孤立词的语音识别中。其过程是将若干个语音信号波形或特征参数的标量数据组成一个矢量在多维空间进行整体量化。把矢量空间分成若干个小区域,每个小区域寻找一个代表矢量,量化时落入小区域的矢量就用这个代表矢量代替。矢量量化器的设计就是从大量信号样本中训练出好的码书,从实际效果出发寻找到好的失真测度定义公式,设计出最佳的矢量量化系统,用最少的搜索和计算失真的运算量实现最大可能的平均信噪比。

(3) 语音识别系统的分类

语音识别系统可以根据对输入语音的限制加以分类。如果从说话者与识别系统的相关性考虑,可以将语音识别系统分为:特定人语音识别方式和非特定人语音识别方式。

① 特定人语音识别方式　特定人语音识别方式是将事先指定的人声音中每一个字音的特征矩阵存储起来,形成一个标准模板,然后再进行匹配。它首先要记忆一个或几个语音特征,而且被指定人讲话的内容也必须是事先规定好的有限的几句话。

特定人说话方式的识别率比较高。为了便于存储标准语音波形及选配语音波形,需要对输入的语音波形频带进行适当的分割,将每个采样周期内各频带的语音特征能量抽取出来,语音识别系统可以识别讲话的人是否是事先指定的人,讲的是哪一句话。

实现这一技术的声音识别大规模集成电路已经商品化了,其代表型号有TMS320C25FNL、TMS320C25GBL、TMS320C30GBL和TMS320C50PQ等,采用这些芯片构成的传感器控制系统如图3-32所示。

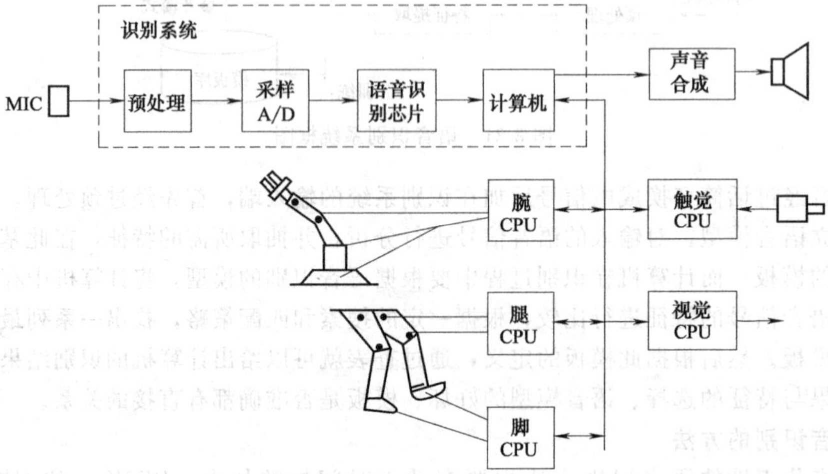

图3-32　听觉传感器系统框图

这样的听觉传感器，可以有效地告诉机器人如何进行操作，从而构成声音控制型机器人，而且现在正在研制可确认声音合成系统的指令以及可与操作员对话的机器人。

② 非特定人语音识别方式　非特定人语音识别方式大致可以分为语言识别系统、单词识别系统及数字音（0～9）识别系统。

非特定人语音识别方法需要对一组有代表性的人的语音进行训练，找出同一词音的共性，这种训练往往是开放式的，能对系统进行不断的修正。在系统工作时，将接收到的声音信号用同样的办法求出它们的特征矩阵，再与标准模式相比较，看它与哪个模板相同或相近，从而识别该信号的含义。

(4) 语音分析与特征的提取

经过预处理后的语音信号，要对其进行特征提取，即特征参数分析。该过程就是从原始语音信号中抽取能够反映语音本质的特征参数，形成特征矢量序列。目前语音识别所用的特征参数主要有两种类型：线性预测倒谱系数（LPCC）和美尔频标倒谱系数（MFCC）。LPCC系数主要模拟人的发声模型，为考虑人耳的听觉特性。它对元音有较好的描述能力，而对辅音描述能力差。其优点是计算量小，比较彻底地去掉了语音产生过程中的激励信息，易于实现。MFCC系数考虑到人听觉特性，并具有很高的抗噪声能力，但因为提取MFCC参数要在频域处理，计算傅里叶变换将耗费大量宝贵的计算资源。因此，嵌入式语音识别系统中一般都选用LPCC系数。语音特征提取是分帧提取的，每帧特征参数一般构成一个矢量，因此，语音特征是一个矢量序列。该序列的数据率一般可能过高，不便于其后的进一步处理，为此，有必要采用很有效的数据压缩技术方法对数据进行压缩。矢量量化就是一种很好的数据压缩技术。

3.4 机器人的视觉系统

视觉传感器是智能机器人最重要的传感器之一。机器人视觉是通过视觉传感器获取环境的二维图像，并通过视觉处理器进行分析和解释，转换为符号，让机器人能够辨识物体，并为特定的任务提供有用的信息，用于引导机器人的动作的过程。视觉传感器在捕获图像之后，将其与内存中存储的基准图像进行比较，以做出分析。

3.4.1 机器人视觉系统的组成

(1) 人的视觉

人的眼睛是由含有感光细胞的视网膜和作为附属结构的折光系统等部分组成。人眼的适宜刺激波长是370～740nm的电磁波；在这个可见光谱的范围内，人脑通过接收来自视网膜的传入信息，可以分辨出视网膜像的不同亮度和色泽，因而可以看清视野内发光物体或反光体的轮廓、形状、颜色、大小、远近和表面细节等情况，自然界形形色色的物体以及文字、图片等，通过视觉系统在人脑中反映。视网膜上有两种感光细胞，视锥细胞主要感受白天的景象，视杆细胞感受夜间的景象。人的视锥细胞大约有700万个，是听觉细胞的3000多万倍，因此在各种感官获取的信息中，视觉约占80%。同样对机器人来说，视觉传感器也是最重要的传感器。

(2) 机器人的视觉处理

机器人的视觉系统通常是利用光电传感器构成的。多数是用电视摄像机和计算机技术来实现的，故又称计算机视觉。视觉传感器的工作过程可分为检测、分析、描绘和识别四个主要步骤。

由于人们生活在一个三维的空间里，所以机器人的视觉也必须能够理解三维空间的信息。

机器人的视觉是将客观世界中三维实物经由传感器（如摄像机）成为平面的二维图像，再经处理部件给出景象的描述，如图 3-33 所示。应该指出，实际的三维物体形态和特征是相当复杂的，特别是由于识别的背景千差万别，而机器人上视觉传感器的视角又在时刻变化，引起图像时刻发生变化，所以机器人视觉在技术上难度是较大的。

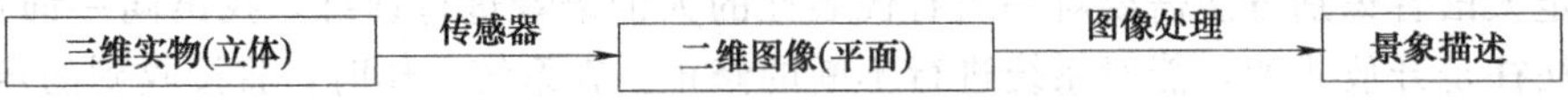

图 3-33　机器人的视觉处理过程

机器人视觉可以划分为六个主要部分：感觉、预处理、分割、描述、识别、解释。根据上述过程所涉及的方法和技术的复杂性可分为三个处理层次：低层视觉处理、中层视觉处理和高层视觉处理。

(3) 机器人视觉系统的组成部分

一个典型的机器人视觉系统由视觉传感器、图像处理机、处理器及其相关软件组成，如图 3-34 所示。

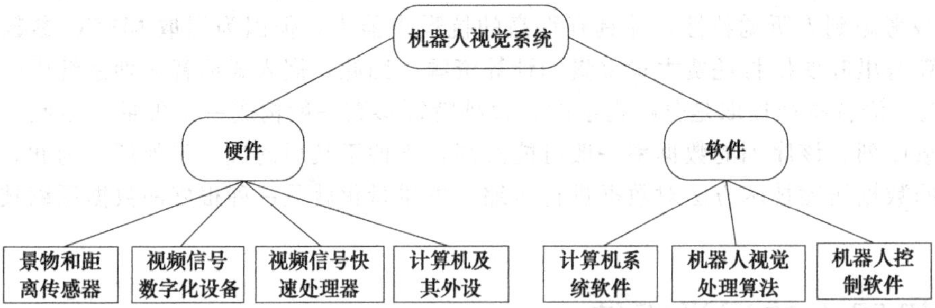

图 3-34　机器人视觉系统组成

① 机器人视觉系统的硬件　机器人视觉系统的硬件由景物和距离传感器、视频信号数字化设备、视频信号快速处理器和计算机及其外设四个部分组成。

a. 景物和距离传感器。常用的有摄像机、CCD 图像传感器、超声波传感器和结构光设备等。

b. 视频信号数字化设备。其任务是把摄像机或 CCD 输出的信号转化为计算机能够方便计算和分析的数字信号。

c. 视频信号快速处理器。指视频信号实时、快速和并行算法的硬件设备，如 DSP 系统。

d. 计算机及其外设。主要是完成对传输过来的各种信号的处理工作，同时充当设备的控制中心，完成对设备的控制。

② 机器人视觉系统的软件　机器人视觉的软件系统由以下几个部分组成。

a. 计算机系统软件。不同类型的计算机，有不同的操作系统和它所支撑的各种语言、数据库等。

b. 机器人视觉信息处理算法。完成图像预处理、分割和描述等的算法，视觉信息处理算法是事先设计好并且输入计算机中的。

c. 机器人控制软件。控制机器人行动的软件系统。

(4) 机器人视觉系统的原理

图像传感器是采用光电转换原理的传感器，用来将平面光学图像转换为电子信号的器件。图像传感器一般有两个作用：一是把光信号转换为电信号；二是将平面图像上的像素进行点阵取样，并把这些像素按时间取出。

早期的图像传感器采用模拟信号，如摄像管。随着数码技术、半导体制造技术以及网络的迅速发展，市场和业界都面临着跨越各平台的视讯、影音、通信大整合时代的到来，勾画着未来人类的日常生活的美景。图像传感器的发展很迅速，它经历了光电摄像管、超光电摄像管、正析摄像管、光导摄像管以及新发展起来的 CCD 图像传感器、CMOS 图像传感器等。

① 图像传感器

a. CCD 传感器。CCD（charge-coupled device）又称为电荷耦合元件，将视觉信息转换成电信号。CCD 上植入的微小光敏物质称作像素。一块 CCD 上包含的像素数越高，画面分辨率也就越高。CCD 的作用就像胶片一样，但它是把光信号转换成电信号。CCD 上有许多排列整齐的光电二极管，能感应光线，并将光信号转变成电信号，经外部采样放大及模数转换电路转换成数字图像信号。在空间采样和幅值化后，这些信号就形成了一幅数字图像。

机器人视觉使用的主要部件是电视摄像机，它由摄像管或固态成像传感器及相应的电子电路组成。这里以光导摄像管的工作原理为例进行讲解，因为它是普遍使用的并有代表性的一种摄像管。

光导摄像管表面是一个圆柱形玻璃外壳，内部有电子枪以及屏幕光敏层，如图 3-35（a）所示。加在线圈上的电压将电子束聚焦并使其偏转。偏转电路驱动电子束对光敏层的内表面扫描，光导摄像管利用这种方式读取图像。

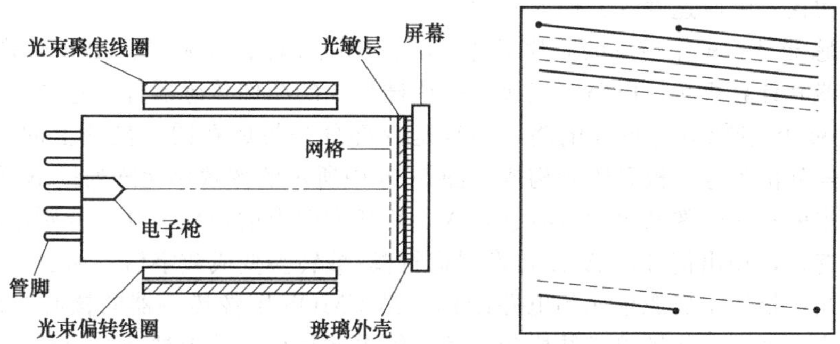

(a) 幻光导摄像管示意图　　(b) 电子束扫描方式

图 3-35　光导摄像管工作原理

玻璃屏幕的内表面镀有一层透明的金属薄膜，它构成一个电极，一视频电信号可从此电极上获得。一层很薄的光敏层附着在金属膜上，它由一些极小的球状体组成，球状体的电阻反比于光的强度。在光敏层的后面有一个带正电荷的细金属网，它使电子枪发射出的电子减速，以接近于零的速度到达光敏层。

在正常工作时，将正电压加在屏幕的金属镀膜上。在无光照时光敏材料呈现绝缘体特性，电子束在光敏层的内表面上形成一个电子层以平衡金属膜上的正电荷。当电子束扫描光敏层内表面时，光敏层就成了一个电容器，其内表面具有负电荷，而另一面具有正电荷。

光投射到光敏层，它的电阻降低，使得电子向正电荷方向流动并与之中和。由于流动的电子电荷的数量正比于投射到光敏层的某个局部区域上的光的强度，因此其效果是在光敏层表面上形成一幅图像，该图像与摄像管屏幕上的图像亮度相同。也就是说，电子电荷的剩余浓度在暗区较高，而在亮区较低。

电子束再次扫描光敏层表面时，失去的电荷得到补充，这样就会在金属层内形成电流，并可从一个引脚上引出此电流。电流正比于扫描时补充的电子数，因此也正比于电子束扫描处的光强度。经摄像机电子电路放大后，电子束扫描运动时所得到的变化电流便形成了一个正比于输入图像强度的视频信号，如图 3-35（b）所示。

电子束以 25 次/s 的频率扫描光敏层的整个表面，每次完整的扫描称为一帧，它包含 625

行，其中的 576 行含有图像信息。若依次对每行扫描并将形成的图像显示在监视器上，图像将是抖动的。克服这种现象的办法是使用另一种扫描方式，即将一帧图像分成两个隔行场，每场包含 312.5 行，并且以两倍帧扫描频率进行扫描，扫描 50 场/s。每帧的第一场扫描奇数行第二场扫描偶数行。

还有一种可以获得更高行扫描速率的标准扫描方式，其工作原理与前一种基本相同。例如在计算机视觉和数字图像处理中常用的一种扫描方式是每帧包含 559 行，其中 512 行含有图像数据。行数取为 2 的整数幂，优点是软件和硬件容易实现。

b. CMOS 传感器。CMOS 传感器（complementary metal oxide semiconductor）即“互补金属氧化物半导体”，自 20 世纪 80 年代发明以来，逐渐攻克制作工艺的技术难关，成为消费类数码相机、电脑摄像头、可视电话、视频会议、智能型保安系统、汽车倒车雷达等理想之物。CMOS 传感器又可细分为：被动式像素传感器 CMOS（Passive Pixel Sensor CMOS）与主动式像素传感器 CMOS（Active Pixel Sensor CMOS）。作为当前被普遍采用的图像传感器，CCD 与 CMOS 都是利用感光二极管（photodiode）进行光电转换。两者的主要差异是数据传送的方式不同。CCD 的特殊工艺可保证各个像素的数据汇聚至边缘进行放大处理而不失真，而 CMOS 则必须对各个像素的数据先放大再进行整合。由此造成了两者在成本、灵敏度、分辨率、噪声、功耗、响应速度等方面的差别。

CMOS 传感器是一种用传统的芯片工艺方法将光敏元件、放大器、A/D 转换器、存储器、数字信号处理器和计算机接口电路等集成在一块硅片上的图像传感器件。它主要组成部分是像敏单元阵列和 MOS 场效应管集成电路，而且这两部分是集成在同一硅片上的，如图 3-36 所示。像敏单元阵列由光电二极管阵列构成。图 3-36 中所示的像敏单元阵列按 X 和 Y 方向排列成方阵，方阵中的每一个像敏单元都有它在 X、Y 各方向上的地址，并可分别由两个方向的地址译码器进行选择，输出信号送 A/D 转换器进行模/数转换变成数字信号输出。

像敏单元结构指每个成像单元的电路结构，是 CMOS 图像传感器的核心组件。像敏单元结构有两种类型，即被动像敏单元结构和主动像敏单元结构，其中被动像敏单元结构如图3-37所示。

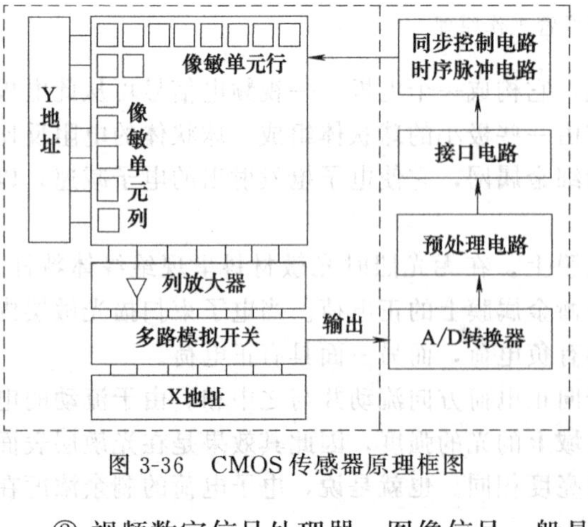

图 3-36　CMOS 传感器原理框图

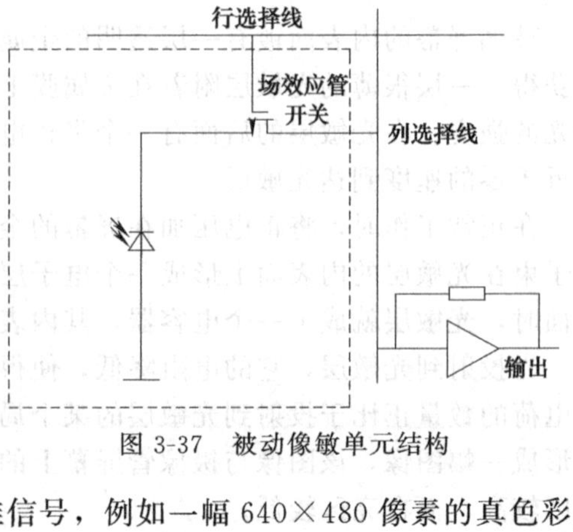

图 3-37　被动像敏单元结构

② 视频数字信号处理器　图像信号一般是二维信号，例如一幅 640×480 像素的真色彩图像（24 位）未压缩的原始数据量为 900KB。

视频数字信号处理器主要完成视觉处理的传感、预处理、分割、描述、识别和解释，可以归纳为如下数学运算。

a. 点处理。点处理常用于对比度增强、小密度非线性校正、阈值处理、伪彩色处理等。每个像素的输入数据经过一定的变换关系映射成像素的输出数据，例如对数变换可实现暗区对比度扩张。

b. 二维卷积的运算。二维卷积的运算常用于图像平滑、尖锐化、轮廓增强、空间滤波、标准模板匹配计算等。若用 $M\times M$ 卷积核矩阵对整幅图像进行卷积时，要得到每个像素的输出结果就需要作 M^2 次乘法和（M^2-1）次加法，由于图像像素一般很多，即使用较小的卷积和，也需要进行大量的乘加运算和存储器访问。

c. 二维正交变换。常用二维正交变换有 FFT、Walsh、Haar 和 K-L 变换等，常用于图像增强、复原、二维滤波、数据压缩等。

d. 坐标变换。常用于图像的放大缩小、旋转、移动、配准、几何校正和由投影值重建图像等。

e. 统计量计算。统计量计算如计算密度直方图分布、平均值和协方差矩阵等。在进行直方图均衡化、面积计算、分类和 K-L 变换时，常要进行这些统计量计算。

③ 视频信号的处理方案 如果在通用的计算机上处理视觉信号，主要有两个局限性：一是运算速度慢；二是内存容量小。为了解决上述问题，可以采用如下方案。

a. 利用大型高速计算机组成通用的视频信号处理系统。为了解决小型计算机运算速度慢、存储量小的缺点，人们自然会使用大型高速计算机，利用大型高速计算机组成通用的视频信号处理系统的缺点是成本太高。

b. 小型高速阵列机。为了降低视频信号处理系统的造价，提高设备的利用率，有的厂家在设计视频信号处理系统时，选用造价低廉的中小型计算机为主机，再配备一台高速阵列机。

c. 采用专用的视觉处理器。为了适应微型计算机视频数字信号处理的需要，不少厂家设计了专用的视觉信号处理器，它的结构简单、成本低、性能指标高。多数采用多处理器并行处理，流水线式体系结构以及基于 FPGA、DSP 或 ARM 处理器等方案。

3.4.2 视觉信息的处理

视觉信息的处理包括预处理、分离、特征抽取和识别四个模块，如图 3-38 所示。

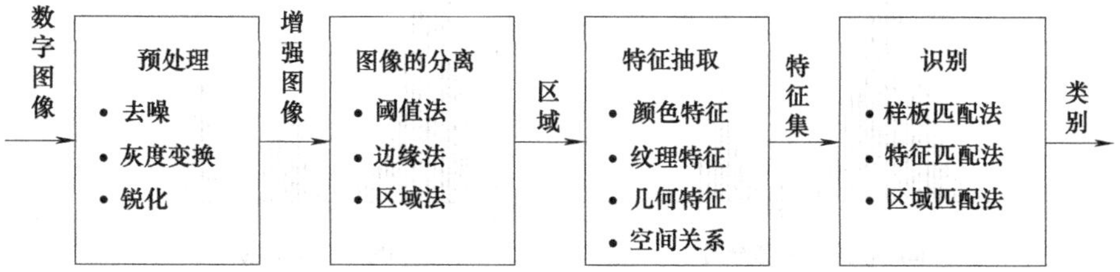

图 3-38 视觉处理过程及方法

预处理是视觉处理的第一步。其任务是对输入图像进行加工，消除噪声，改进图像的质量，为以后的处理创造条件。

为了给出物体的属性和位置的描述，必须先将物体从其背景中分离出来，因此对预处理以后的图像首先要进行分割，就是把代表物体的那一部分像素集合抽取出来。

一旦这一区域抽取出来以后，就要检测它的各种特性，包括颜色、纹理，尤其重要的是它的集合形状特性，这些特性构成了识别某一物体和确定它的位置和方向的基础。

物体识别主要基于图像匹配，即根据物体的模板、特征或结构与视觉处理的结果进行匹配比较，以确认该图像中包含的物体属性，给出有关的描述，输出给机器人控制器以完成相应的动作。

(1) 图像的预处理

预处理的主要目的是清除原始图像中各种噪声等无用的信息，改进图像的质量，增强感兴趣的有用信息的可检测性。从而使后面的分割、特征抽取和识别处理得以简化，并提高其可靠性。机器视觉常用的预处理包括去噪、灰度变换和锐化等。

① 去噪 原始图像中不可避免地会包括许多噪声，如传感器噪声、量化噪声等。通常噪声比图像本身包含较强的高频成分，而且噪声具有空间不相关性，因此简单的低通滤波是最常用的一种去噪方法。

② 灰度变换 由于光照等原因，原始图像的对比度往往不理想，利用各种灰度变换处理可以增强图像的对比度。例如有时图像亮度的动态范围很小，表现为其直方图较窄，即灰度等级在某一区间内，这时通过所谓直方图拉伸处理，即通过灰度变换将原直方图两端的灰度值分别拉向最小值（0）和最大值（255），使图像占有的灰度等级充满（0～255）整个区域，从而使图像的层次增多，达到图像细节增强的目的。

③ 锐化 锐化是为了突出图像中的高频成分，使轮廓增强，可以采用锐化处理。最简单的办法是采用高通滤波器。

(2) 图像的分离

图像的分离是指从图像中把景物提取出来的处理过程，其目的是把图像划分成不同的区域，以便人们对图像中的某一部分作进一步的分析。像素点都满足基于灰度、纹理、色彩等特征的某种相似性准则。图像分割大致可分为三类：阈值法、边缘法和区域法。

① 阈值法 阈值法是一种简单而有效的图像分割方法，是基于直方图的分割方法，主要针对灰度图像，实现简单，计算量小，图 3-39 为可分割的强度直方图。阈值是在分割时作为区分物体与背景像素的门限，大于或等于阈值的像素属于物体，而其他属于背景。近年来，针对彩色图像，人们选取 RGB 空间或 HSI 空间中的某一个通道或者是它们的线性组合来进行阈值分割，使得分割效果有所提高。

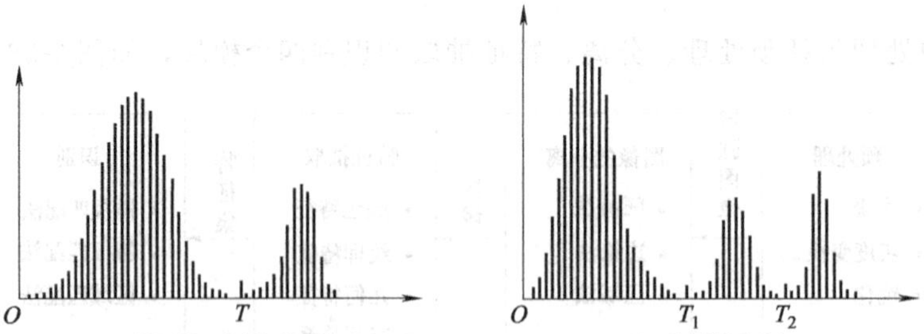

(a) 利用单一阈值分割　(b) 多阈值分割

图 3-39　可分割的强度直方图

这种方法对于在物体与背景之间存在明显对比的景物分割十分有效。实际上，在任何实际应用的图像处理系统中，都要用到阈值化技术。为了有效地分割物体与背景，人们发展了各种各样的阈值处理技术，包括全局阈值、自适应阈值和最佳阈值等。

② 边缘法 边缘法是基于边界检测分析的分割方法，以物体边界为对象进行分割，它根据图像的灰度、色彩来划分图像空间。在确定初始轮廓的情况下，利用一定的能量表达式，通过将总体能量最小化，达到边界和形状因素之间的平衡。近年来人们把动态规划、神经网络和贪心算法等应用到了边界优化上，能够比较快速地得到某个准则下的最优边界或局部边界。

为了获得图像的边缘，在边缘图像的基础上，需要通过平滑、形态学等处理去除噪声点、毛刺、空洞等不需要的部分，再通过细化、边缘连接和跟踪等方法获得物体的轮廓边界。

③ 区域法 区域法是根据同一物体区域内像素的相似性质来聚集像素点的方法，从初始

区域（如小邻域甚至于某个像素）开始，将相邻的具有同样性质的像素或其他区域归并到目前的区域中，从而逐步扩大区域，直到没有可以归并的点或其他小区域为止。区域内像素的相似性度量可以包括平均灰度值、纹理、颜色等信息。

与阈值法相比，这种方法除了考虑分割区域的同一性，还考虑了区域的连通性。连通性是指在该区域内存在连接任意两点的路径，即所含的全部像素彼此邻接。

(3) 图像的特征抽取

常用的图像特征有颜色特征、纹理特征、几何特征（形状特征、空间关系特征）等。

① 颜色特征　颜色特征是一种全局特征，描述了图像或图像区域所对应的景物的表面性质。一般颜色特征是基于像素点的特征，此时所有属于图像或图像区域的像素都有各自的贡献。

由于颜色对图像或图像区域的方向、大小等变化不敏感，所以颜色特征不能很好地捕捉图像中对象的局部特征。另外，仅使用颜色特征查询时，如果数据库很大，常会将许多不需要的图像也检索出来。颜色直方图是最常用的表达颜色特征的方法，优点是不受图像旋转和平移变化的影响，进一步借助归一化还可不受图像尺度变化的影响，缺点是没有表达出颜色空间分布的信息。

② 纹理特征　纹理特征也是一种全局特征，它也描述了图像或图像区域所对应景物的表面性质。但由于纹理只是一种物体表面的特性，并不能完全反映出物体的本质属性，所以仅仅利用纹理特征是无法获得高层次图像内容的。与颜色特征不同，纹理特征不是基于像素点的特征，它需要在包含多个像素点的区域中进行统计计算。这种区域性的特征在模式匹配中，具有较大的优越性，不会由于局部的偏差而无法匹配成功。

③ 形状特征　各种基于形状特征的检索方法都可以比较有效地利用图像中感兴趣的目标来进行检索。

通常情况下，形状特征有两类表示方法：一类是轮廓特征；另一类是区域特征。图像的轮廓特征主要针对物体的外边界，而图像的区域特征则关系到整个形状区域。

④ 空间关系特征　空间关系是指图像中分割出来的多个目标之间的相互的空间位置或相对方向关系，这些关系也可分为连接/邻接关系、交叠/重叠关系和包含/包容关系等。

通常空间位置信息可以分为两类：相对空间位置信息和绝对空间位置信息。前一种关系强调的是目标之间的相对情况，如上下左右关系等；后一种关系强调的是目标之间的距离大小以及方位。显而易见，由绝对空间位置可推出相对空间位置，但表达相对空间位置信息常比较简单。

空间关系特征的使用可加强对图像内容的描述区分能力，但空间关系特征常对图像或目标的旋转、反转、尺度变化等比较敏感。另外，实际应用中，仅仅利用空间信息往往是不够的，不能准确有效地表达场景信息。为了检索，除使用空间关系特征外，还需要其他特征来配合。

(4) 图像的识别

图形刺激作用于感觉器官，人们辨认出它是经历过的某一图形的过程，也叫做图像再认。在图像识别中，既要有当时进入感官的信息，也要有记忆中存储的信息。只有通过存储的信息与当前的信息进行比较的加工过程，才能实现对图像的再认。

图像识别是利用计算机对图像进行处理、分析和理解，以识别各种不同模式的目标和对象的技术，通常有样板匹配法、特征匹配法、结构匹配法等。图像识别技术是人工智能的一个重要领域。为了编制模拟人类图像识别活动的计算机程序，人们提出了不同的图像识别模型，例如样板匹配模型。

样板匹配模型认为，识别某个图像，必须在过去的经验中有这个图像的记忆模式，又叫做模板。当前的刺激如果能与大脑中的模板相匹配，这个图像也就被识别了。这种模板强调图像必须与大脑中的模板完全符合才能加以识别，而事实上人不仅能识别与大脑中的模板完全一致的图像，也能识别与模板不完全一致的图像。

3.4.3 数字图像的编码

数字图像要占用大量的内存，实际使用时，总是希望用尽可能少的内存保存数字图像，为此，可以选用适当的编码方法来压缩图像数据。例如在传送图像数据的时候，应选用抗干扰的编码方法。

恢复图像的时候，因为不要求完全恢复原来的画面，特别是机器人视觉系统，只要求认识目标物体的某些特征或图案，在这种情况下，为了使数据处理简单、快速，只要保留目标物体的某些特征，能达到区别各种物体的程度就可以了。这样做可以使数据量大为减少。常用的编码方法有轮廓编码和扫描编码。

(1) 轮廓编码

轮廓编码是在画面灰度变化较小的情况下，用轮廓线来描述图形的特征。轮廓编码方式利用一些方向不同的短线段组成多边形，用这个多边形来描绘轮廓线。各线段的倾斜度可用一组码来表示，称为方向码，如图 3-40 所示。

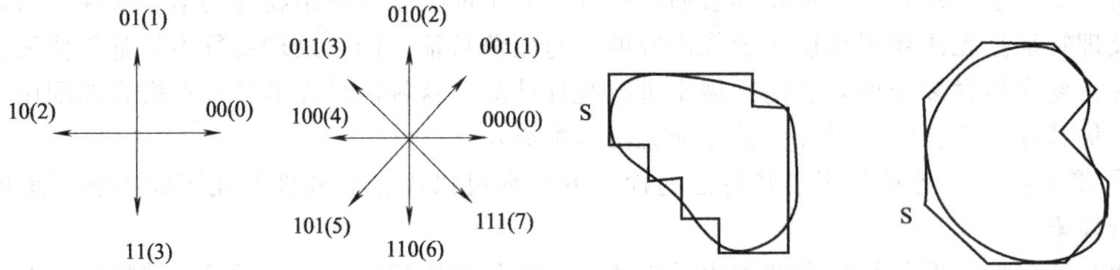

(a) 四方向码　(b) 八方向码　(c) 四方向码例图　(d) 八方向码例图

图 3-40　轮廓编码

轮廓编码使用二位 BCD 码表示四个方向，使用三位 BCD 码表示八个方向。一小段轮廓线可以用一个有方向的短线段来近似，每个线段对应一个码，一组线段组成链式码，这种编码方法称为链式编码。用四方向码编码时，每个线段都取单位长度。用八方向码编码时，水平和垂直方向的线段取单位长度 d，对角线方向的线段长度取为 $2d$。

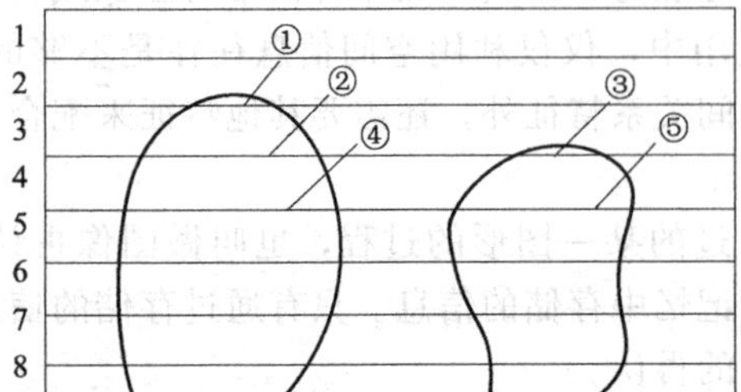

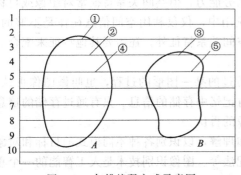

图 3-41　扫描编码方式示意图

(2) 扫描编码

扫描编码是将一个画面按一定的间距进行扫描，在每条扫描线上找出浓度相同区域的起点和长度。图 3-41 所示的画面是一个二值图像，即图像的灰度只分明暗两级，平行的横线是扫描线。

在图 3-41 中在第 3 条线上存在物体的图像编号为①；在第 4 条线上存在物体的图像编号为②，以此类推。

一条扫描线上如果有几段物体图像，则分别编号，将编好号的扫描线段的起点、长度连同号码按先后顺序存入内存，扫描线没有碰到图像时，不记录数据。扫描编码利用这种方法来压缩图像数据。

3.4.4 机器人视觉系统的应用

机器人的视觉系统通常用于机器人在工作过程中了解周围的环境，例如机器人在检测、导航、物体识别、装配及通信等操作过程都需要视觉系统。

(1) 视觉应用类型

机器人的视觉应用包括视觉检验、视觉导引、过程控制以及移动机器人的视觉导航等。其应用领域包括电子工业、汽车工业、航空工业以及食品和制药等各个工业领域。

① 视觉检验　视觉检验是指利用机器人的视觉系统检测物体或工件是否符合工艺及生产要求。例如，在一条制作电路板的自动生产线上，不同阶段对电路板的检查非常重要，尤其在每一个操作进行前或完成后。机器人视觉系统构成的检验单元要提取检查部件的图像，然后对该图像进行修改和变换，再将处理过的图像和存储器中的图像进行比较，如果对比结果相同，结果就被接受，否则被检测的物体将被拒绝或修改处理。

② 视觉导引　视觉导引是指机器人借助机器视觉系统完成零件的识别、定位和定向，引导机器人完成零件分类、取放，以及拧紧和装配等一系列工作。例如，机器人在完成装配、分类时，如果没有视觉反馈，给机器人提供的零件必须保持精确固定的位置和方向，为此对每一特定形状的零件要用专门的上料器供料，这样才能保证机器人准确地抓取零件。但由于零件的形状、体积、重量等原因，有时不能保证提供固定的位置和方向，或者对于多种零件、小批量的产品用上料器是不经济的，这就需要借助机器视觉系统来进行视觉导引。

又如，搬运机器人在抓取物体时先要识别物体，机器人视觉系统对物体进行平行扫描，然后投射到物体上光束的成像信息由摄像机输入计算机进行处理，计算出正确的3D信息。搬运机器人还通过视觉系统知道物体的所在位置和末端执行器抓持物体的位置，这也属于视觉引导的过程。

③ 过程控制　过程控制是指利用机器人的视觉系统对机器人工作过程中的场景进行分析，然后找出需要避开的障碍及可行的路径。在某些情况下，视觉系统还可以将信息传送给远程遥控机器人的操作员。例如空间探测机器人除了自主操作外，操作员还可以根据其传送的视觉信息进行遥控操作。在一些医学应用中，外科医生控制外科手术机器人也依赖机器人的视觉信息，这些应用都属于过程控制。

④ 移动机器人的视觉导航　移动机器人是基于视觉导航系统构成的，它的原始输入图像是连续的数字视频图像。系统工作时，图像预处理模块首先对原始的输入图像进行缩小、边缘检测等预处理。其次利用计算机计算并提取出对机器人有用的路径信息。最后，运动控制模块根据识别的路径信息，调用直行或转弯功能模块使机器人作相应的移动。

(2) 视觉应用举例

视觉机器人很大一部分应用于传送带或货架上，主要完成零件跟踪和识别任务，要求的分辨率比视觉检验低，一般为零件宽度的1%～2%。最关键的问题是选择合适的照明方式和图像获取方式，以达到零件和背景间足够的对比度，从而可简化后面的视觉处理过程。

① 焊接机器人的视觉系统　焊接机器人的视觉系统起始于汽车工业，汽车工业使用的机器人大约一半是用于焊接。自动焊接比手工焊接更能保证焊接质量的一致性。但自动焊接关键问题是要保证被焊工件位置的精确性。利用传感器反馈可以使自动焊接具有更大的灵活性，但各种机械式或电磁式传感器需要接触或接近金属表面，因此工作速度慢、调整困难。弧焊接机器人的视觉系统如图3-42所示。

机器视觉作为非接触式传感器用于焊接机器人的反馈控制有极大的优点。它可以直接用于动态测量和跟踪焊缝的位置和方向，因为在焊接过程中工件可能发生热变形，引起焊缝位置变

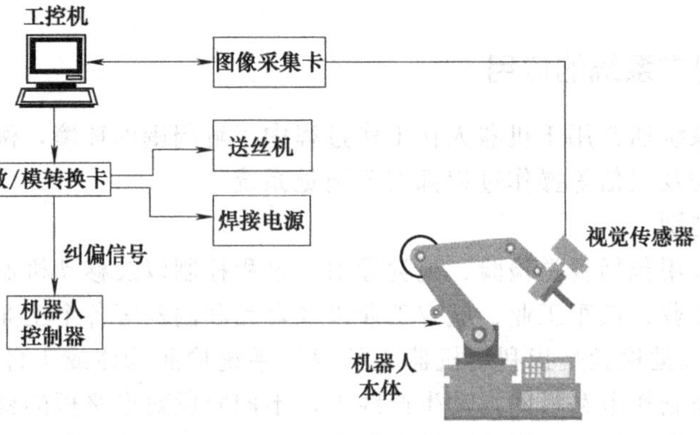

图 3-42　弧焊接机器人用视觉系统

化。它还可以检测焊缝的宽度和深度，监视熔池的各种特性，通过计算机分析这些参数以后，则可以调整焊枪沿焊缝的移动速度、焊枪离工件的距离和倾角，以至焊丝的供给速度。通过调整这些参数，视觉导引的焊机可以使焊接的熔深、截面以及表面粗糙度等指标达到最佳。

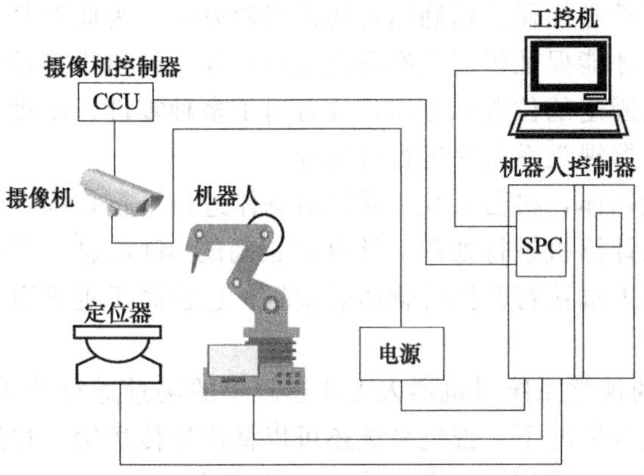

图 3-43　视觉导引焊接机器人系统

② Seampilot 视觉系统　荷兰 Oldelft 公司研制的 Seampilot 视觉系统，已被许多机器人公司用于组成视觉导引焊接机器人。它主要由 3 个功能部件组成，包括激光扫描器/摄像机、摄像机控制单元（CCU）和信号处理计算机（SPC）。图 3-43 为视觉导引焊接机器人系统原理，其中激光扫描器/摄像机装在机器人的手上。激光聚焦到由伺服控制的反射镜上，形成一个垂直于焊缝的扇面激光束，线阵 CCD 摄像机检出该光束在工件上形成的图像，利用三角法由扫描的角度和成像位置就可以计算出激光点的 *Y-Z* 坐标位置，即得到了工件的剖面轮廓图像，并可在监视器上显示。

剖面轮廓数据经摄像机控制单元（CCU）送给信号处理计算机（SPC），将这一剖面数据与预先选定的焊接接头板数据进行比较，一旦匹配成功即可确定焊缝的有关位置数据，并通过串口将这些数据送到机器人的控制器。

第4章 工业机器人控制与驱动系统

4.1 工业机器人控制系统

4.1.1 工业机器人的控制系统概述

工业机器人的控制系统主要对工业机器人工作过程中的动作顺序、应到达的位置及姿态、路径轨迹及规划、动作时间间隔以及末端执行器施加在被作用物上的力和转矩等进行控制。

目前广泛使用的工业机器人中控制系统多为微型计算机，外部有控制柜封装，如 ABB 公司的 IRB 系列工业机器人、德国库卡公司的 KB 系列机器人、日本安川公司的 MOTOMAN 机器人、日本发那科公司的 Mate 系列机器人等。这类机器人一般采用示教-再现的工作方式，处理的信息量大，控制算法复杂。同时这类机器人的作业路径、运动参数可由操作者手把手示教或通过程序设定。在工业机器人内部配有多种传感器，用来感知运行速度、位置和姿态等，在外部还可以配备视觉检测、力传感器感知外部环境。

(1) 工业机器人控制系统的特点

工业机器人的控制技术是在传统机械系统的控制技术的基础上发展起来的，因此两者之间并无根本的不同，但工业机器人控制系统也有许多特殊之处。

① 多变量控制系统　一个工业机器人至少有 3～5 个自由度，比较复杂的机器人有十几个甚至几十个自由度。每个自由度一般包含一个伺服机构，通过控制器综合协调，组成一个多变量控制系统，同时多个关节的运动要求各个伺服系统能够协同工作。

② 与机构运动学及动力学密切相关的控制系统　工业机器人的控制与机构运动学及动力学密切相关。工业机器人的工作任务是要求操作者的手部进行空间点位运动或连续轨迹运动，要求控制系统能够根据工作需要，选择不同的参考坐标系，并进行复杂的坐标变换运算，以及矩阵函数的运算，在运算过程中经常需要求解运动学中的正向问题和逆向问题。除此之外，还要考虑惯性力、外力（包括重力）及哥氏力、向心力的影响。

③ 耦合非线性控制系统　描述工业机器人状态和运动的数学模型是一个多变量、非线性和变参数的复杂的模型，随着状态的不同和外界环境的变化，其参数也在变化，各变量之间还存在耦合。因此，仅仅利用位置闭环是不够的，还要利用速度闭环甚至多种闭环系统，同时系统中经常使用重力补偿、前馈、解耦或自适应控制技术等方法。

④ 计算机控制系统　把多个独立的伺服系统有机地协调起来，使其按照人的意志行动，赋予机器人一定的“智能”，这个任务只能由计算机来完成。因此，机器人控制系统必须是一个计算机控制系统，计算机软件担负着艰巨的任务。

⑤ 寻优控制系统　机器人的动作往往可以通过不同的方式和路径来完成，因为存在一个“最优”的问题。较高级的工业机器人可以用人工智能的分析方法，对环境条件、控制指令进

行测定和分析，采用计算机建立庞大的信息库，借助信息库进行控制、决策、管理和操作。根据传感器和模式识别的方法获得对象及环境的工况，按照给定的指标要求，自动地选择最佳的控制规律。

由于它的特殊性，经典控制理论和现代控制理论都不能照搬使用。到目前为止，机器人控制理论还是不完整、不系统的。相信随着机器人事业的发展，机器人控制理论必将日趋成熟。

(2) 工业机器人控制系统的基本要求

① 实现对工业机器人的位置、速度、加速度等控制功能，对于连续轨迹运动的工业机器人还必须具有轨迹的规划与控制功能。

② 方便的人-机交互功能，操作人员采用直接指令代码对工业机器人进行作用指示。工业机器人具有作业知识的记忆、修正和工作程序的跳转功能。

③ 具有对外部环境（包括作业条件）的检测和感知功能。工业机器人具有对外部状态变化的适应能力，应能对诸如视觉、力觉、触觉等有关信息进行测量、识别、判断、理解等功能。工业机器人在自动化生产线中，应具有与其他设备交换信息、协调工作的能力。

(3) 工业机器人的控制方式

机器人的控制方式按照控制反馈方式可分为非伺服型控制方式和伺服型控制方式。按照机器人手部在空间的运动方式分为点位伺服控制和连续轨迹伺服控制。不同的工艺要求，就有不同的控制方式相匹配。

① 控制作用输出方式　按照机器人的控制作用输出方式，机器人的控制方式可分为力控制方式、速度控制方式等类型。

a. 力控制方式。在完成装配、抓放物体等工作时，除要准确定位之外，还要求使用适度的力或转矩进行工作，这时就要利用力（转矩）伺服方式。这种方式的控制原理与位置伺服控制原理基本相同，只不过输入量和反馈量不是位置信号，而是力（转矩）信号，因此系统中必须有力（转矩）传感器。利用接近、滑动等传感功能也可进行自适应式控制。

b. 速度控制方式。机器人运动的控制实际上是通过各机械轴之间的伺服系统分别控制来实现的，运动的速度控制要求各伺服系统的驱动器以不同的分速度同时联合运行，能保证机器人末端执行器沿笛卡儿坐标轴稳定地运行。控制时先把末端执行器期望的笛卡儿位姿分解为各关节的期望速度，然后再对各关节进行伺服控制。

② 控制命令来源　机器人的控制方式按照机器人的控制命令来源不同，分为程序控制方式、自适应控制方式、智能控制方式和其他控制方式。

a. 程序控制方式。给每一个自由度施加一定规律的控制作用，机器人就可实现按要求在相应的空间轨迹进行运动。

b. 自适应控制方式。当外界条件变化时，为保证所要求的品质或为了随着经验的积累而自行改善控制品质，其过程是基于操作机的状态和伺服误差的观察，再调整非线性模型的参数，一直到误差消失为止。这种系统的结构和参数能随时间和条件自动改变的控制方式称为自适应控制。

c. 智能控制方式。事先无法编制运动程序，而是要求在运动过程中根据所获得的周围状态信息，实时确定控制作用。它能以一定方式理解人的命令，感知周围的环境、识别操作的对象，并自行规划操作顺序以完成赋予的任务，这种机器人更接近人的某些智能行为。

d. 其他控制方式。基于传感器的控制、非线性控制、分解加速度控制、滑模控制、最优控制、自适应控制、递阶控制等方式。

③ 机器人的控制功能

a. 示教再现功能。示教再现功能是指示教人员预先将机器人作业的各项运动参数预先传输给机器人。在示教的过程中，机器人控制系统的记忆装置就是将所示教的操作过程自动地记录在存储器中。当需要机器人工作时，机器人的控制系统就调用存储器中存储的各项数据，使机器人再现示教的操作过程，由此机器人即可完成要求的作业任务。机器人的示教再现功能易于实现，编程方便，在机器人初期得到了较多的应用。

b. 运动控制功能。运动控制功能是指通过对机器人手部在空间的位置、速度、加速度等项目的控制，使机器人的手部按照作业的设置要求进行动作，最终完成给定的作业任务。

c. 运动控制与示教再现功能的区别。在示教再现控制中，机器人手部的各项运动参数是由示教人员教给它的，其精度取决于示教人员的熟练程度；而在运动控制中，机器人手部的各项运动参数是由机器人的控制系统经过运算得来的，且在工作人员不能示教的情况下，通过编程指令仍然可以控制机器人完成给定的作业任务。

4.1.2　工业机器人控制系统的基本单元

构成工业机器人控制系统的基本要素包括驱动装置、传动装置、运动特性检测传感器、控制器硬件和控制系统软件。

(1) 驱动装置

作为驱动机器人运动的驱动力，常见的有液压驱动、气压驱动、直流伺服电动机驱动、交流伺服电动机驱动和步进电动机驱动。随着驱动电路元件的性能提高，当前应用最多的是直流伺服电动机驱动和交流伺服电动机驱动。由于直流伺服电动机或交流伺服电动机的流经电流较大，一般从几安培到几十安培，机器人电动机的驱动需要使用大功率的驱动电路，为了实现对电动机运动特性的控制，机器人常采用脉冲宽度调制（PWM）方式进行驱动。

对电动系统来说，常见的驱动—传动形式如下。

图 4-1 中，驱动器通过联轴器带动传动装置（一般为减速器），再通过关节轴带动杆件运动。为了进行位置和速度控制，驱动系统中还包括位置和速度检测元件。检测元件类型很多，但都要求有合适的精度、连接方式以及有利于控制的输出方式。对于伺服电机，检测元件常与电机直接相连；对于液压驱动，则常通过联轴器或销轴与被驱动的杆件相连。

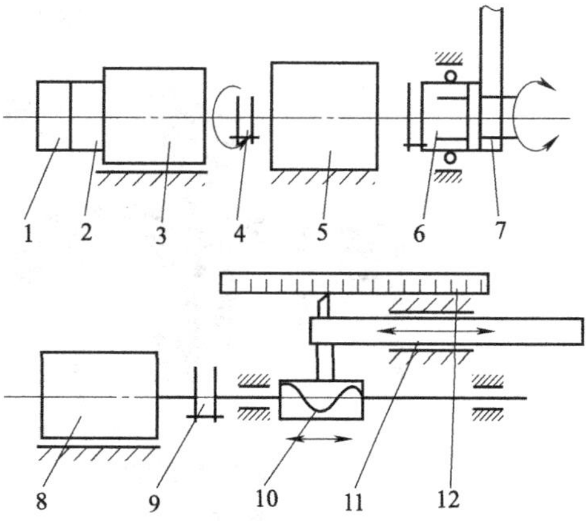

图 4-1　驱动—传动系统的组成

1—码盘；2—测速机；3，8—电机；4，9—联轴器；5—传动装置；6—传动关节；7—杆；10—螺旋副；11—移动关节；12—电位器

① 电动驱动器　电动驱动器是目前使用最广泛的驱动器。它的能源简单，速度变化范围大，效率高，速度和位置精度很高，但它们多与减速装置相连，直接驱动比较困难。

电动驱动器又可分为直流（DC）、交流（AC）伺服电机驱动和步进电机驱动。后者多为开环控制，控制简单但功率不大，多用于低精度小功率机器人系统。直流伺服电机有很多优点，但它的电刷易磨损、易形成火花。随着技术的进步，近年来交流伺服电机正逐渐取代直流伺服电机而成为机器人的主要驱动器。

② 液压驱动器　液压驱动器的主要具有功率大，结构简单等优点，可省去减速装置，能直接与被驱动的杆件相连，响应快。伺服驱动具有较高的精度，但需要增设液压源，而且易产生液体泄漏，故液压驱动目前多用于特大功率的机器人系统。图 4-2 为几种常见的液压驱动器元件。

③ 气动驱动器　气动驱动器的能源、结构都比较简单，但与液压驱动器相比，同体积条件下功率较小（因压力低），而且速度不易控制，所以多用于精度不高的点位控制系统。图4-3为几种常见的气动驱动器元件。

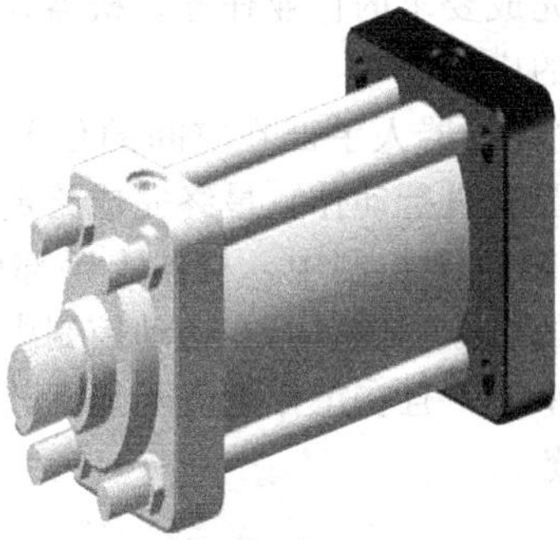

(a) 液压缸

(b) 液压控制阀

(c) 液压马达

(d) 液压摆动马达

图 4-2 液压驱动器元件

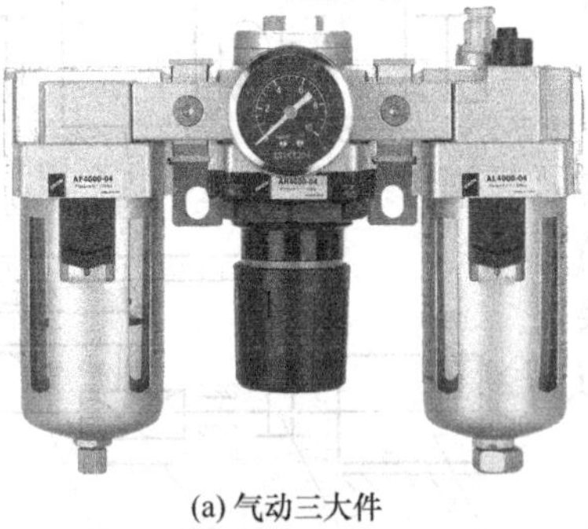

(a) 气动三大件

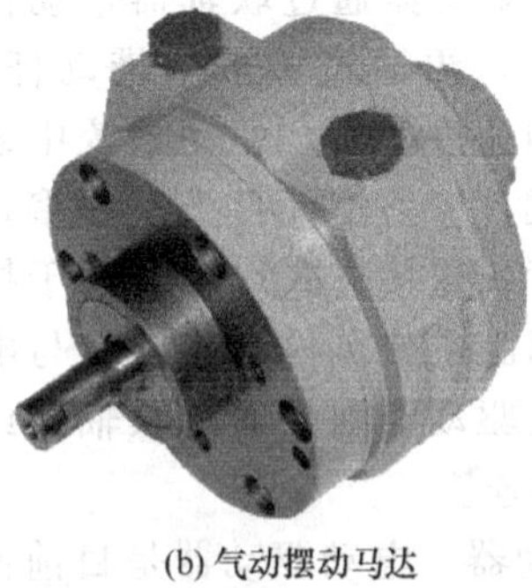

(b) 气动摆动马达

(c) 气动控制阀

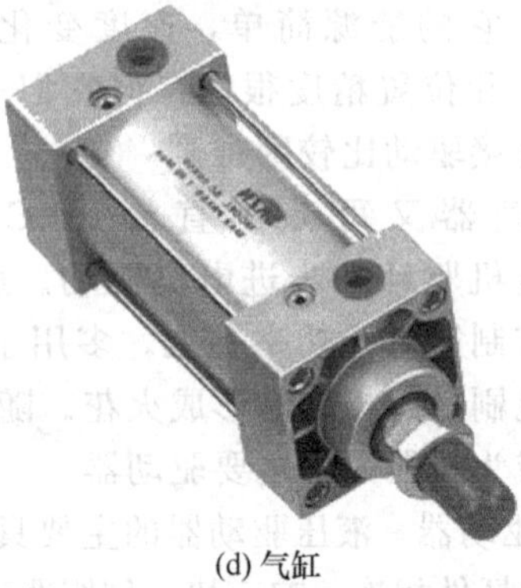

(d) 气缸

图 4-3 常见的气动驱动器元件

④ **驱动器的选择** 驱动器的选择应以作业要求、生产环境为先决条件，以价格高低、技术水平为评价标准。

一般来说，目前负荷为 100kg 以下的，可优先考虑电动驱动器，并根据机器人的用途选择合适的电机。

只须点位控制且功率较小者，或有防暴、清洁等特殊要求者，可采用气动驱动器。负荷较大或机器人周围已有液压源的场合，可采用液压驱动器。

对于驱动器来说，最重要的是要求启动力矩大，调速范围宽，惯量小，尺寸小，同时还要有性能良好、与之配套的数字控制系统。

(2) 谐波传动装置

① 谐波传动的组成 谐波传动是利用一个构件的可控制的弹性变形来实现机械运动的传递。谐波传动通常由三个基本构件（俗称三大件）（图4-4）组成，包括一个有内齿的刚轮，一个工作时可产生径向弹性变形并带有外齿的柔轮和一个装在柔轮内部、呈椭圆形、外圈带有滚动轴承的波发生器。在波发生器转动时，相对长轴方向的柔轮外齿正好完全啮入刚轮的内齿；在短轴方向，则外齿全脱开内齿。当刚轮固定，波发生器转动时，柔轮的外齿将依次啮入和啮出刚轮的内齿，柔轮齿圈上的任一点的径向位移将呈近似余弦波形的变化，所以这种传动称作谐波传动。

a. 波发生器。波发生器与输入轴相连，对柔轮齿圈的变形起产生和控制作用。它由一个椭圆形凸轮和一个薄壁的柔性轴承组成。柔性轴承不同于普通轴承，它的外环很薄，容易产生径向变形，在未装入凸轮之前环是圆形的，装上之后为椭圆形。

b. 柔轮。柔轮有薄壁杯形、薄壁圆筒形或平嵌式等多种。薄壁圆筒形柔轮的开口端外面有齿圈，它随波发生器的转动而变形，筒底部分与输出轴连接。

c. 刚轮。它是一个刚性的内齿轮。双波谐波传动的刚轮通常比柔轮多两齿。谐波齿轮减速器多以刚轮固定，外部与箱体连接。

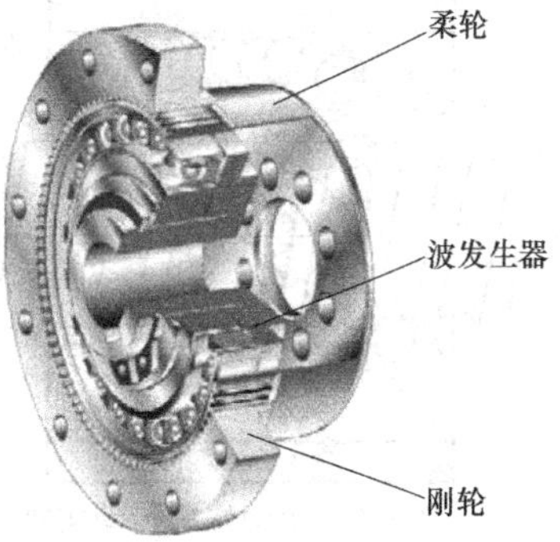

图4-4 谐波传动减速器

② 谐波传动的特点 与一般齿轮传动相比，谐波传动有如下主要特点。

a. 传动比大，单轴传动比可为50～300，双级传动比可达2×10^6。

b. 传动平稳，承载能力高。在传动时参与啮合的齿数多，故传动平稳，承载能力高，传递单位扭矩的体积和重量小。在相同的工作条件下，体积可减小20%～50%。

c. 齿面磨损小而均匀，传动效率高。若正确选择啮合参数，则齿面的相对滑动速度很低，因此磨损小、效率高。在结构合理，润滑良好时，对传动比$i=100$的传动，效率η可达0.85；对传动比$i=75$的传动，效率η可达0.92。

d. 传动精度高。在制造精度相同的情况下，谐波传动的精度可比普通齿轮传动高一级。若齿面经过很好的研磨，则谐波齿轮传动的传动精度要比普通齿轮传动高4倍。

(3) RV摆线针轮传动装置

RV减速器的传动装置（图4-5）采用的是一种新型的二级封闭行星轮系，是在摆线针轮传动基础上发展起来的一种新型传动装置，不仅克服了一般摆线针轮传动的缺点，而且因为具有体积小、质量轻、传动比范围大、寿命长、精度保持稳定、效率高、传动平稳等一系列优点，日益受到国内外的广泛关注，在机器人领域占有主导地位。RV减速器与机器人中常用的谐波减速器相比，具有较高的疲劳强度、刚度和寿命，而且回转差精度稳定，不像谐波减速器那样随着使用时间增长，运动精度显著降低，因此世界上许多高精度机器人传动装置多采用RV减速器。

与谐波传动相比，RV摆线针轮传动除了具有相同的速比大、同轴线传动、结构紧凑、效率高等特点外，最显著的特点是刚性好、飞轮力矩GD^2小。以日本生产并用于机器人的谐波传动装置（三大件）与RV传动装置相比，在相同的输出转矩、转速和减速比条件下，两者的

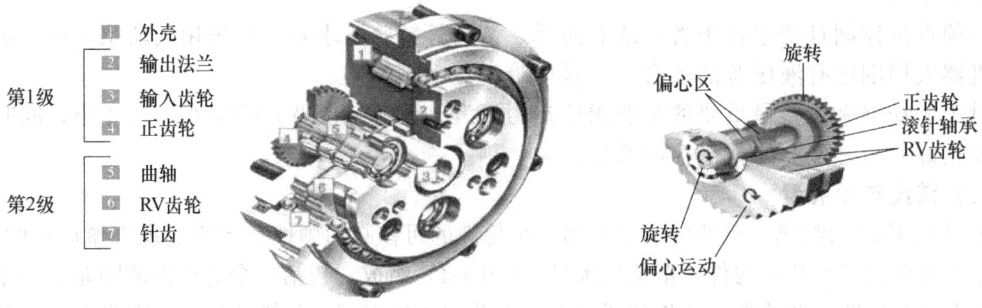

图 4-5 RV 摆线针轮传动装置

体积几乎相等，但后者的传动刚度要大 2～6 倍。折合到输入轴上，GD^2 要小一个数量级以上，但重量却增加了 1～3 倍。整机重量大而输入轴的 GD^2 却特别小的原因是：由于 RV 传动装置增加了一级行星传动，使得输入轴和齿轮成为一个质量不大的圆柱体，而后面的转动件，虽然质量很大，但经过一级减速，使折合到输入轴上的 GD^2 变得很小。该减速器特别适用于操作机上的第一级旋转关节（腰关节），这时大的自重是坐落在底座上的，高刚度和小 GD^2 就充分发挥了作用。高刚度可以大大提高整机的固有频率，降低振动，小 GD^2 则在频繁加、减速的运动过程中可以提高响应速度。

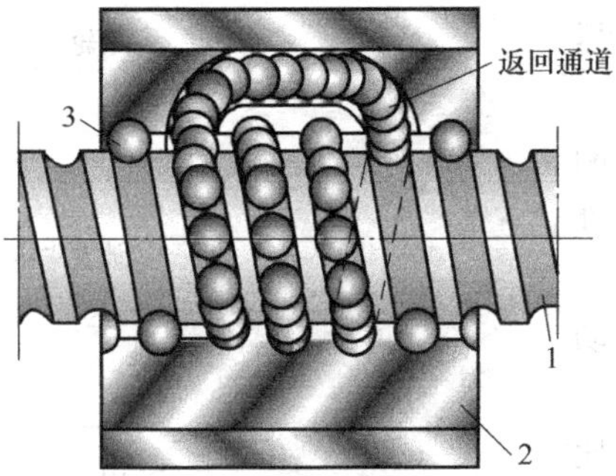

图 4-6 滚动螺旋传动实物

1—丝杠；2—螺母；3—滚珠

(4) 滚动螺旋传动

滚动螺旋传动是在具有螺旋槽的丝杠与螺母之间放入适当的滚珠，使丝杠与螺母之间由滑动摩擦变为滚动摩擦的一种螺旋传动，如图 4-6 所示。螺旋槽的正截面常有两种形式：单圆弧式和双圆弧式。两种滚道的接触角均为 45°，单圆弧滚道用在一般工作环境；双圆弧接道用在灰尘多的环境，污物进入滚道后会被辗入槽底，再被润滑油冲去。为了降低接触力，波道半径 R 几乎接近滚珠半径 r，$r/R=0.9\sim0.97$。滚珠在工作过程中顺螺旋槽（滚道）滚动，故必须设置滚珠的返回通道，才能循环使用。返回通道有内循环和外循环两种。

(5) 控制器的硬件

机器人控制器的硬件系统采用的是二级结构，第一级为协调级，第二级为执行级。第一级实现对机器人各个关节的运动，机器人和外界环境的信息交换等功能；第二级实现机器人的各个关节的伺服控制，获得机器人内部的运动状态参数等功能。

(6) 控制系统的软件

机器人的控制系统软件实现对机器人运动特性的计算、机器人的智能控制和机器人与人的信息交换等功能。

4.1.3 工业机器人典型控制系统

(1) 伺服控制系统

伺服系统又称随动系统，是用来精确地跟随或复现某个过程的反馈控制系统。伺服系统使物体的位置、方位、状态等输出被控量能够跟随输入目标（或给定值）的任意变化的自动控制系统。它的主要任务是按控制命令的要求、对功率进行放大、变换与调控等处理，使驱动装置输出的力矩、速度和位置控制非常灵活方便。在很多情况下，伺服系统专指被控制量（系统的输出量）是机械位移或位移速度、加速度的反馈控制系统，其作用是使输出的机械位移（或转角）准确地跟踪输入的位移（或转角），其结构组成和其他形式的反馈控制系统没有原则上的区别。

早期的工业机器人都用液压、气压方式来进行伺服驱动。随着大功率交流伺服驱动技术的发展，目前大部分被电气驱动方式所代替，只有在少数要求超大的输出功率、防爆、低速运动精度的场合才考虑使用液压和气压驱动。电气驱动无环境污染，响应快，精度高，成本低，控制方便。

由于伺服系统服务对象很多，如机器人臂部位置控制、手部末端轨迹控制、计算机光盘驱动控制、雷达跟踪系统、进给跟踪系统等，因而对伺服系统的要求也有差别。

① 伺服控制系统的组成　从自动控制理论的角度来分析，伺服控制系统一般由控制器、被控对象、执行环节、检测环节、比较环节五部分组成。

a. 比较环节。比较环节是将输入的指令信号与系统的反馈信号进行比较，以获得输出与输入间的偏差信号的环节，通常由专门的电路或计算机来实现。

b. 控制器。控制器通常是计算机或 PID 控制电路，其主要任务是对比较元件输出的偏差信号进行变换处理，以控制执行元件按要求动作。

c. 执行环节。执行环节的作用是按控制信号的要求，将输入的各种形式的能量转化成机械能，驱动被控对象工作。机电一体化系统中的执行元件一般指各种电机或液压、气动伺服机构等。

d. 被控对象。机械参数包括位移、速度、加速度、力和力矩为被控对象。

e. 检测环节。检测环节是指能够对输出进行测量并转换成比较环节所需要量的装置，一般包括传感器和转换电路。

② 伺服系统的分类　伺服控制系统按其驱动元件划分，有步进式伺服系统、直流电动机（简称直流电机）伺服系统、交流电动机（简称交流电机）伺服系统。按控制方式划分，有开环伺服系统、闭环伺服系统和半闭环伺服系统等，步进电动机驱动一般用在开环伺服系统中，这种系统没有位置反馈装置，控制精度相对较低，适用于位置精度要求不高的机器人中；交、直流伺服电动机用于闭环和半闭环伺服系统中，这类系统可以精确测量机器人关节和末端执行器的实际位置信息，并与理论值进行比较，把比较后的差值反馈输入，修改指令进给值，所以这类系统具有很高的控制精度。

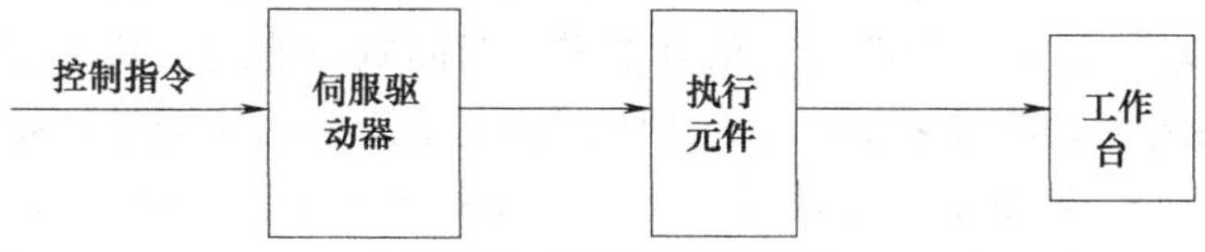

图 4-7　开环伺服系统

a. 开环伺服系统。它主要由驱动电路、执行元件和负载设备等三大部分组成（图 4-7）。常用的执行元件是步进电机，通常将步进电机作为执行元件的开环系统称为步进式伺服系统，在这种系统中，如果是大功率驱动时，用步进电机作为执行元件。驱动电路的主要任务是将指令脉冲转化为驱动执行元件所需的信号。

虽然开环控制在精度方面有不足，但其结构简单、成本低、调整和维修都比较方便。另外，由于被控量不以任何形式反馈到输入端，所以其工作稳定、可靠。因此，在一些精度、速度要求不是很高的场合，如线切割机、办公自动化设备中还是获得了广泛应用。

b. 半闭环伺服系统。通常把安装在电动机轴端的检测元件组成的伺服系统称为半闭环伺服系统，由于电动机轴端和被控对象之间存在传动误差，半闭环伺服系统的精度要比闭环伺服系统的精度低一些。图 4-8 所示是一个半闭环伺服系统的结构框图。

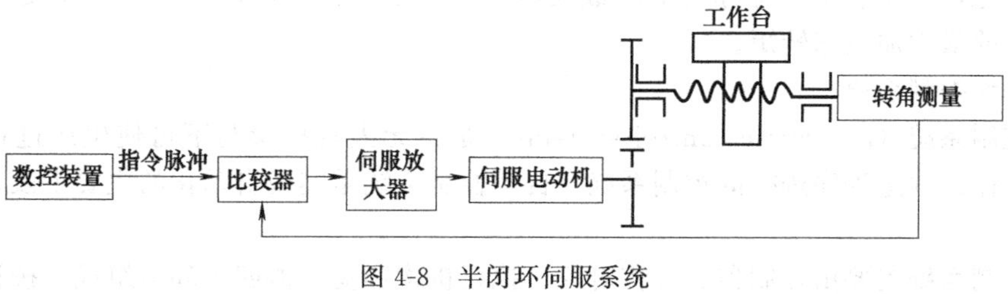

图 4-8　半闭环伺服系统

工作台的位置通过电动机上的传感器或是安装在丝杠轴端的编码器间接获得，它与全闭环伺服系统的区别在于其检测元件位于系统传动链的中间，故称为半闭环伺服系统。显然，由于有部分传动链在系统闭环之外，故其定位精度比全闭环的稍差。但由于测量角位移比测量线位移容易，并可在传动链的任何转动部位进行角位移的测量和反馈，结构比较简单，调整、维护也比较方便。

由于将惯性质量很大的工作台排除在闭环之外，这种系统调试较容易、稳定性好，具有较高的性价比，被广泛应用于各种机电一体化设备。

c. 全闭环伺服系统。闭环系统主要由执行元件、检测单元、比较环节、驱动电路和负载设备等五部分组成。在闭环系统中，检测元件将机床移动部件的实际位置检测出来并转换成电信号反馈给比较环节。常见的检测元件有旋转变压器、感应同步器、光栅、磁栅和编码盘等。通常把安装在工作台上的检测元件组成的伺服系统称为闭环系统。由于丝杠和工作台之间传动误差的存在，半闭环伺服系统的精度要比闭环伺服系统的精度低一些。

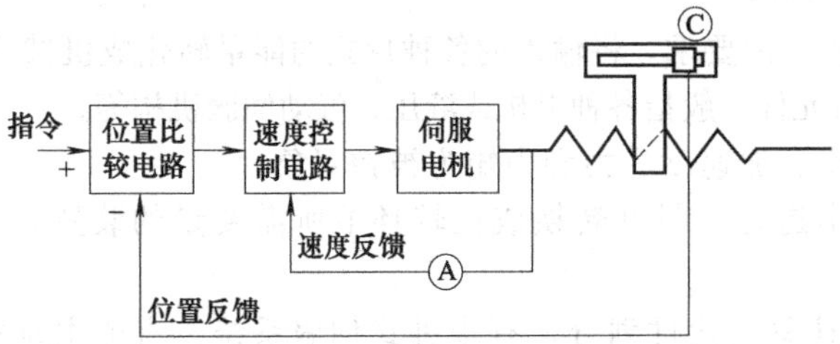

图 4-9 全闭环伺服系统

图 4-9 所示是一个全闭环伺服系统，安装在工作台上的位置检测器可以是直线感应同步器或长光栅，它可将工作台的直线位移信号转换成电信号，并在比较环节与给定信号相比较，所得到的偏差值经过放大，控制伺服电动机驱动工作台向偏差减小的方向移动。工业机器人中的现场指令不断发生变化，工作台就不断随之移动，直到偏差逐步消除为止。

③ 伺服系统的重要参数

a. 超调量。伺服系统输入一个单位阶跃输入信号时，时间响应曲线上超出稳态转速的最大转速值（瞬态超调）对稳态转速（终值）的百分比叫做转速上升时的超调量。伺服系统运行在稳态转速，阶跃输入信号至零，时间响应曲线上超出零转速的反向转速的最大转速值（瞬态超调）对稳态转速的百分比叫做速度下降时的超调量，超调量应当尽量减小。

b. 转矩变化的时间响应。伺服系统正常运行时，对电动机突然施加转矩负载或突然卸载转矩负载，电动机转速随时间变化的曲线叫做伺服系统对转矩变化的时间响应。

c. 阶跃输入的转速响应时间。伺服系统输入由零到对应 W_N 的信号，从信号开始至转速第一次达到 $0.9W_N$ 的时间称为阶跃输入的转速响应时间。

d. 建立时间。伺服系统输入由零到对应 W_N 的信号，从输入信号开始至转速达到稳态转速（终值），并不再超过稳态转速（终值）$\pm 5\%$ 的规定宽度，所经历的时间叫做系统建立时间。

e. 频带宽度。伺服系统输入量为正弦波，随着正弦波信号频率逐渐升高，对应输出量相位滞后逐渐加大同时幅值逐渐减小，相位滞后增大到 $90°$ 时或幅值减小至低频段幅值 0.707 时的频率叫做伺服系统的频带宽度。

f. 堵转电流。堵转电流也称为瞬时最大电流，它表示伺服电动机所允许承受的最大冲击负载和系统的最大加减速转矩。

(2) 自动控制系统

自动控制系统（automatic control systems）是在无人直接参与下可使生产过程或其他过程按期望规律或预定程序进行的控制系统。自动控制系统是实现自动化的主要手段，简称自控系统。

自动控制系统主要由控制器、被控对象、执行机构和变送器四个环节组成。按控制原理的不同，自动控制系统分为开环控制系统和闭环控制系统。

① 开环和闭环控制系统

a. 开环控制系统（图 4-10）。开环控制系统是最基本的控制系统，它是在手动控制基础上发展起来的控制系统。

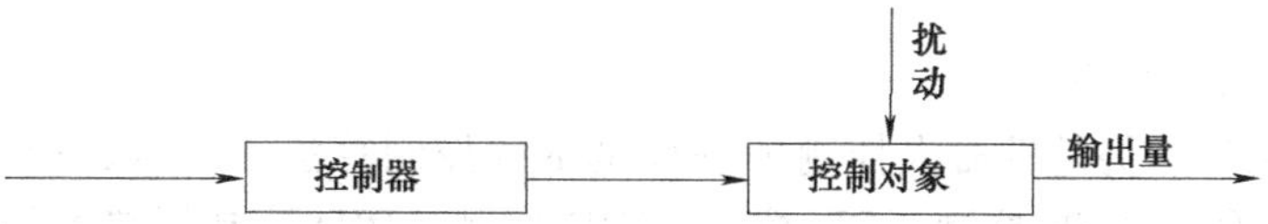

图 4-10　开环控制系统框图

在开环控制系统中，系统输出只受输入的控制，控制精度和抑制干扰的特性都比较差。开环控制系统中，基于按时序进行逻辑控制的称为顺序控制系统，由顺序控制装置、检测元件、执行机构和被控工业对象所组成，主要应用于机械、化工、物料装卸运输等过程的控制以及机械手和自动生产线。

b. 闭环控制系统。将系统的输出量反馈到输入端并作为控制信号，输出量通过检测装置与输入量联系在一起形成一个闭合回路的控制系统，称为闭环控制系统（也称反馈控制系统，如图 4-11 所示）。系统的检测装置得到测量结果后，控制器通过数据分析做决定，通过一个执行机构执行该动作。然后用给定输入这一需求结果减去测量结果得到误差。最后用误差来计算出一个对系统的纠正值，同时作为控制器输入结果，这样系统就可以从它的输出结果中消除误差。

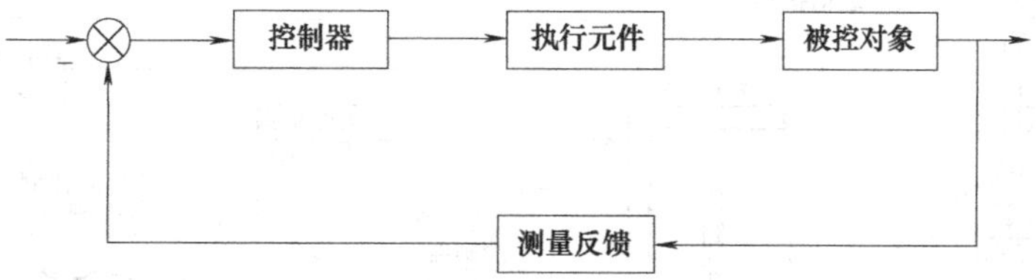

图 4-11　闭环控制系统结构框图

闭环控制系统是建立在反馈原理基础之上的，利用输入量与期望值的偏差对系统进行控制，可获得比较好的控制功能。闭环控制系统又称反馈控制系统。对于反馈控制系统，按照给定信号的不同，可分为恒值控制系统、随动控制系统和程序控制系统。

恒值控制系统：给定值不变，要求系统输出量以一定的精度接近给定希望值的系统。生产过程中的温度、压力、流量、液位高度、电动机转速等自动控制系统属于恒值系统。

随动控制系统：给定值按未知时间函数变化，要求输出跟随给定值的变化，如跟随卫星的雷达天线系统。

程序控制系统：给定值按一定时间函数变化，如数控机床。

② 模拟和数字控制系统

a. 模拟控制系统。模拟控制是指控制系统中传递的信号是时间的连续信号。模拟控制是最早发展起来的控制系统，但当被控对象具有明显滞后特性时，这种控制就不适用，因为它容易引起系统的不稳定，又难以选择时间常数很大的校正装置来解决系统的不稳定问题。

b. 数字控制系统。数字控制是与模拟控制相对应的，在这种系统中，除某些环节传递的仍是连续信号外，另一些环节传递的信号则是时间的断续信号，即离散的脉冲序列或数字编码。这类系统又称为采样系统或计算机控制系统。采用数字控制，效果将会好得多。

(3) PID 控制

PID 控制是一个在工业控制应用中常见的反馈回路控制。这个控制把收集到的数据和一个参考值进行比较，然后把这个差别用于计算新的输入值，这个新的输入值的目的是可以让系统的数据达到或者保持在参考值。和其他简单的控制运算不同，PID 控制器可以根据和历史数据差别的出现率来调整输入值，这样可以使系统更加准确、更加稳定。通过数学方法证明，在其他控制方法导致系统有稳定误差或过程反复的情况下，一个 PID 反馈回路可以保持系统的稳定。

PID 控制的优缺点如下。

① PID 控制到目前仍是机器人控制的一种基本的控制算法。比例、积分、微分作用可根据需要进行不同组合，如 PI 控制、PD 控制、PID 控制。PID 控制简单实用，工作原理简单，物理意义清楚，实际中很容易理解和接受。

② PID 控制的设计和调节参数少，且调整方针明确。

③ PID 控制是以简单的控制结构来获得相对满意的控制性能，控制效果有限，且对时变、大时滞、多变量系统等常常无能为力。

④ PID 控制是一种通用控制方式，广泛应用于各种场合，且不断改进和完善。

4.1.4 机器人控制系统的基本组成

(1) 机器人控制系统组成

机器人控制系统组成见图 4-12。

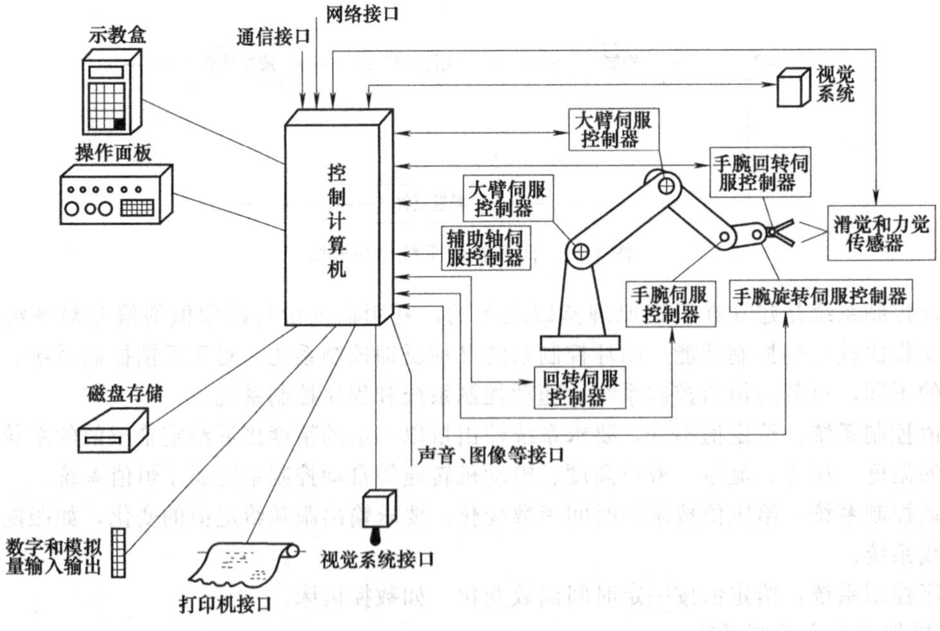

图 4-12 机器人控制系统组成

① 控制计算机　控制系统的调度指挥机构。一般为微型机、微处理器有 32 位、64 位等，如奔腾系列 CPU 以及其他类型 CPU。

② 示教盒　示教机器人的工作轨迹和参数设定，以及所有人机交互操作，拥有自己独立的 CPU 以及存储单元，与主计算机之间以串行通信方式实现信息交互。

③ 操作面板　操作面板由各种操作按键、状态指示灯构成，只完成基本功能操作。

④ 硬盘和软盘存储　指存储机器人工作程序的外围存储器。

⑤ 数字和模拟量输入输出　指各种状态和控制命令的输入或输出。

⑥ 打印机接口　用于记录需要输出的各种信息。

⑦ 传感器接口　用于信息的自动检测，实现机器人柔性控制，一般为力觉、触觉和视觉传感器。

⑧ 轴控制器　完成机器人各关节位置、速度和加速度控制。

⑨ 辅助设备控制　用于和机器人配合的辅助设备控制，如手爪、变位器等。

⑩ 通信接口　实现机器人和其他设备的信息交换，一般有串行接口、并行接口等。

⑪ 网络接口

a. Ethernet 接口。数台或单台机器人的直接 PC 通信可通过以太网实现，数据传输速率高达 10Mbit/s，可直接在 PC 上用 Windows 库函数进行应用程序编程，支持 TCP/IP 通信协议，通过 Ethernet 接口将数据及程序装入各个机器人控制器中。

b. Fieldbus 接口。支持多种流行的现场总线规格，如 Device net、AB Remote I/O、Interbus-s、profibus-DP、M-NET 等。

(2) 机器人控制系统的基本结构

一般来说，工业机器人控制系统基本结构的构成方案有三种：基于 PLC 的运动控制、基于 PC 和运动控制卡的运动控制、纯 PC 控制。

① 基于 PLC 的运动控制　基于 PLC 的运动控制如图 4-13 所示。

a. 利用 PLC 的某些输出端口使用脉冲输出指令来产生脉冲驱动电动机，同时使用通用 I/O 或者计数部件来实现电动机的闭环位置控制。

b. 使用 PLC 外部扩展的位置模块来进行电动机的闭环位置控制。

② 基于 PC 和运动控制卡的运动控制　运动控制器以运动控制卡为主，工控 PC 只提供插补运算和运动指令。运动控制卡完成速度控制和位置控制，如图 4-14 所示。

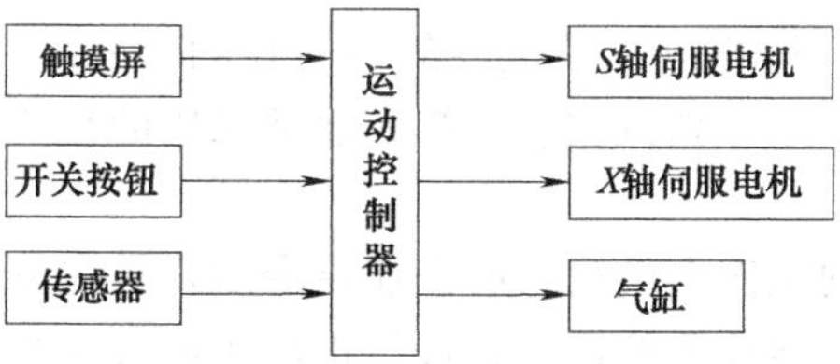

图 4-13　基于 PLC 的运动控制

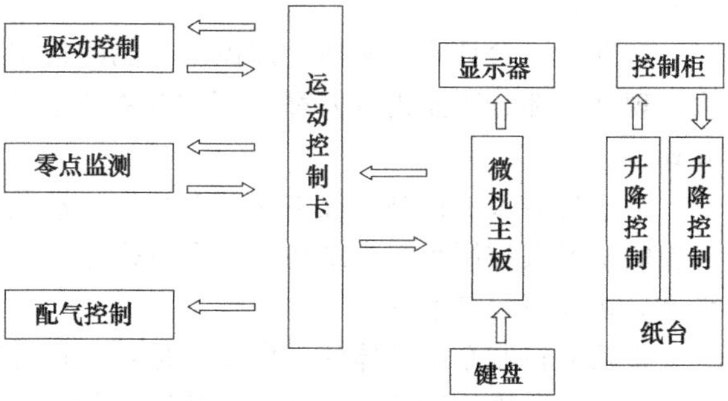

图 4-14　基于 PC 和运动控制卡的运动控制

③ 纯 PC 控制　纯 PC 控制见图 4-15。

通过高速的工业总线进行 PC 与驱动器的实时通信，能显著地提高机器人的生产效率和灵活性。不过，在提供灵活的应用平台的同时，也大大提高了开发难度和延长了开发周期。由于其结构的先进性，这种结构代表了未来机器人控制结构的发展方向。

随着芯片集成技术和计算机总线技术的发展，专用运动控制芯片和运动控制卡越来越多地作为机器人的运动控制器。这两种形式的伺服运动控制器控制方便灵活，成本低，都以通用 PC 为平台，借助 PC 的强大功能来实现机器人的运动控制。前者利用专用运动控制芯片与 PC 总线组成简单的电路来实现；后者直接做成专用的运动控制卡。这两种形式的运动控制器内部都集成了机器人运动控制所需的许多功能，有专用的开发指令，所有的控制参数都可由程序设定，使机器人的控制变得简单，易实现。

运动控制器都从主机（PC）接受控制命令，从位置传感器接收位置信息，向伺服电动机驱动电路输出运动命令。对于伺服电动机位置闭环系统来说，运动控制器主要完成了位置环的

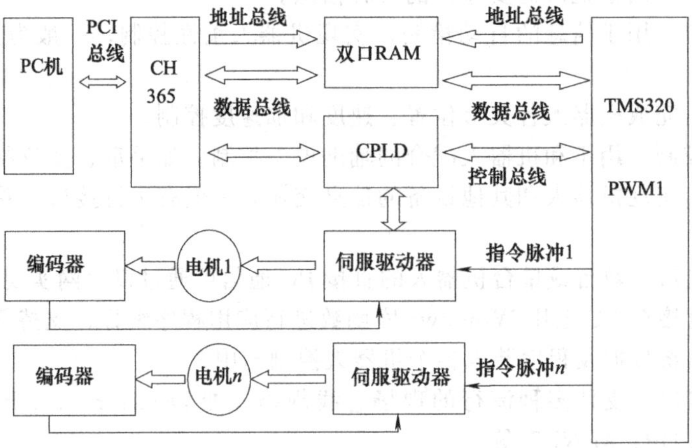

图 4-15 纯 PC 控制

作用，可称为数字伺服运动控制器。它主要适用于包括机器人和数控机床在内的一切交、直流和步进电动机伺服控制系统。

专用运动控制器的使用使得原来由主机完成的大部分计算工作由运动控制器内的芯片来完成，使控制系统硬件设计简单，与主机之间的数据通信量减少，解决了通信中的瓶颈问题，提高了系统效率。

(3) 工业机器人硬件组成结构

在机器人控制系统的硬件组成结构上，有三种形式：集中控制方式、主从控制方式和分散控制方式。

目前用一台计算机实现全部控制功能的集中控制方式因其实时性差、难以扩展已经遭到淘汰。现在大部分工业机器人都采用主从控制方式，智能机器人或传感机器人都采用分散控制方式。

由于机器人的控制过程中涉及大量的坐标变换和插补运算以及较低层的实时控制，所以，目前的机器人控制系统在结构上大多数采用分层结构的微型计算机控制系统，通常采用的是两级计算机伺服控制系统。

机器人控制系统具体的工作过程是：主控计算机接到工作人员输入的作业指令后，首先分析解释指令，确定手的运动参数，然后进行运动学、动力学和插补运算，最后得出机器人各个关节的协调参数。

① 集中控制系统（centralized control system） 用一台计算机实现全部控制功能，结构简单，成本低，但实时性差，难以扩展，在早期的机器人中常采用这种结构，其构成框图如图 4-16 所示，它是基于 PC 的集中控制系统，充分利用了 PC 资源开放性的特点，可以实现很好的开放性。多种控制卡、传感器设备等都可以通过标准 PCI 插槽或通过标准串口、并口集成到控制系统中。集中式控制系统的优点是：硬件成本较低，便于信息的采集和分析，易于实现系统的最优控制，整体性与协调性较好，基于 PC 的系统硬件扩展较为方便。其缺点也显而易见。系统控制缺乏灵活性，控制危险容易集中，一旦出现故障，其影响面广，后果严重。由于工业机器人的实时性要求很高，当系统进行大量数据计算，会降低系统实时性，系统对多任务的响应能力也会与系统的实时性相冲突。此外，系统连线复杂，会降低系统的可靠性。

② 主从控制系统 采用主、从两级处理器可实现系统的全部控制功能。主 CPU 实现管理、坐标变换、轨迹生成和系统自诊断等；从 CPU 实现所有关节的动作控制。其构成框图如

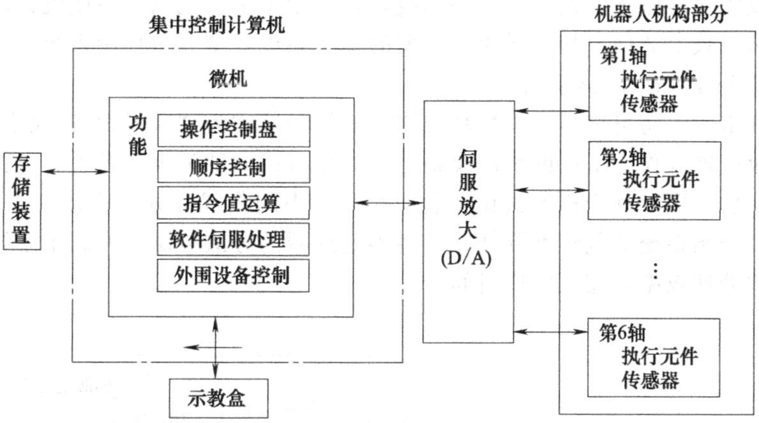

图 4-16　集中控制系统

图 4-17 所示，主从控制方式系统实时性较好，适于高精度、高速度控制，但其系统扩展性较差，维修困难。

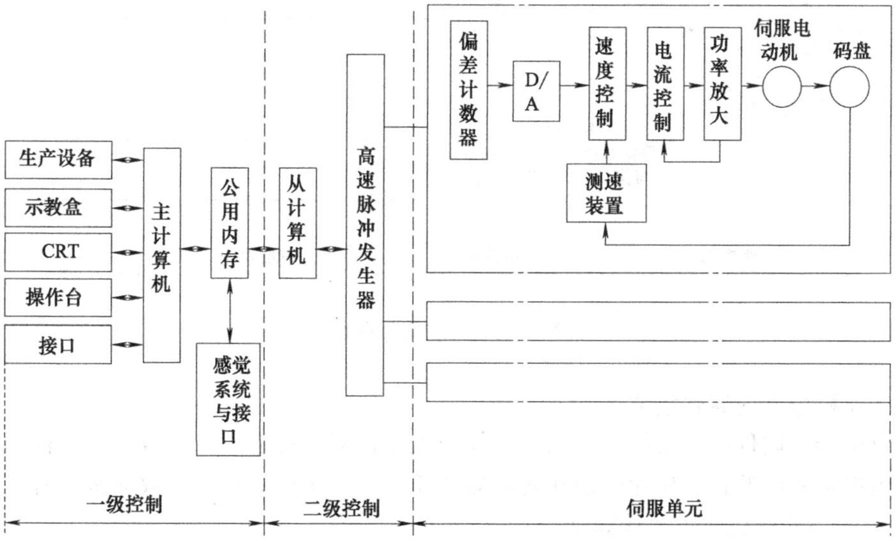

图 4-17　主从控制系统

③ 分散控制系统（distribute control system）　系统控制按系统的性质和方式分成几个模块，每一个模块各有不同的控制任务和控制策略，各模式之间可以是主从关系，也可以是平等关系。这种方式实时性好，易于实现高速、高精度控制，易于扩展，可实现智能控制，是目前流行的方式，其控制框图如图 4-18 所示。

主要思想是“分散控制，集中管理”，即系统对其总体目标和任务可以进行综合协调和分配，并通过子系统的协调工作来完成控制任务，整个系统在功能、逻辑和物理等方面都是分散的，所以 DCS 系统又称为集散控制系统。这种结构中，子系统是由控制器和不同被控对象或设备构成的，各个子系统之间通过网络等相互通信。分布式控制结构提供了一个开放、实时、精确的机器人控制系统。

分布式系统中常采用两级控制方式。两级分布式控制系统通常由上位机、下位机和网络组成。上位机可以进行不同的轨迹规划和控制算法，下位机进行插补细分、控制优化等的研究和实现。上位机和下位机通过通信总线相互协调工作，这里的通信总线可以是 RS-232、RS-485、EEE-488 以及 USB 总线等形式。现在，以太网和现场总线技术的发展为机器人提供了更快速、稳定、有效的通信服务。尤其是现场总线，它应用于生产现场、在微机化测量控制设备之间实现双向多结点数字通信，从而形成了新型的网络集成式全分布控制系统——现场总线控制系统 FCS（filed bus control system）。

工厂生产网络中，将可以通过现场总线连接的设备统称为“现场设备/仪表”。从系统论的角度来说，工业机器人作为工厂的生产设备之一，也可以归纳为现场设备。在机器人系统中引入现场总线技术后，更有利于机器人在工业生产环境中的集成。分布式控制系统的优点在于：系统灵活性好，控制系统的危险性降低，采用多处理器的分散控制，有利于系统功能的并行执行，提高系统的处理效率，缩短响应时间。

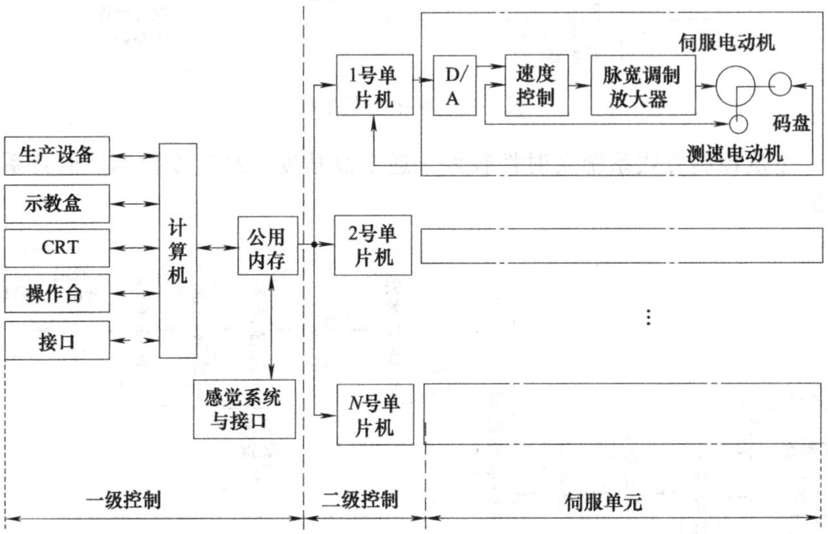

图 4-18　分散控制系统

(4) 工业机器人的硬件组成

在工业机器人硬件组成架构上，现在大部分工业机器人都采用的二级计算机控制。

第一级担负系统监控、作业管理和实时插补任务。由于运算量大、数据多，所以大都采用16 位以上的微型计算机或小型计算机。

第二级为各关节的伺服系统，有两种可能方案，采用一台微型计算机控制高速脉冲信号发生器，采用单片机分别控制几个关节。

① 一级控制　一级控制的上位机一般由个人计算机或小型计算机组成，其功能如下。

a. 人机对话。人将作业任务给机器人，同时机器人将结果反馈回来，即人与机器人之间的交流。

b. 数学运算。数学运算包括机器人运动学、动力学和数学插补运算。

c. 通信功能。通信功能实现上位机与下位机之间进行数据传送和相互交换。

d. 数据存储。数据存储用于存储编制好的作业任务程序和中间数据。

② 二级控制　二级控制的下位机一般由单片机或运动控制器组成，其功能为接收上位机的关节运动参数信号和传感器的反馈信号，并对其进行比较，然后经过误差放大和各种补偿，最终输出关节运动所需的控制信号。

③ 伺服系统　伺服系统的核心是运动控制器，一般由数字信号处理器及其外围部件组成，可以实现高性能的控制计算，同步控制多个运动轴，实现多轴协调运动。应用领域包括机器人、数控机床等。

④ 内部传感器　内部传感器的主要目的是对自身的运动状态进行检测，即检测机器人各个关节的位移、速度和加速度等运动参数，为机器人的控制提供反馈信号。机器人使用的内部传感器主要包括位置、位移、速度和加速度等传感器。

⑤ 外部传感器　机器人要在变化的作业环境中完成作业任务，就必须具备类似于人类对环境的感觉功能，将机器人用于对工作环境变化检测的传感器称为外部传感器，有时也称为环境感觉传感器或环境感觉器官。目前，机器人常用的环境感觉技术主要有视觉、听觉、触觉、力觉等。

(5) 机器人控制系统的软件组成

① 系统软件　系统软件包括用于个人计算机和小型计算机的计算机操作系统，用于单片机和运动控制器的系统初始化程序等。

② 应用软件　应用软件包括：用于完成实施动作解释的执行程序，用于运动学、动力学和插补程序的运动软件；用于作业任务程序、编制环境程序的编程软件和用于实时监视、故障报警等程序的监控软件等。

(6) 机器人控制系统的分层结构

① 点位式　要求机器人准确控制末端执行器的位姿，而与路径无关。

② 轨迹式　要求机器人按示教的轨迹和速度运动。

③ 控制总线　采用国际标准总线作为控制系统的控制总线有 VME、MULTI-bus、STD-bus、PC-bus。

④ 自定义总线控制系统　由生产厂家自行定义使用的总线作为控制系统总线。

⑤ 编程方式　设置编程系统。由操作者设置固定的限位开关，实现启动、停车的程序操作，只能用于简单的拾起和放置作业。

⑥ 在线编程　通过人的示教来完成操作信息的记忆过程的编程方式。

⑦ 离线编程　不对实际作业的机器人直接示教，而是脱离实际作业环境，生成示教程序，通过使用机器人编程语言，远程式离线生成机器人作业轨迹。

(7) 工业机器人示教

机器人示教的方式种类繁多，总的可以分为集中示教方式和分离示教方式。

① 集中示教方式　集中示教方式指将机器人手部在空间的位姿、速度、动作顺序等参数同时进行示教的方式，示教一次即可生成关节运动的伺服指令。

② 分离示教方式　分离示教方式指将机器人手部在空间的位姿、速度、动作顺序等参数分开单独进行示教的方式，一般需要示教多次才可生成关节运动的伺服指令，但其效果要好于集中。

③ 点对点控制　当对用点位（PTP）控制的点焊、搬运机器人进行示教时，可以分开编制程序，且能进行编辑、修改等工作，但是机器人手部在做曲线运动而且位置精度要求较高时，示教点数就会较多，示教时间就会拉长，且在每一个示教点处都要停止和启动，因此很难进行速度的控制。

④ 连续轨迹控制　当用连续轨迹（CP）控制的弧焊、喷漆机器人进行示教时，示教操作一旦开始就不能中途停止，必须不间断的进行到底，且在示教途中很难进行局部的修改。示教时，可以是手把手示教，也可通过示教盒示教。

4.1.5 典型控制柜系统

国外的工业机器人都采用基于各自控制结构的控制软件，同时为了便于用户进行二次开发，都提供各自的二次开发包。

图 4-19　ABB 工业机器人控制柜

(1) ABB 工业机器人控制柜

机器人控制器用于安装各种控制单元，进行数据处理及存储和执行程序，是机器人系统的大脑。如图 4-19 所示，ABB 机器人采用 IRC5 控制器，具有灵活性强、模块化、可扩展性以及通信便利等特点。

① 灵活性强　由一个控制模块和一个驱动模块组成，可选增一个过程模块以容纳定制设备和接口，如点焊、弧焊和胶合等。配合这三个模块的灵活型控制器有能力控制一台 6 轴机器人外加伺服驱动工件定位器及类似设备，如需增加机器人的数量，只需为每台新增机器人增装一个驱动模块，还可选择安装一个过程模块，最多可控制四台机器人在 MultiMove 模式下作业。各模块间只需要两根连接电缆，一根为安全信号传输电缆，另一根为以太网连接电缆，供模块间通信使用，模块连接简单易行。

② 模块化　控制模块作为 IRC5 的“心脏”，自带主计算机，能够执行高级控制算法，为多达 36 个伺服轴进行 MultiMove 路径计算，并且可指挥四个驱动模块。控制模块采用开放式系统架构，配备基于商用 Intel 主板和处理器的工业计算机以及 PCI 总线。

③ 可扩展性　由于采用标准组件，用户不必担心设备淘汰问题，随着计算机处理技术的进步能随时进行设备升级。

④ 通信便利　完善的通信功能是 ABB 机器人控制系统的特点。其 IRC5 控制器的 PCI 扩展槽中可以安装几乎任何常见类型的现场总线卡板，包括满足 ODVA 标准可使用众多第三方装置的单信道 DeviceNet，支持最高速率为 12Mbit/s 的双信道 profibus-DP 以及可使用铜线和光纤接口的双信道 Interbus。

(2) KUKA 机器人控制柜系统

KUKA 机器人被广泛应用于汽车制造、造船、冶金、娱乐等领域。机器人配套的设备有 KRC2 控制器柜、KCP 控制盘，如图 4-20 所示。

KUKA 机器人 KRC2 控制器采用开放式体系结构、有联网功能的 PC BASED 技术。总线标准采用 CAN/Device Net 及 Ethernet，并配有标准局部现场总线（interbus FIFo profibus）插槽；具有整合示波器功能，提供机器人诊断、程序编辑支援等功能；运动轮廓功能提供最理想的电动机和速度动作的交互使用；编程更加简单、直观。采用紧凑型、可堆叠的设计，一种控制器适用于所有 KUKA 机器人，特点如下。

图 4-20　KUKA 工业机器人控制柜

① 标准的工业控制计算机 PENTIUM 处理器。

② 基于 Windows 平台的操作系统，可在线选择多种语言。

③ 支持多种标准工业控制总线，包括 Interbus、Profibus、Devicenet、Canbus、Controlnet、EtherNet、Remote I/O 等；Devicenet、EtherNet 为标准配置。

④ 标准的 ISA、PCI 插槽，方便扩展。可直接插入各种标准调制解调器接入高速 Internet，实现远程监控和诊断。

⑤ 采用高级语言编程，程序可方便、快速地进行备份及恢复。

⑥ 标准的控制软件功能包，可适应各种应用。

⑦ 6D 空间鼠标，方便运动轨迹的示教。

⑧ 断电自动重启，不需要重新进入程序。

⑨ 系统设示波器功能，可方便进行错误诊断和系统优化。

⑩ 可直接外接显示器、鼠标和键盘，方便程序的读写。

⑪ 可随时进行系统的更新。

⑫ 大容量硬盘，对程序指令基本无限制，并可长期存储相关操作和系统日志。

⑬ 可方便进行联网，易于监控和管理。

⑭ 拆卸方便、易于维护。

4.2 机器人的驱动系统

4.2.1 机器人的驱动系统概述

机器人是运动的，各个部位都需要能源和动力，因此设计和选择良好的驱动系统是非常重要的。本节主要介绍机器人驱动系统的主要几个指标：驱动方式、驱动元件、传动机构、制动机构。

4.2.2 驱动方式

机器人的驱动方式主要分为直接驱动和间接驱动两种。无论何种方式，都是对机器人关节的驱动。

(1) 关节与关节驱动

机器人中连接运动部分的机构称为关节。关节有转动型和移动型，分别称为转动关节和移动关节。

① 转动关节　转动关节就是在机器人中简称为关节的连接部分，它既连接各机构，又传递各机构间的回转运动（或摆动），用于基座与臂部、臂部之间、臂部和手部等连接部位。关节由回转轴、轴承和驱动机构，其有如下形式。

a. 驱动机构和回转轴同轴式（图 4-21）。这种形式的驱动机构直接驱动回转轴，有较高的定位精度。但是，为减轻重量，要选择小型减速器并增加臂部的刚性。它适用于水平多关节型机器人。

图 4-21　同轴式实物

b. 驱动机构与回转轴正交式（图 4-22）。重量大的减速机构安放在基座上，通过臂部的齿轮、链条传递运动。这种形式适用于要求臂部结构紧凑的场合。

c. 外部驱动机构驱动臂部的形式（图 4-23）。这种形式适合于传递大转矩的回转运动，采用的传动机构有滚珠丝杠、液压缸和气缸。

图 4-22 正交式实物

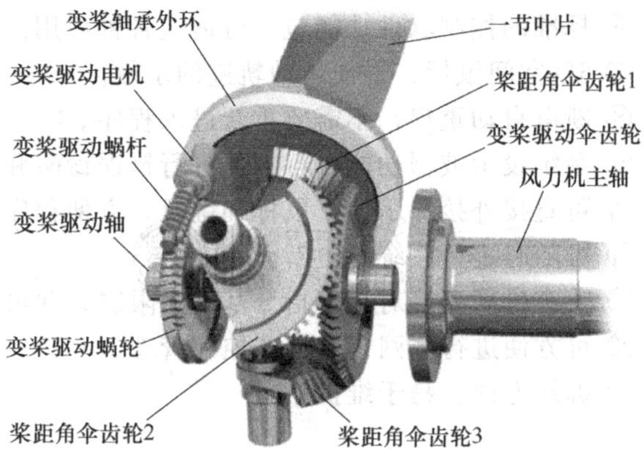

图 4-23 外部驱动结构

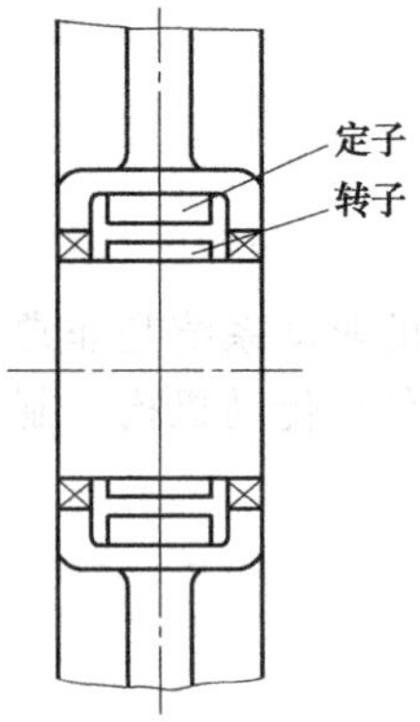

图 4-24 直接驱动结构

d. 直接驱动。驱动电动机安装在关节内部的形式，这种形式称为直接驱动形式，如图 4-24 所示。

机器人中轴承起着相当重要的作用，用于转动关节的轴承有多种形式，球轴承是机器人结构中最常用的轴承。球轴承能承受径向和轴向载荷，摩擦较小，但对轴和轴承座的刚度不敏感。

② 移动关节 移动关节由直线运动机构和在整个运动范围内起直线导向作用的直线导轨部分组成。导轨部分分为滑动导轨、滚动导轨、静压导轨和磁性悬浮导轨等形式。

一般要求机器人导轨间隙小或能消除间隙。在垂直于运动方向上要求刚度高，摩擦因数小且不随速度变化，并且有高阻尼、小尺寸和小惯量。通常由于机器人在速度和精度方面的要求很高，故一般采用结构紧凑且价格低廉的滚动导轨。滚动导轨的分类如下。

a. 按滚动体分类——球、圆柱滚子和滚针。

b. 按轨道分类——圆轴式、平面式和滚道式。

c. 按滚动体是否循环分类——循环式、非循环式。

这些滚动导轨各有特点，装有滚珠的滚动导轨适用于中小载荷和小摩擦的场合。装有滚柱的滚动导轨适用于重载和高刚性的场合。受轻载滚柱的特性接近于线性弹簧，呈硬弹簧特性。而滚珠的特性接近于非线性弹簧，刚性要求高时应施加一定的预紧力。

(2) 直接驱动方式

直接驱动方式是驱动器的输出轴和机器人手臂的关节轴直接相连的方式。直接驱动方式的驱动器和关节之间的机械系统较少，因而能够减少摩擦等非线性因素的影响，控制性能比较好。然而，为了直接驱动手臂的关节，驱动器的输出转矩必须很大。此外，由于不能忽略动力学对手臂运动的影响，因此控制系统还必须考虑到手臂的动力学问题。

高输出转矩的驱动器有油缸式液压装置，另外还有力矩电动机（直驱马达）等，其中液压装置在结构和摩擦等方面的非线性因素很强，所以很难体现出直接驱动的优点。因此，在 20 世纪 80 年代所开发的力矩电动机，采用了非线性的轴承机械系统，得到了优良的逆向驱动能力（以关节一侧带动驱动器的输出轴）。

使用这样的直接驱动方式的机器人，通常称为 DD 机器人（direct drive robot），简称 DDR。DD 机器人驱动电动机通过机械接口直接与关节连接，驱动电动机和关节之间没有速度和转矩的转换。

日本、美国等工业发达国家已经开发出性能优异的DD机器人。美国Adept公司研制出带有视觉功能的四自由度平面关节型DD机器人。日本公司研制成功了五自由度关节型DD-600V机器人。DD机器人的其他优点包括：机械传动精度高；振动小，结构刚度好；机械传动损耗小；结构紧凑，可靠性高；电动机峰值转矩大，电气时间常数小，短时间内可以产生很大转矩，响应速度快，调速范围宽；控制性能较好。

DD机器人目前主要存在的问题有：载荷变化、耦合转矩及非线性转矩对驱动及控制影响显著，使控制系统设计困难和复杂；对位置、速度的传感元件提出了相当高的要求；需开发小型实用的DD电动机。

(3) 间接驱动方式

间接驱动方式是把驱动器的动力经过减速器或钢丝绳、传送带、平行连杆等装置传递给关节。间接驱动方式中包含带减速器的电动机驱动和远距离驱动两种。目前大部分机器人的关节是间接驱动。

① 带减速器的电动机驱动　中小型机器人一般采用普通的直流伺服电动机、交流伺服电动机或步进电动机作为机器人的执行结构，由于电动机速度较高，输出转矩又大大小于驱动关节所需要的转矩，所以必须使用带减速器的电动机驱动。但是，间接驱动带来了机械传动中不可避免的误差，引起冲击振动，影响机器人系统的可靠性，并且增加关节重量和尺寸。由于手臂通常采用悬臂梁结构，所以多自由度机器人关节上安装减速器会使手臂根部关节驱动器的负载增大。

② 远距离驱动　远距离驱动将驱动器与关节分离，目的在于减少关节体积、减轻关节重量。一般来说，驱动器的输出转矩都远远小于驱动关节所需要的力，因此也需要通过减速器来增驱动力。

4.2.3 驱动机构与传动机构

(1) 驱动机构

① 直线驱动机构　机器人采用的直线驱动包括直角坐标结构的X、Y、Z方向的空间坐标驱动，圆柱坐标结构的径向驱动和垂直升降驱动，以及球坐标结构的径向伸缩驱动。直线运动可以直接由气缸或液压缸和活塞产生，也可以采用齿轮齿条、丝杠、螺母等传动方式把旋转运动转换成直线运动。

② 旋转驱动机构　多数普通电动机和伺服电动机都能够直接产生旋转运动，但其输出转矩比所需要的转矩小，转速比所需要的转速高。因此，需要采用各种传动装置把较高的转速转换成较低的转速，并获得较大的转矩。直线液压缸或直线气缸也可作为动力源，这就需要把直线运动转换成旋转运动，这种运动的传递和转换必须高效率地完成，并且不能有损于机器人系统所需要的特性，特别是定位精度、重复定位精度和可靠性。由于旋转驱动具有旋转轴强度高、摩擦小、可靠性好等优点，因此在结构设计中较多采用。

③ 行走机构的驱动　行走机构关节中，完全采用旋转驱动实现关节伸缩时，旋转运动虽然也能转化得到直线运动，但在高速运动时，关节伸缩的加速度不能忽视，它可能产生振动。为了提高着地点选择的灵活性，还必须增加直线驱动系统。

因此，许多情况采用直线驱动更为合适。直线气缸仍是目前所有驱动装置中最廉价的动力源，凡能够使用直线气缸的地方，还是应该选用它。有些要求精度高的地方也要选用直线驱动。

(2) 传动机构

传动机构用来把驱动器的运动传递到关节和动作部位。机器人的传动系统要求结构紧凑、

图 4-25　行星齿轮

重量轻、转动惯量和体积小，要求消除传动间隙，提高其运动和位置精度。工业机器人传动装置除蜗杆传动、带传动、链传动和行星齿轮传动外，还常用滚珠丝杠传动、谐波传动、钢带传动、同步齿形带传动、绳轮传动、流体传动和连杆传动与凸轮传动。

① 行星齿轮传动机构　图 4-25 所示为行星齿轮传动的结构简图。行星齿轮具有传动尺寸小，惯量低，一级传动比大，结构紧凑等特点。载荷分布在若干个行星齿轮上，内齿轮也具有较高的承载能力。

② 谐波传动机构　谐波传动在运动学上是一种具有柔性齿圈的行星传动，它在机器人上获得了比行星齿轮传动更加广泛的应用（图 4-26）。

谐波发生器通常由凸轮或偏心安装的轴承构成。刚轮为刚性齿轮，柔轮为能产生弹性变形的齿轮。当谐波发生器连续旋转时，产生的机械力使柔轮变形，变形曲线为一条基本对称的谐波曲线。发生器波数表示谐波发生器转一周时，柔轮某一点变形的循环次数。其工作原理是：当谐波发生器在柔轮内旋转时，迫使柔轮发生变形，同时进入或退出刚轮的齿间。在谐波发生器的短轴方向，刚轮与柔轮的齿间处于啮入或啮出的过程，伴随着发生器的连续转动，齿间的啮合状态依次发生变化，即产生啮入→啮合→啮出→脱开→啮入的变化过程。这种错齿运动把输入运动变为输出的减速运动。

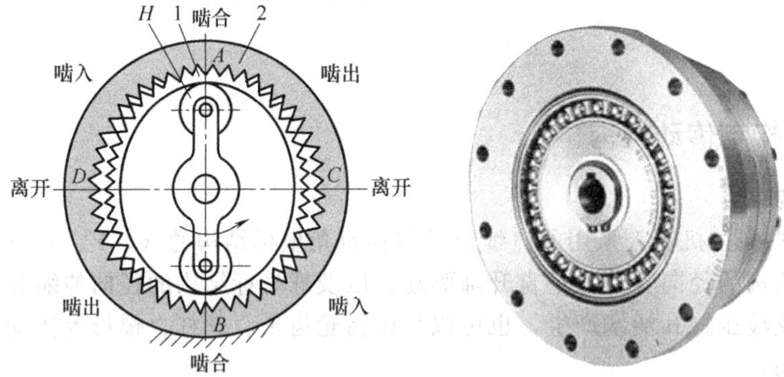

图 4-26　谐波传动

1—柔轮；2—刚轮

③ 丝杠传动　丝杠传动有滑动式、滚珠式和静压式等。机器人传动用的丝杠具备结构紧凑、间隙小和专动效率高等特点。

滑动式丝杠螺母机构是连续的面接触，传动中不会产生冲击，传动平稳，无噪声，能自锁。因丝杠的螺旋升角较小，所以用较小的驱动转矩可获得较大的牵引力。但是，丝杠螺母螺旋面之间的摩擦为滑动摩擦，故传动效率低。滚珠丝杠传动效率高，而且传动精度和定位精度均很高，传动时灵敏度和平稳性也很好。由于磨损小，滚珠丝杠的使用寿命比较长，但成本较高。

图 4-27 所示为滚珠丝杠的基本组成。导向槽连接螺母的第一圈和最后两圈，使其形成滚动体可以连续循环的导槽。滚珠丝杠在工业机器人上的应用比滚柱丝杠多，因为后者结构尺寸大（径向和轴向），传动效率低。

④ 带传动和链传动　带传动和链传动用于传递平行轴之间的回转运动，或把回转运动转

换成直线运动。机器人中的带传动和链传动分别通过带轮或链轮传递回转运动，有时还用来驱动平行轴之间的小齿轮。

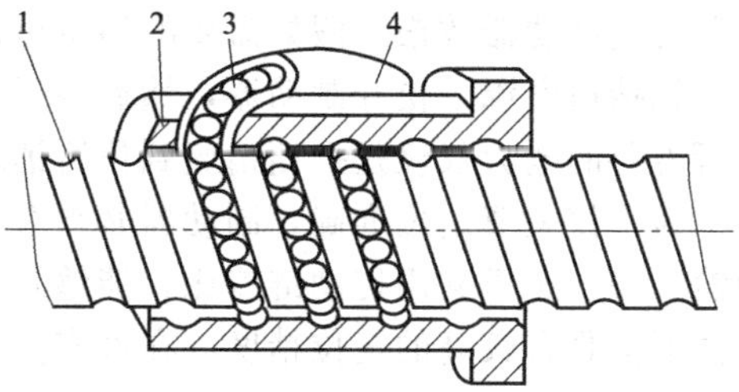

图 4-27　滚珠丝杆的组成

1—丝杠；2—螺母；3—滚珠；4—回珠器

a. 同步带传动。同步带的传动面上有与带轮啮合的梯形齿（或弧形齿），如图 4-28 所示。同步带传动时无滑动，初始张力小，被动轴的轴承不易过载。因无滑动，它除了用作动力传动外还适用于定位。同步带采用氯丁橡胶作为基材，并在中间加入玻璃纤维等伸缩刚性大的材料，齿面上覆盖耐磨性好的尼龙布。用于传递轻载荷的齿形带用聚氨基甲酸酯制造。

图 4-28　同步带形状

同步带传动属于低惯性传动，适合于在电动机和高速比减速器之间使用。同步带上安装滑座可完成与齿轮齿条机构同样的功能。由于同步带传动惯性小，且有一定的刚度，所以适合于高速运动的轻型传动。

b. 滚子链传动。滚子链传动属于比较完善的传动机构，由于噪声小，效率高，因此得到了广泛的应用。但是，高速运动时滚子与链轮之间的碰撞会产生较大的噪声和振动，只有在低速时才能得到满意的效果，即滚子链传动适合于低惯性负载的关节传动。链轮齿数少，摩擦力会增加，要得到平稳运动，链轮的齿数应大于 17，并尽量采用奇数齿。

c. 绳传动。绳传动广泛应用于机器人的手爪开合传动，特别适合有限行程的运动传递。绳传动的主要优点是：钢丝绳强度大，各方向上的柔软性好，尺寸小，预载后有可能消除传动间隙。绳传动的主要缺点是：不加预载时存在传动间隙；因为绳索的蠕变和索夹的松弛使传动不稳定；多层缠绕后，在内层绳索及支承中损耗能量；效率低；易积尘垢。

d. 钢带传动。钢带传动的优点是传动比精确，传动件质量小，惯量小，传动参数稳定，柔性好，不需要润滑，强度高。钢带末端紧固在驱动轮和被驱动轮上，因此，摩擦力不是传动的重要因素。钢带传动适合于有限行程的传动。

⑤ 流体传动　流体传动分为液压传动和气压传动。液压传动由液压泵、液压马达或液压缸组成。气压传动比其他传动运动精度差，但由于容易达到高速，多数用在完成简易作业的搬运机器人上。液压、气压传动中，模块化和小型化的机构较易得到应用。例如，驱动机器人端部手爪上由多个伸缩动作气缸集成的内装式移动模块；气缸与基座或滑台一体化设计，并由滚动导轨引导移动支承在转动部分的基座和滑台内的后置式模块。

4.2.4　制动器

许多机器人的机械臂都需要在各关节处安装制动器，其作用是：在机器人停止工作时，保持机械臂的位置不变；在电源发生故障时，保护机械臂和它周围的物体不发生碰撞。例如齿轮链、谐波齿轮机构和滚珠丝杠等。元件的质量较好，一般摩擦力都很小，在驱动器停止工作的时候，它们是不能承受负载的。如果不采用如制动器、夹紧器或止挡销等装置，一旦电源关闭，机器人的各个部件就会在重力的作用下滑落。因此，机器人制动装置是十分必要的。

制动器通常是按失效抱闸方式工作的，要放松制动器就必须接通电源，否则，各关节不能产生相对运动。它的主要目的是在电源出现故障时起保护作用。其缺点是在工作期间要不断消耗电力使制动器放松。假如需要的话也可以采用一种省电的方法，其原理是：需要各关节运动时，先接通电源，松开制动器，然后接通另一电源，驱动一个挡销将制动器锁在放松状态。这样所需要的电力仅仅是把挡销放到位所消耗的电力。

为了使关节定位准确，制动器必须有足够的定位精度。制动器应当尽可能地放在系统的驱动输入端，这样利用传动链速比，能够减小制动器的轻微滑动所引起的系统移动，保证在承载条件下仍具有较高的定位精度。在许多实际应用中机器人都采用了制动器。

4.2.5 驱动系统

(1) 工业机器人的驱动方式

① 气动式工业机器人　这类工业机器人以压缩空气来驱动操作机构，其优点是空气来源方便，动作迅速，结构简单，造价低，无污染，缺点是空气具有可压缩性，导致工作速度的稳定性较差，又因气源压力一般只有 6kPa 左右，所以这类工业机器人抓举力较小，一般只有几十牛顿，最大百余牛顿。

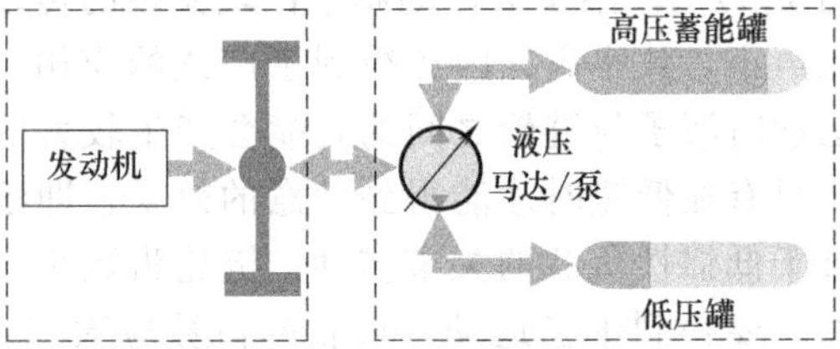

图 4-29　液压驱动系统

② 液压式工业机器人（图 4-29）　由一般的发动机带动液压泵，液压泵转动形成高压液流（也就是动力），液压管路将高压液体（一般是液压油）接到液压马达，使液压马达转动，形成驱动力。液压压力比气压压力高得多，一般为 70kPa 左右，故液压传动工业机器人具有较大的抓举能力，可达上千牛顿。这类工业机器人结构紧凑，传动平稳，动作灵敏，但对密封要求较高，且不宜在高温或低温环境下工作。

③ 电动式工业机器人　这是目前用得最多的一类工业机器人，不仅因为电动机品种众多，为工业机器人设计提供了多种选择，也因为它们可以运用多种灵活控制的方法。早期多采用步进电机驱动，后来发展了直流伺服驱动单元，目前交流伺服驱动单元也在迅速发展。这些驱动单元或是直接驱动操作机构，或是通过诸如谐波减速器的装置来减速后驱动，结构十分紧凑、简单。

(2) 气压驱动系统

气动驱动系统多用于：两位式或有限点位控制的工业机器人（如冲压机器人）中；作为装配机器人的气动夹具；用于点焊等较大型通用机器人的气动平衡中（图 4-30）。

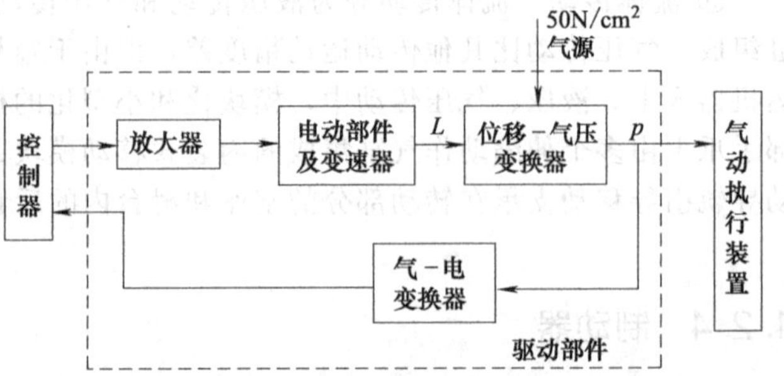

图 4-30　气动驱动系统

① 气压驱动系统及其特性　气压驱动系统是以压缩空气为工作介质进行能量和信号传递的一项技术。气压系统的工作原理是利用空压机把电动机或其他原动机输出的机械能转换为空气的压力能，然后在控制元件的作用下，通过执行元件把压力能转换为直线运动或回转运动形式的机械能，从而完成各种动作，并对外做功。

由此可知，气压驱动系统和液压驱动系统类似，也是由四部分组成的，分别为气源装置、气动控制元件、气动执行元件和辅助元件。

a. 气源装置。气源装置是获得压缩空气的装置。其主体部分是空气压缩机，它将原动机供给的机械能转变为气体的压力能。气压驱动系统中的气源装置是为气动系统提供满足一定质量要求的压缩空气，它是气压传动系统的重要组成部分。由空气压缩机产生的压缩空气，必须经过降温、净化、减压、稳压等一系列处理后，才能供给控制元件和执行元件使用。而用过的压缩空气排向大气时，会产生噪声，应采取措施，降低噪声，改善劳动条件和环境质量。

b. 压缩空气站的设备组成。压缩空气站的设备一般包括产生压缩空气的空气压缩机和使气源净化的辅助设备。

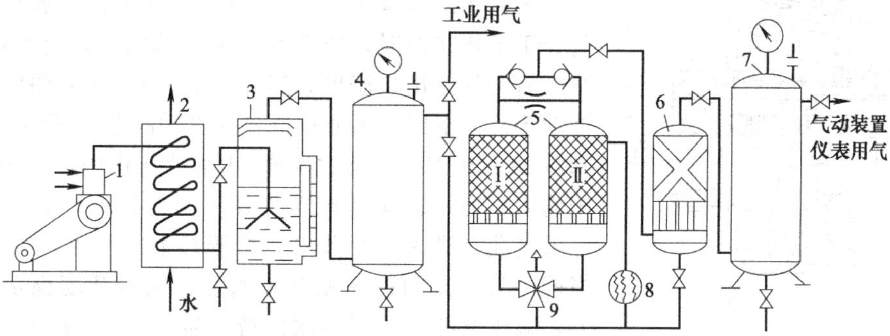

图 4-31　压缩空气站设备组成及布置示意图

1—空气压缩机；2—后冷却器；3—油水分离器；4,7—储气罐；5—干燥器；6—过滤器；8—压力阀；9—换向阀

图 4-31 中，空气压缩机用以产生压缩空气，一般由电动机带动，其吸气口装有空气过滤器以减少进入空气压缩机的杂质。冷却器用以降温冷却压缩空气，使净化的水凝结出来。油水分离器用以分离并排出降温冷却的水滴、油滴、杂质等。储气罐用以储存压缩空气，稳定压缩空气的压力并除去部分油分和水分。干燥器用以进一步吸收或排除压缩空气中的水分和油分，使其成为干燥空气。

c. 空气过滤减压器。空气过滤减压器也叫做调压阀，由空气过滤器、减压阀和油雾器组成，称为气动三大件，减压阀是其中不可缺少的一部分。它是将较高的进口压力调节并降低到要求的出口压力，并能保证出口压力稳定，即起到减压和稳压作用。气动减压阀按压力调节方式，有直动减压阀和先导式减压阀，后者适用于较大通径的场合，直动式减压阀用得最多。

空气过滤减压器是最典型的附件。它用于净化来自空气压缩机的气源，并能把压力调整到所需的压力值，具有自动稳压的功能。图 4-32 所示为空气过滤减压器的结构，它是以力平衡原理动作的。

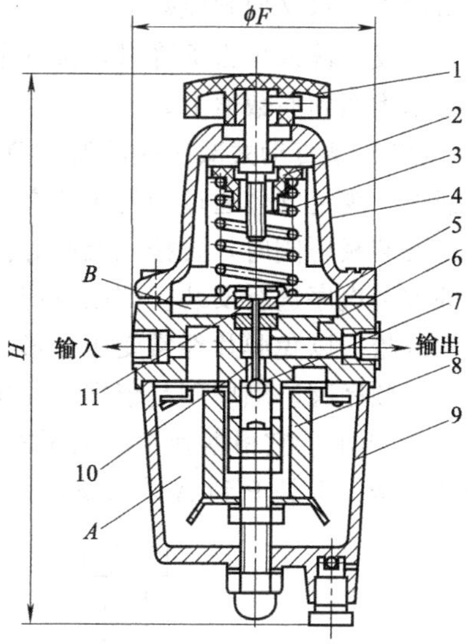

图 4-32　空气过滤减压器的结构

1—手轮；2—调节件部位；3—给定弹簧；4—上罩；5—膜片；6—环室部件；7—球阀；8—过滤元件；9—下罩；10—阀杆；11—膜片硬芯

② 气动控制元件

a. 气动压力控制阀。气动系统不同于液压系统，一般每一个液压系统都自带液压源（液压泵）；而在气动系统中，一般来说由空气压缩机先将空气压缩，储存在储气罐内，然后经管路输送给各个气动装置使用。而储气罐的空气压力往往比各台设备实际所需要的压力高些，同时其压力波动值也较大。因此需要用减压阀（调压阀）将其压力减到每台装置所需的压力，并使减压后的压力稳定在所需压力值上。

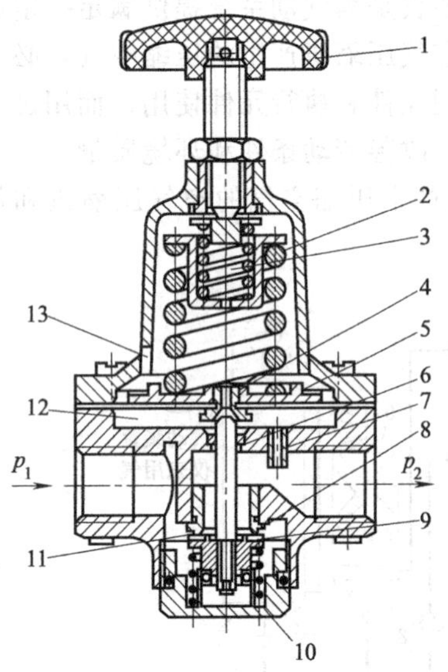

图 4-33　QTY 型直动式减压阀结构
1—手柄；2,3—调压弹簧；4—溢流孔；5—膜片；6—阀杆；7—阻尼孔；8—阀芯；9,11—阀座；10—复位弹簧；12—膜片室；13—排气孔

有些气动回路需要依靠回路中压力的变化来实现控制两个执行元件的顺序动作，所用的这种阀就是顺序阀。顺序阀与单向阀的组合称为单向顺序阀。

所有的气动回路或储气罐为了安全起见，当压力超过允许压力值时，需要实现自动向外排气，这种压力控制阀叫做安全阀（溢流阀）。

• 减压阀（调压阀）。直动型减压阀的工作原理为：当阀处于工作状态时，压缩空气从左端输入，经阀口 11 节流减压后再从阀出口流出。当旋转手柄 1，压缩调压弹簧 2、3 推动膜片 5 下凹，再通过阀杆 6 带动阀芯 8 下移，打开进气阀座 11，压缩空气通过阀座 11 的节流作用，使输出压力低于输入压力，以实现减压作用。与此同时，有一部分气流经阻尼孔 7 进入膜片室 12，在膜片下部产生一向上的推力。当推力与弹簧的作用相互平衡后，阀口开度稳定在某一值上，减压阀的出口压力便保持一定。阀座 11 开度越小，节流作用越强，压力下降也越多，如图 4-33 所示。

若输入压力瞬时升高，经阀口 11 以后的输出压力随之升高，使膜片室内的压力也升高，破坏了原有的平衡，使膜片上移，有部分气流经溢流孔 4、排气孔 13 排出。膜片上移的同时，阀芯 8 在复位弹簧 10 的作用下也随之上移，减小进气阀口 11 开度节流作用加大，输出压力下降，直到达到膜片两端作用力重新平衡为止，输出压力基本又回到原数值上。

相反，输入压力下降时，进气节流阀口开度增大，节流作用减小，输出压力上升，使输出压力基本回到原数值上。

QTY 型直动式减压阀的调压范围为 0.05～0.63MPa。为限制气体流过减压阀所造成的压力损失，规定气体通过阀的流速在 15～25m/s 范围内。

安装减压阀时，要按气流的方向和减压阀上所示的箭头方向，依照滤气器→减压阀→油雾器的安装次序进行安装。调压时应由低向高调，直到调到规定的调压值为止。阀门不用时应把手柄放松，以免膜片经常受压变形。

• 顺序阀。顺序阀是依靠气路中压力的作用而控制执行元件按顺序动作的压力控制阀，如图 4-34 所示。它根据弹簧的预压缩量来控制其开启压力。当输入压力达到或超过开启压力时，顶开弹簧，于是 P 到 A 才有输出；反之 A 无输出。

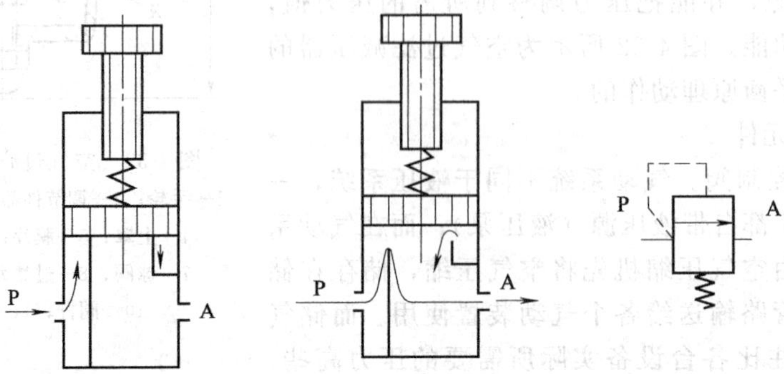

(a) 关闭状态　(b) 开启状态　(c) 顺序阀符号

图 4-34　顺序阀工作原理

顺序阀一般很少单独使用，往往与单向阀配合在一起，构成单向顺序阀。图 4-35 所示为单向顺序阀的工作原理。当压缩空气由左端进入阀腔后，作用于活塞 3 上的气压力超过压缩弹簧 2 上的力时，将活塞顶起，压缩空气从 P 经 A 输出，见图 4-35（a），此时单向阀在压差力及弹簧力的作用下处于关闭状态。反向流动时，输入端变成排气口，输出侧压力将顶开单向阀 4 由 O 口排气，见图 4-35（b）。

调节旋钮就可改变单向顺序阀的开启压力，以便在不同的开启压力下，控制执行元件的顺序动作。

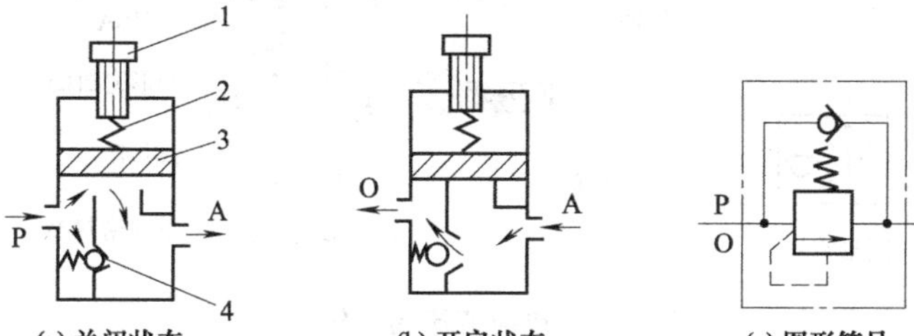

图 4-35 单向顺序阀工作原理

1—调节手柄；2—弹簧；3—活塞；4—单向阀

• 安全阀。当储气罐或回路中压力值超过某调定值，要用安全阀向外放气，安全阀在系统中起过载保护作用。

图 4-36 是安全阀工作原理。当系统中气体压力在调定范围内时，作用在导向套 3 上的压力小于弹簧 2 的力，活塞处于关闭状态，如图 4-36（a）所示。当系统压力升高，作用在导向套 3 上的压力大于弹簧的预定压力时，导向套 3 向上移动，阀门开启排气，如图 4-36（b）所示。直到系统压力降到调定范围以下，活塞又重新关闭。开启压力的大小与弹簧的预压量有关。

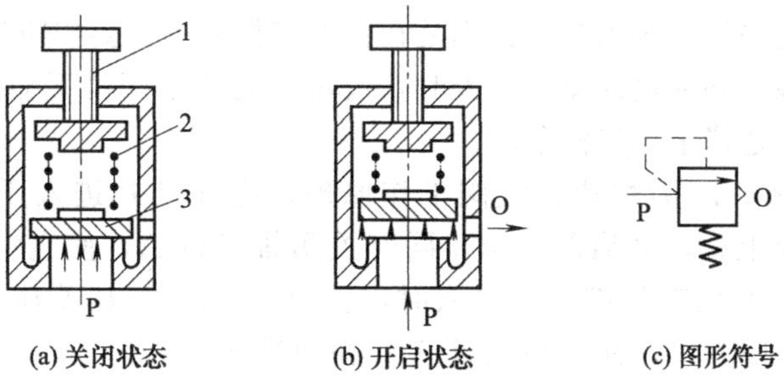

图 4-36 安全阀工作原理

1—阀杆；2—弹簧；3—导向套

b. 气动流量控制阀。气压传动系统中，有时需要控制气缸的运动速度，有时需要控制换向阀的切换时间和气动信号的传递速度，这些都需要调节压缩空气的流量来实现。流量控制阀就是通过改变阀的通流截面积来实现流量控制的元件。流量控制阀包括节流阀、单向节流阀、排气节流阀和快速排气阀等。

• 节流阀。图 4-37 所示为圆柱斜切型节流阀的结构。压缩空气由 P 口进入，经过节流后，由 A 口流出。旋转阀芯螺杆，就可改变节流口的开度，这样就调节了压缩空气的流量。由于这种节流阀的结构简单、体积小，故应用范围较广。

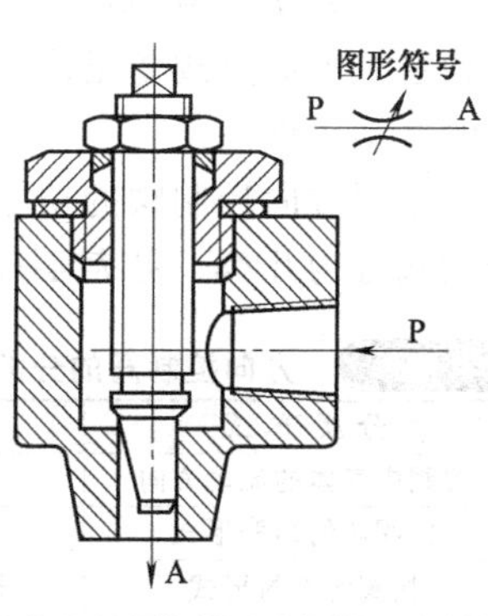

图 4-37 节流阀工作原理

•单向节流阀。单向节流阀是由单向阀和节流阀并联而成的组合式流量控制阀，如图 4-38 所示。当气流沿着一个方向，例如 P→A 流动时，经过节流阀节流；反方向流动，由 A→P 时单向阀打开，不节流，单向节流阀常用于气缸的调速和延时回路。

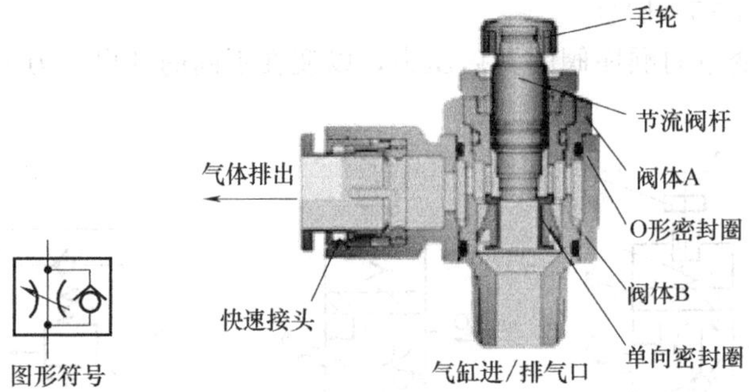

图 4-38 单向节流阀工作原理

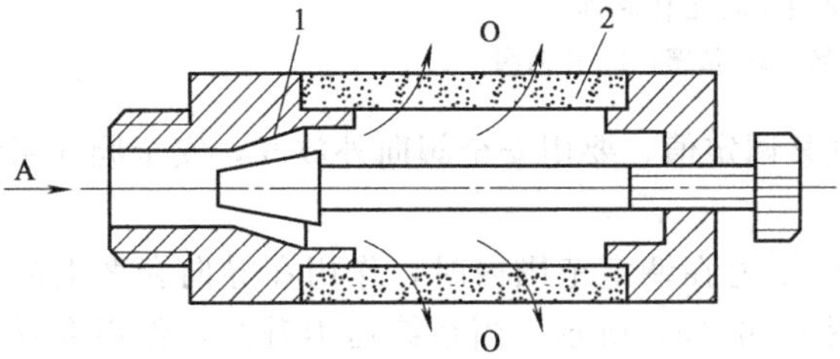

图 4-39 排气节流阀工作原理
1—节流口；2—消声套

•排气节流阀。排气节流阀是装在执行元件的排气口处，调节进入大气中气体流量的一种控制阀。它不仅能调节执行元件的运动速度，还常带有消声器件，所以也能起降低排气噪声的作用。

图 4-39 为排气节流阀工作原理。其工作原理和节流阀类似，靠调节节流口 1 处的通流面积来调节排气流量，由消声套 2 来减小排气噪声。

用流量控制的方法控制气缸内活塞的运动速度，采用气动比采用液压困难。特别是在极低速控制中，要按照预定行程变化来控制速度，只用气动很难实现。外部负载变化很大时，仅用气动流量阀也不会得到满意的调速效果。为提高其运动平稳性，建议采用气液联动。

•快速排气阀。图 4-40 为快速排气阀工作原理。进气口 P 进入压缩空气，并将密封活塞迅速上推，开启阀口 R，同时关闭排气口 A，使进气口 P 和工作口 R 相通。当 P 口没有压缩空气进入时，在 A 口和 P 口压差作用下，密封活塞迅速下降，关闭户口，使 P 口通过 A 口快速排气。

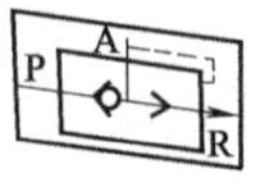

图 4-40 快速排气阀工作原理

快速排气阀常安装在换向阀和气缸之间。它使气缸的排气不用通过换向阀而快速排出，从而加速了气缸往复的运动速度，缩短了工作周期。

c. 气动方向控制阀。气动方向阀和液压相似，分类方法也大致相同。气动方向阀是气压传动系统中通过改变压缩空气的流动方向和气流的通断，来控制执行元件启动、停止及运动方向的气动元件。

根据方向控制阀的功能、控制方式、结构方式、阀内气流的方向及密封形式等，可将方向控制阀分为几类，见表 4-1。

表 4-1 方向控制阀的分类

分类方式	形式	分类方式	形式
按阀内气体的流动方向	单向阀、换向阀	按阀的工作位数及通路数	二位三通、二位五通、三位五通等
按阀芯的结构形式	截止阀、滑阀	按阀的控制操纵方式	气压控制、电磁控制、机械控制、手动控制
按阀的密封形式	硬质密封、软质密封		

• 气压控制换向阀。气压控制换向阀是以压缩空气为动力切换气阀，使气路换向或通断的阀类。气压控制换向阀的用途很广，多用于组成全气阀控制的气压传动系统或易燃、易爆以及高净化等场合。

• 单气控加压式换向阀。图 4-41 为单气控加压式换向阀的工作原理。即 4-41（a）是无气控信号 K 时的状态（即常态），此时，阀芯 1 在弹簧 2 的作用下处于上端位置，使阀 A 与 O 相通，A 口排气。图 4-41（b）是在有气控信号 K 时阀的状态（即动力阀状态）。由于气压力的作用，阀芯 1 压缩弹簧 2 下移，使阀口 A 与 O 断开，P 与 A 接通，A 口有气体输出。

图 4-42 为二位三通单气控截止式换向阀的结构。这种结构简单、紧凑、密封可靠、换向行程短，但换向力大。若将气控接头换成电磁头（即电磁先导阀），可变气控阀为先导式电磁换向阀。

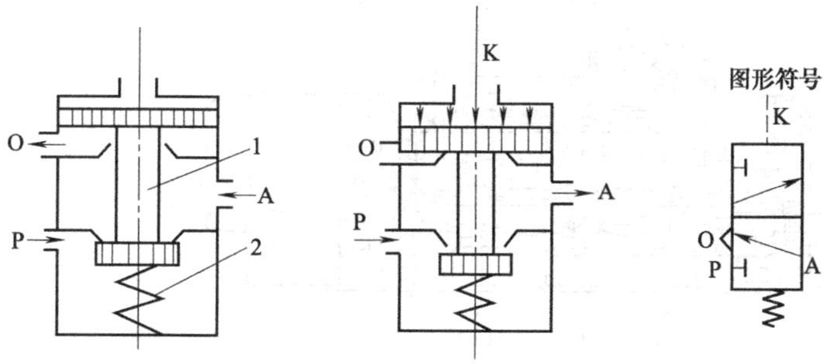

图 4-41　单气控加压式换向阀的工作原理
1—阀芯；2—弹簧

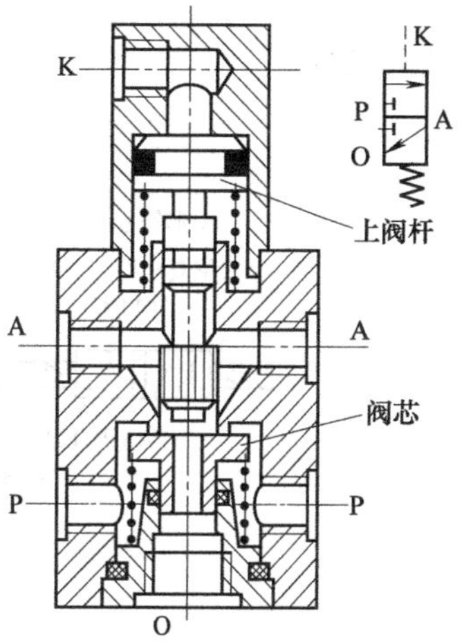

图 4-42　二位三通单气控截止式换向阀的结构

• 双气控加压式换向阀。图 4-43 为双气控滑阀式换向阀的工作原理。图 4-43（a）为有气控信号 K_2 时阀的状态，此时阀停在左边，其通路状态是 P 与 A、B 与 O 相通。图 4-43（b）为有气控信号 K_1 时阀的状态（此时信号 K_2 已不存在），阀芯换位，其通路状态变为 P 与 B、A 与 O 相通。双气控滑阀具有记忆功能，即气控信号消失后，阀仍能保持在有信号时的工作状态。

• 电磁控制换向阀。电磁换向阀是利用电磁力的作用来实现阀的切换以控制气流的流动方向，常用的电磁换向阀有直动式和先导式两种。

直动式电磁换向阀：图 4-44 为直动式单电控电磁阀的工作原理，它只有一个电磁铁。图 4-44（a）为常态情况，即激励线圈不通电，此时阀在复位弹簧的作用下处于上端位置。其通路状态为 A 与 T 相通，A 口排气。当通电时，电磁铁 1 推动阀芯向下移动，气路换向，其通路为 P 与 A 相通，A 口进气，见图 4-44（b）。

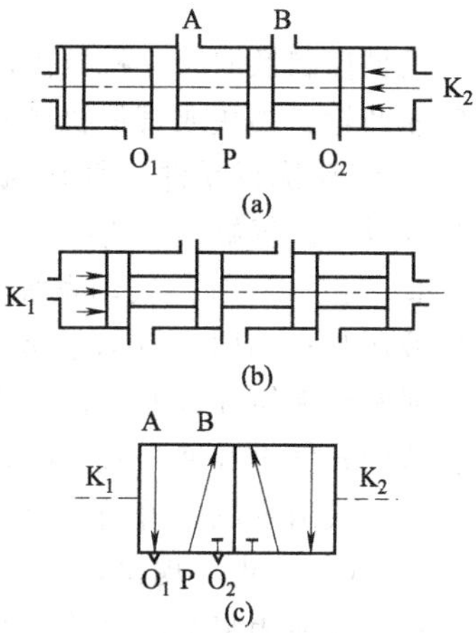

图 4-43　双气控滑阀式换向阀的工作原理

图 4-45 为直动式双电控电磁阀的工作原理。它有两个状态，当线圈 1 通电、2 断电，阀芯被推向右端，其通路状态是 P 口与 A 口、B 口与 O_2 口相通，A 口进气、B 口排气。当线圈 1

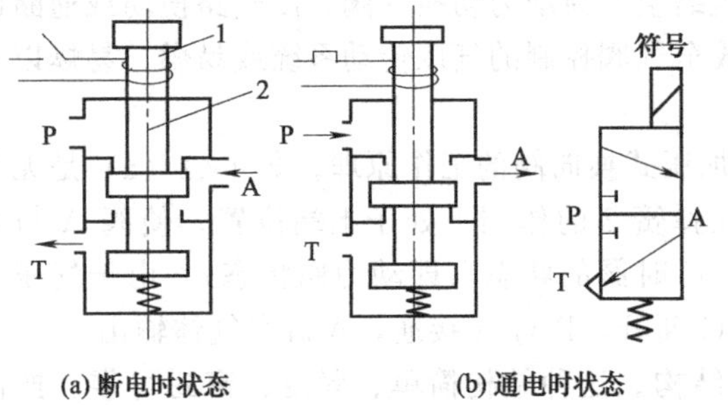

图 4-44　直动式单电控电磁阀的工作原理

1—电磁铁；2—阀芯

断电时，阀芯仍处于原有状态，即具有记忆性。当电磁线圈 2 通电、1 断电，阀芯被推向左端，其通路状态是 P 口与 B 口、A 口与 O_1 口相通，B 口进气、A 口排气。若电磁线圈断电，气流通路仍保持原状态。

先导式电磁换向阀：直动式电磁阀是由电磁铁直接推动阀芯移动的，当阀通径较大时，用直动式结构所需的电磁铁体积和电力消耗都必然加大，为克服此弱点可采用先导式结构。

先导式电磁阀是由电磁铁首先控制气路，产生先导压力，再由先导压力推动主阀阀芯，使其换向。

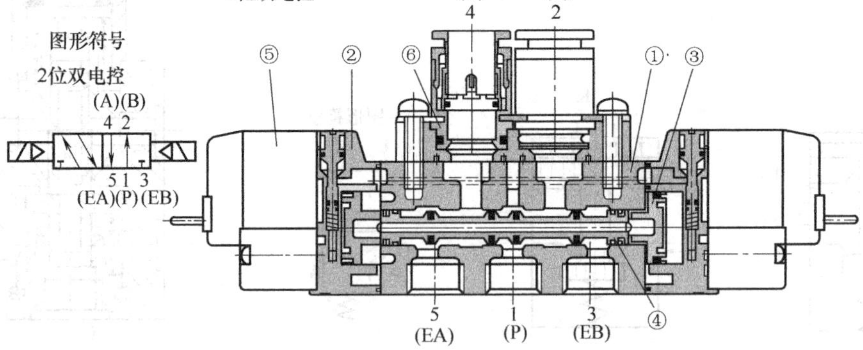

图 4-45　直动式双电控电磁阀的工作原理

1—进气口；2—进、出气口；3,5—排气口；4—进、出气口；

①—铁芯；②—阀体；③—动铁芯；④—阀杆；⑤—线圈；⑥—密封垫

机械控制换向阀：机械控制换向阀又称行程阀，多用于行程程序控制，作为信号阀使用。常依靠凸轮、挡块或其他机械外力推动阀芯，使阀换向。

③ 气动执行元件　气动执行元件是将压缩空气的压力能转换为机械能的装置。它包括气缸和气马达。气缸用于直线往复运动或摆动，气马达用于实现连续回转运动。

a. 气缸。气缸是气动系统的执行元件之一。除几种特殊气缸外，普通气缸种类及结构形式与液压基本相同。目前最常选用的是标准气缸，其结构和参数都已系列化、标准化、通用化。通常有无缓冲普通气缸，有缓冲普通气缸等。其他几种较为典型的特殊气缸有气液阻尼缸、薄膜式气缸和冲击式气缸。

• 气液阻尼缸。普通气缸工作时，由于气体的压缩性，当外部载荷变化较大时，会产生“爬行”或“自走”现象，使气缸的工作不稳定。为了使气缸运动平稳，普遍采用气液阻尼缸。

这种气液阻尼缸的结构一般是将双活塞杆缸作为液压缸。因为这样可使液压缸两腔的排油量相等，此时油箱内的油液只用来补充因液压缸泄漏而减少的油量，一般用油杯就行了。

• 薄膜式气缸。薄膜式气缸是一种利用压缩空气通过膜片推动活塞杆作往复直线运动的气缸。它由缸体、膜片、膜盘和活塞杆等主要零件组成。其功能类似于活塞式气缸，它分单作用式和双作用式两种。

• 冲击式气缸。冲击式气缸是一种体积小、结构简单、易于制造、耗气功率小但能产生相当大的冲击力的特殊气缸，与普通气缸相比，冲击气缸的结构特点是增加了一个具有一定容积的蓄能腔和喷嘴。

b. 气动马达。气动马达也是气动执行元件的一种。它的作用相当于电动机或液压马达，即输出转矩，拖动机构做旋转运动。气动马达是以压缩空气为工作介质的原动机。它是采用压缩气体的膨胀作用，把压力能转换为机械能的动力装置。

各类形式的气马达尽管结构不同，工作原理有区别，但大多数气马达具有以下特点。

• 可以无级调速。只要控制进气阀或排气阀的开度，即控制压缩空气的流量，就能调节马达的输出功率和转速。便可达到调节转速和功率的目的。

• 能够正转也能反转。大多数气马达只要简单地用操纵阀来改变马达进、排气方向，即能实现气马达输出轴的正转和反转，并且可以瞬时换向。在正反向转换时，冲击很小。气马达换向工作的一个主要优点是它具有几乎在瞬时可升到全速的能力。叶片式气马达可在一圈半的时间内升至全速；活塞式气马达可以在不到 1s 的时间内升至全速。利用操纵阀改变进气方向，便可实现正反转。实现正反转的时间短，速度快，冲击性小，而且不需卸负荷。

• 工作安全，不受振动、高温、电磁、辐射等影响，适用于恶劣的工作环境，在易燃、易爆、高温、振动、潮湿、粉尘等不利条件下均能正常工作。

• 有过载保护作用，不会因过载而发生故障。过载时，马达只是转速降低或停止，当过载解除，立即可以重新正常运转，并不产生机件损坏等故障。可以长时间满载连续运转，温升较小。

• 具有较高的启动力矩。既可以直接带载荷启动，启动、停止均迅速。又可以带负荷启动，启动、停止迅速。

• 功率范围及转速范围较宽。功率小至几百瓦，大至几万瓦；转速可从零一直到每分钟万转。

• 操纵方便，维护检修较容易。气马达具有结构简单，体积小，重量轻，马力大，操纵容易，维修方便的特点。

• 使用空气作为介质，无供应上的困难，用过的空气不需处理，放到大气中无污染。同时压缩空气可以集中供应，远距离输送。

由于气马达具有以上诸多特点，故它可在潮湿、高温、高粉尘等恶劣的环境下工作。除被用于矿山机械中的凿岩、钻采、装载等设备中作动力外，船舶、冶金、化工、造纸等行业也广泛地采用。

(3) 液压驱动系统

① 液压系统的组成及其作用 一个完整的液压系统由五个部分组成，即动力元件、执行元件、控制元件、辅助元件（附件）和液压油。

动力元件的作用是将原动机的机械能转换成液体的压力能，指液压系统中的油泵，它向整个液压系统提供动力。液压泵的结构形式一般有齿轮泵、叶片泵和柱塞泵。

执行元件（如液压缸和液压马达）的作用是将液体的压力能转换为机械能，驱动负载作直线往复运动或回转运动。

控制元件（即各种液压阀）在液压系统中控制和调节液体的压力、流量和方向。根据控制功能的不同，液压阀可分为力控制阀、流量控制阀和方向控制阀。压力控制阀又分为溢流阀（安全阀）、减压阀、顺序阀、压力继电器等；流量控制阀包括节流阀、调整阀、分流集流阀等；方向控制阀包括单向阀、液控单向阀、梭阀、换向阀等。根据控制方式不同，液压阀可分为开关式控制阀、定值控制阀和比例控制阀。

辅助元件包括油箱、滤油器、油管及管接头、密封圈、快换接头、高压球阀、胶管总成、测压接头、压力表、油位油温计等。

液压油是液压系统中传递能量的工作介质，有各种矿物油、乳化液和合成型液压油等几大类。

② 液压系统的结构　液压系统由信号控制和液压动力两部分组成，信号控制部分用于驱动液压动力部分中的控制阀动作。

液压动力部分采用回路图方式表示，以表明不同功能元件之间的相互关系。液压源含有液压泵、电动机和液压辅助元件；液压控制部分含有各种控制阀，用于控制工作油液的流量、压力和方向；执行部分含有液压缸或液压马达，其可按实际要求来选择。

③ 液压驱动系统的主要设备

a. 液压缸。液压缸是将液压能转变为机械能的、作直线往复运动（或摆动运动）的液压执行元件。它结构简单、工作可靠。用它来实现往复运动时，可免去减速装置，并且没有传动间隙，运动平稳，因此在各种机械的液压系统中得到广泛应用。

• 直线液压缸。用电磁阀控制的直线液压缸是最简单和最便宜的开环液压驱动装置。直线液压缸的操作中，通过受控节流口调节流量，可以在到达运动终点时实现减速，使停止过程得到控制，无论是直线液压缸或旋转液压马达，它们的工作原理都是基于高压油对活塞或对叶片的作用。液压油是经控制阀被送到液压缸的一端的，在开环系统中，阀是由电磁铁打开和控制的；在闭环系统中，则是用电液伺服阀来控制的。

• 液压马达。液压马达，又叫做旋转液压马达，是液压系统的旋转式执行元件，如图4-46所示。

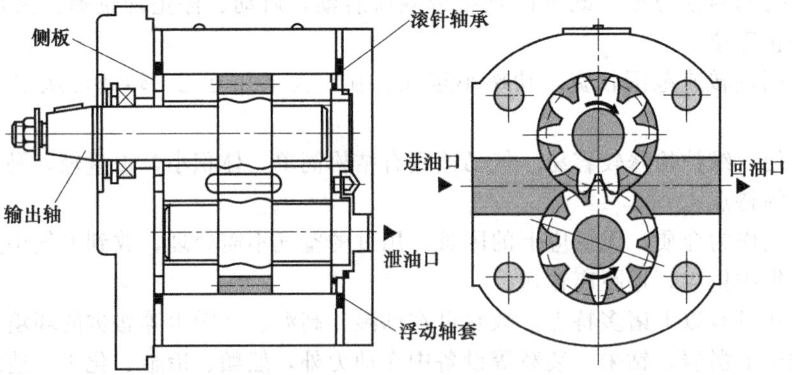

图 4-46　液压马达结构

壳体由铝合金制成，转子是钢制的。密封圈和防尘圈分别用来防止油的外泄和保护轴承。液压油在电液阀的控制下，经进油口进入，并作用于固定在转子的叶片上，使转子转动。隔板用来防止液压油短路，通过一对由消隙齿轮带动的电位器和一个解算器给出转子的位置信息。电位器给出粗略值，而精确位置由解算器测定。当然，整体的精度不会超过驱动电位器和齿轮系精度。

b. 液压阀。

• 单向阀。单向阀只允许油液向某一方向流动，而反向截止。这种阀也称为止回阀，如图4-47所示。

对单向阀的主要性能要求是：油液通过时压力损失要小；反向截止密封性要好。其结构如图 4-47 所示。压力油从 p_1 进入，克服弹簧力推动阀芯，使油路接通，压力油从 p_2 流出。当压力油从反向进入时，油液压力和弹簧力将阀芯压紧在阀座上，油液不能通过。

• 换向阀。滑阀式换向阀是靠阀芯在阀体内作轴向运动，而使相应的油路接通或断开的换向阀，其换向原理如图 4-48 所示。当阀芯处于左图位置时，P 与 B、A 与 T 相连，活塞向左运动；当阀芯向右移动处于右图位置时，P 与 A、B 与 T 相连，活塞向右运动。

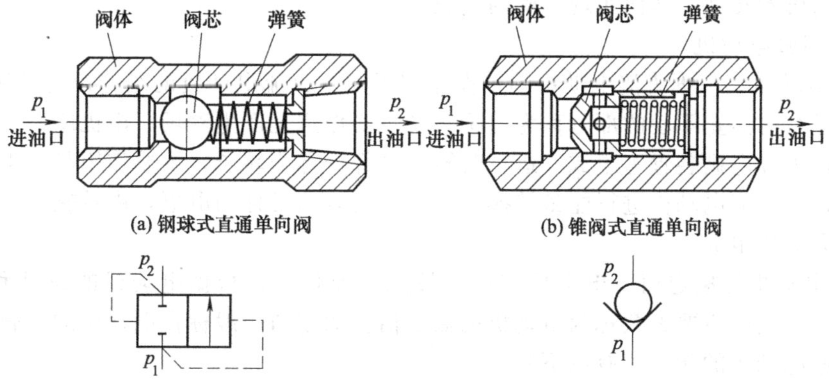

图 4-47　单向阀结构

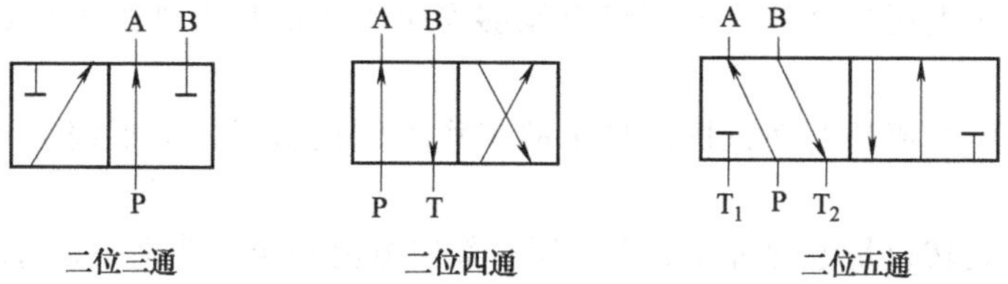

图 4-48　换向阀结构

(4) 电气驱动系统

电动驱动是一种将电信号转换成角位移或线位移的驱动方法，比如步进电动机是将电脉冲信号转化为位移或者是角位移的驱动方法。电动机驱动方式应用类型一般可分为直流伺服电动机驱动、交流伺服电动机驱动、步进电动机驱动等。在工业机器人中，交流伺服电动机、直流伺服电动机、直接驱动电动机（DD）都采用闭环控制，常用于位置精度和速度要求高的机器人中。

目前，一般负载 1000N 以下的工业机器人大多采用电伺服驱动系统，采用的关节驱动电动机主要是 AC 伺服电动机、步进电动机和 DC 伺服电动机。交流伺服电动机由于采用电子换向，无换向火花，在易燃易爆环境中得到了广泛使用。步进电动机主要适于开环控制系统，一般用于位置和速度精度要求不高的环境。

机器人关节驱动电动机的功率范围一般为 0.1～10kW。

① 伺服系统与伺服电动机

a. 伺服电动机。伺服电动机是指在伺服系统中控制机械元件运转的发动机，是一种辅助马达间接变速装置。伺服电动机可使速度控制、位置精度非常准确，可以将电压信号转化为转矩和转速以驱动控制对象。自动控制系统中，伺服电动机用作执行元件，把所收到的电信号转换成电动机轴上的角位移或角速度输出。它分为直流和交流伺服电动机两大类，其主要特点是当信号电压为零时无自转现象，转速随着转矩的增加而匀速下降。

b. 伺服系统。伺服系统是使物体的位置、方位、状态等输出被控量能够跟随输入目标（或给定值）任意变化的自动控制系统。它的主要任务是按控制命令的要求，对功率进行放大、变换与调控等处理，使驱动装置输出的转矩、速度和位置的控制非常灵活方便。伺服主要靠脉冲来定位，可以这样理解，伺服电动机接收 1 个脉冲，就会旋转 1 个脉冲对应的角度，从而实现位移。因为伺服电动机本身具备发出脉冲的功能，所以伺服电动机每旋转一个角度，都会发出对应数量的脉冲，这样就和伺服电动机接收的脉冲形成了呼应。

如此一来，系统就会知道发了多少脉冲给伺服电动机，同时收到了多少脉冲，就能够很精确地控制电动机的转动，从而实现精确的定位。

② 直流伺服电动机

a. 直流电动机。根据直流电动机的工作原理可知，直流电动机的结构由定子和转子组成。直流电动机运行时静止不动的部分称为定子，其主要作用是产生磁场，由机座、主磁极、换向极、端盖、轴承和电刷装置等组成。运行时转动的部分称为转子，主要作用是产生电磁转矩和感应电动势，是直流电动机进行能量转换的枢纽，所以通常称为电枢，由转轴、电枢铁芯、电枢绕组和换向器等组成。

b. 直流电动机的额定值。电动机制造厂按照国家标准，根据电动机的设计和试验数据，规定的每台电动机的主要参数称为电动机的额定值。额定值一般标在电动机的铭牌上和产品说明书上，直流电动机的额定值有以下几项。

额定功率：额定功率是电动机按照规定的工作方式运行时所能提供的输出功率。对电动机来说，额定功率是指轴上输出的机械功率，单位为 kW。

额定电压：额定电压是电动机电枢绕组能够安全工作的最大外加电压或输出电压，单位为 V。

额定电流：额定电流是电动机按照规定的工作方式运行时，电枢绕组允许流过的最大电流，单位为 A。

额定转速：额定转速是电动机在额定电压、额定电流和额定功率下运行时，电动机的旋转速度，单位为 r/min。

额定值一般标在铭牌上，故又称为铭牌数据。还有一些额定值，例如额定转矩、额率和额定温升等，不一定标在铭牌上，可查阅产品说明书。

c. 直流电动机的控制方式。直流电动机是在一个方向连续旋转，或在相反的方向连续转动，运动连续且平滑，但是本身没有位置控制能力。

直流电动机的优点：调速方便（可无级调速），调速范围广，调速特性平滑；低速性能好（启动转矩大，启动电流小），运行平稳，转矩和转速容易控制；过载能力较强，启动和制动转矩较大。

直流电动机的不足：存在换向器，其制造复杂，价格较高；换向器需经常维护，电刷极易磨损，必须经常更换。噪声比交流电动机大。

电动机的转速和转矩可通过改变电压或电流控制。PWM 控制是利用脉宽调制器对大功率晶体管放大器的开关时间进行控制，将直流电压转换成某一频率的矩形波电压，加到直流电动机的电枢两端，通过对矩形波脉冲宽度的控制，改变电枢两端的平均电压以达到调节电动机转速的目的。

正因为直流电动机的转动是连续且平滑的，因此要实现精确的位置控制，必须加入某种形式的位置反馈，构成闭环伺服系统。有时，机器人的运动还有速度要求，所以还要加入速度反馈。一般直流电动机和位置反馈、速度反馈形成一个整体，即通常所说的直流伺服电动机。由于采用闭环伺服控制，所以能实现平滑的控制和产生大的转矩。

③ 直流伺服电动机的种类　机器人对直流伺服电动机的基本要求是：宽广的调速范围，机械特性和调速特性均为线性，无自转现象（控制电压降到零时，伺服电动机能立即自行停转），响应快速等。

直流伺服电动机经过几十年的研究发展了许多不同的结构和形式，直流伺服电动机驱动器多采用脉宽调制（PWM）伺服驱动器，通过改变脉冲宽度来改变加在电动机电枢两端的平均电压，从而改变电动机的转速。

PWM 伺服驱动器具有调速范围宽、低速特性好、响应快、效率高、过载能力强等特点，在工业机器人中常作为直流伺服电动机驱动器。

目前主要有两大类，一类是小惯量直流伺服电动机，另一类是大惯量宽调速直流电动机。

a. 小惯量直流伺服电动机。小惯量直流伺服电动机的特点是转子轻、转动惯量小、快速响应好。按照电枢形式的不同分为盘型电枢直流伺服电动机、空心杯电枢永磁式直流伺服电动机及无槽电枢直流伺服电动机。

小惯量直流伺服电动机与一般直流电动机相比，其转子为光滑无槽的铁芯，用绝缘黏合剂直接把线圈黏合在铁芯表面上，且转子长而直径小，气隙尺寸比一般直流电动机大 10 倍以上，输出功率一般在 10kW 以内，主要用于要求快速动作、功率较大的系统。小惯量直流电动机具有以下特点。

• 转动惯量小，为一般直流电动机的 1/100。

• 由于气隙大，电枢反应小，具有良好的换向性，一般换向时间只有几毫秒。由于转子无槽，低速时电磁转矩的波动小，稳定性好，在速度低于 10r/min 时也无爬行现象。

• 过载能力强，一般可达额定值的 10 倍。

• 容许过载的持续时间不能太长。

b. 大惯量宽调速直流电动机。小惯量直流伺服电动机用减少电动机转动惯量来提高电动机的快速性，而大惯量宽调速直流电动机在不改变一般直流电动机大转动惯量的情况下，用提高转矩的方法来改善其动态特性。它既有小惯量电动机的快速性，又有较好的输出转矩，还可以在电动机内装测速发电机、旋转变压器、编码器等测量装置。大惯量宽调速直流电动机的特点包括以下几点。

• 输出转矩大。

• 调速范围宽。

• 动态响应好。

• 过载能力强。

• 易于调试。

目前，直流电动机可达到很大的转矩/重量比，远高于步进电动机。除了在较大功率情况下与液压驱动不相上下。直流驱动还能达到高精度，加速迅速，且可靠性高。由于以上原因，当今大部分机器人都采用直流伺服电动机驱动各个关节。因此，机器人关节的驱动部分设计应包括伺服电动机的选定和传动比的确定。

④ 交流伺服电动机　直流伺服电动机上的电刷和换向器，需要定期更换和进行维修，电动机使用寿命短，噪声大。尤其是直流电动机的容量小，电枢电压低，很多特性参数随速度而变化，限制了直流电动机向高速、大容量方向发展。在一些具有可燃气体的场合，由于电刷换向过程中可能产生火花，因此不适合使用。

a. 交流伺服电动机的原理。直流电动机本身在结构上存在一些不足，而对于交流伺服电动机，由于它具有结构简单、制造方便、价格低廉，而且坚固耐用、惯量小、运行可靠、很少需要维护、可用于恶劣环境等优点，目前在机器人领域有逐渐取代直流伺服电动机的趋势。交流伺服电动机为单相异步电动机，定子两相绕组在空间相距 90°，一相为励磁绕组，运行时接至电压为 U_f 的交流电源上；另一相为控制绕组，输入控制电压 U_c，U_c 与 U_f 为同频率的交流电压，转子为笼型。同直流伺服电动机一样，交流伺服电动机也必须具有宽广的调速范围、线性机械特性和快速响应等性能，除此之外，还应无“自转”现象。

正常运行时，交流伺服电动机的励磁绕组和控制绕组都通电，通过改变控制电压 U_c 来控制电动机的转速。当 $U_c=0$ 时，电动机应当停止旋转，而实际情况是，当转子电阻较小时，两相异步电动机运转起来后，若控制电压 $U_c=0$，电动机便成为单相异步电动机继续运行，并不停转，出现了所谓的“自转”现象，使自动控制系统失控。

b. 交流伺服电动机的种类。为了使转子具有较大的电阻和较小的转动惯量，交流伺服电动机的转子有三种结构。

• 高电阻率导条的笼型转子。这种转子结构同普通笼型异步电动机一样，只是转子细而长，笼导条和端环采用高电阻率的导电材料（如黄铜、青铜等）制造，国内生产的SL系列的交流伺服电动机就是采用这种结构。

• 非磁性空心杯转子。外定子铁芯槽内放置空间相距90°的两相分布绕组；内定子铁芯由硅钢片叠成，不放绕组，仅作为磁路的一部分；由铝合金制成的空心杯转子置于内外定子铁芯之间的气隙中，并靠其底盘和转轴固定。

• 铁磁性空心转子。转子采用铁磁材料制成，转子本身既是主磁通的磁路，又作为转子绕组，结构简单，但当定子、转子气隙稍微不均匀时，转子就容易因单边磁拉力而被“吸住”，所以目前应用较少。

c. 同步式交流伺服电动机驱动器。同直流伺服电动机驱动系统相比，同步式交流伺服电动机驱动器具有转矩转动惯量比高、无电刷及换向火花等优点，在工业机器人中得到广泛应用。

同步式交流伺服电动机驱动器通常采用电流型脉宽调制（PWM）三相逆变器和具有电流环为内环、速度环为外环的多闭环控制系统，以实现对三相永磁同步伺服电动机的电流控制。根据其工作原理、驱动电流波形和控制方式的不同，它又可分为两种伺服系统。

• 矩形波电流驱动的永磁交流伺服系统。

• 正弦波电流驱动的永磁交流伺服系统。

采用矩形波电流驱动的永磁交流伺服电动机称为无刷直流伺服电动机，采用正弦波电流驱动的永磁交流伺服电动机称为无刷交流伺服电动机。

如前所述，交流伺服电动机得到越来越广泛的应用，大有取代直流电动机之势。交流伺服电动机除了能克服直流伺服电动机的缺点外，还具有转子惯量较直流电动机小，动态响应好，能在较宽的速度范围内保持理想的转矩，结构简单，运行可靠等优点。一般同样体积下，交流电动机的输出功率可比直流电动机高出10%～70%。另外，交流电动机的容量可做得比直流电动机大，达到更高的转速和电压。目前在机器人系统中，90%的系统采用交流伺服电动机。

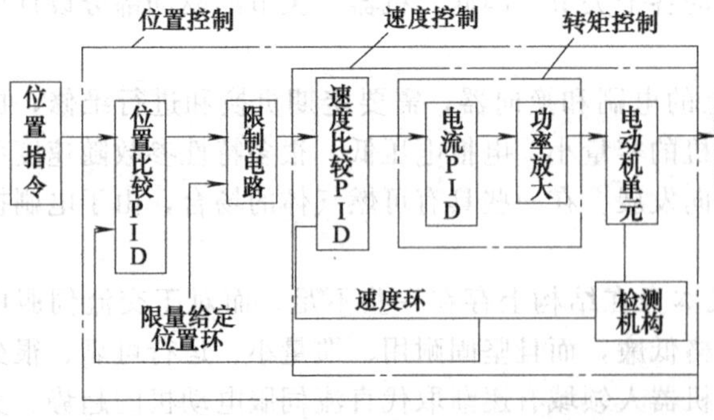

图4-49 工业机器人电动机驱动原理

机器人电动伺服驱动系统是利用各种电动机产生的力矩和力，如图4-49所示。直接或间接地驱动机器人本体以获得机器人的各种运动的执行机构。要求有较大功率质量比和扭矩惯量比、高启动转矩、低惯量和较宽广且平滑的调速范围。伺服电动机必须具有较高的可靠性和稳定性，并且具有较大的短时过载能力。机器人末端执行器（手爪）应采用体积、质量尽可能小的电动机。

⑤ 步进电动机驱动器　作为一种开环数字控制系统，在小型机器人中得到较广泛的应用。对于小型机器人或点位式控制机器人而言，其位置精度和负载转矩较小，有时可采用步进电动机驱动。这种电动机能在电脉冲控制下以很小的步距增量运动。计算机的打印机和磁盘驱动器常用步进电动机实现打印头和磁头的定位。在小型机器人上，有时也用步进电动机作为主驱动电动机。编码器或电位器可以提供精确的位置反馈。

a. 步进电动机。步进电动机按励磁方式分有永磁式、反应式和混合式三种。混合式是指混合了永磁式和反应式的优点，混合式步进电动机的应用最为广泛。

b. 步进电动机的特点。步进电机是一种将电脉冲转化为角位移的执行机构。当步进驱动器接收一个脉冲信号，它就驱动步进电动机按设定的方向转动一个固定的角度（称为步距角），它的旋转是以固定的角度一步一步运行的。我们可以通过控制脉冲个数来控制角位移量，从而达到准确定位的目的。同时可以通过控制脉冲频率来控制电动机转动的速度和加速度，一般步进电动机的精度为步距角的 3%～5%，且不累积。

步进电动机的转矩会随转速的升高而下降，步进电动机低速时可以正常运转，但若高于一定速度就无法启动，并伴有啸叫声。

空自载启动频率是指步进电动机在空载情况下能够正常启动的脉冲频率，要使电动机达到高速转动，脉冲频率应有加速过程，即启动频率较低，然后按一定加速度升到所希望的高频（电动机转速从低速升到高速）。定子绕组上有很多对磁极，每个磁极依通电方向不同可形成 N 极或者 S 极。

c. 步进电动机的优点。

• 输出角度精度高，无积累误差，惯性小。步进电动机的输出精度主要由步距角来反映。目前步距角一般可以做到 0.002°～0.005°，甚至更小。步进电动机的实际步距角与理论步距角总存在一定的误差，这误差在电动机旋转一周的时间内会逐步积累，但当电动机旋转一周后，其转轴又回到初始位置，使误差回零。

• 输入和输出呈严格线性关系。输出角度不受电压、电流及波形等因素的影响，仅取决于输入脉冲数的多少。

• 容易实现位置、速度控制，启、停及正、反转控制。步进电动机的位置（输出角度）由输入脉冲数确定，其转速由输入脉冲的频率决定，正、反转（转向）由脉冲输入的顺序决定，而脉冲数、脉冲频率、脉冲顺序都可方便地由计算机输出控制。

• 输出信号为数字信号，可以与计算机直接通信。

• 结构简单、使用方便、可靠性好、寿命长。

d. 步进电动机的系统结构。步进电动机一般作为开环伺服系统的执行机构，有时也用于闭环伺服系统，按照输出位移的不同，步进电动机可分为回转式步进电动机和直线式步进电动机。机器人中一般采用回转式步进电动机。如果把步进电动机装在机器人回转关节轴上，则接收一个电脉冲，步进电动机就带动机器人的关节轴转过一个相应的角度。步进电动机连续不断地接收脉冲，关节轴就连续不断地转动。步进电动机转过的角度与接收的脉冲数成正比。

一个步进电动机的系统由步进电动机控制卡、步进电动机驱动器和步进电动机组成，如图 4-50 所示。

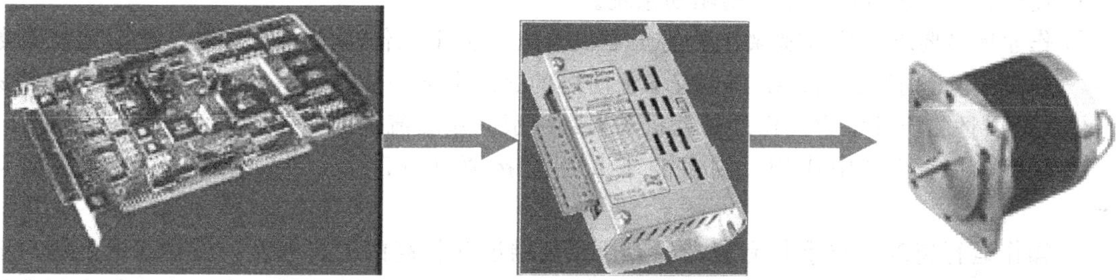

图 4-50　步进电动机的系统

步进电动机控制器由脉冲发生器、环形分配器、控制逻辑等组成。它的作用是把代表转速的脉冲数分配到电动机的各个绕组上，使电动机按既定的方向和转速转到相应的位置。随着计算机和软件技术的发展，硬件步进电动机控制器的功能逐步由软件来代替。

步进电动机的优点是控制较容易、维修较方便而且控制为全数字化。不足之处在于由于是开环控制，控制精度不高。

e. 步进电动机的选择。步进电动机由步距角（涉及相数）、静转矩及电流三大要素组成。一旦三大要素确定，步进电动机的型号便确定下来了。

电动机的步距角取决于负载精度的要求，将负载的最小分辨率（当量）换算到电动机轴上，每个当量电动机应走多少角度（包括减速），电动机的步距角应小于或等于此角度。目前市场上步进电动机的步距角一般有 0.36°/0.72°（五相电动机）、0.9°/1.8°（二、四相电动机）、1.5°/3°（三相电动机）等。

步进电动机的动态转矩很难立即确定，往往先确定电动机的静转矩，静转矩选择的依据是电动机工作的负载，而负载可分为惯性负载和摩擦负载两种。直接启动时（一般由低速）时两种负载均要考虑，加速启动时主要考虑惯性负载，恒速运行时只须考虑摩擦负载。一般情况下，静转矩应为摩擦负载的 2～3 倍。

⑥ 电机驱动方式的比较　电机驱动方式的比较见表 4-2。

表 4-2　电机驱动方式的比较

内容	驱动形式		
	普通电动机驱动	伺服电动机驱动	步进电动机驱动
输出力矩	较大	较小	较小
速度要求	较低	较高	较高
精度要求	很低	很高	很高
控制性能	较差	好	好
控制系统	简单	复杂	复杂
应用范围	适用于一般中小型或重载型的机器人	适用于闭环控制系统，主要用于传动效率较高的关节或功率较大的中、大型机器人	适用于开环控制系统，主要用于传动效率不高的关节或功率较小的中、小型机器人

(5) 驱动系统设计的选用原则

一般情况下，各种机器人驱动系统的设计选用原则如下。

① 控制方式

a. 低速重负载时可选用液压驱动系统。

b. 中等负载时可选用电动驱动系统。

c. 轻负载时可选用电动驱动系统。

d. 轻负载、高速时可选用气动驱动系统。

② 作业环境要求　从事喷涂作业的工业机器人，由于工作环境需要防爆，考虑到其防爆性能，多采用电液伺服驱动系统和具有本征防爆的交流电动伺服驱动系统。在腐蚀性、易燃易爆气体、放射性物质环境中工作的移动机器人，一般采用交流伺服驱动。

如要求在洁净环境中使用，则多要求采用直接驱动（Direct Drive，DD）电动机驱动系统。

③ 操作运行速度　要求其有较高的点位重复精度和较高的运行速度，通常在速度相对较低（$v \leqslant 4.5\text{m/s}$）情况下，可采用 AC、DC 或步进电动机伺服驱动系统；在速度、精度要求均很高的条件下，多采用直接驱动（DD）电动机驱动系统。

(6) 三种驱动系统的对比

三种驱动系统的主要性能指标见表 4-3。

表 4-3　三种驱动系统的主要性能指标

内容	液压驱动	气动驱动	电动驱动
输出功率	很大，压力范围为 50～1400N/cm^2，液体具有不可压缩性	大，压力范围为 40～60N/cm^2，最大可达 100N/cm^2	较大
控制性能	控制精度较高，可无级调速，反应灵敏，可实现连续轨迹控制	气体压缩性大，精度低，阻尼效果差，低速不易控制，难以实现伺服控制	控制精度高，能精确定位，反应灵敏。可实现高速、高精度的连续轨迹控制，伺服特性好，控制系统复杂
响应速度	很高	较高	很高
结构性能及体积	执行机构可标准化、模块化，易实现直接驱动，功率/质量比大，体积小，结构紧凑，密封问题较大	执行机构可标准化、模块化、易实现直接驱动，功率/质量比较大，体积小，结构紧凑，密封问题较小	伺服电动机易于标准化。结构性能好，噪声低。电动机一般需配置减速装置。除 DD 电动机外，难以进行直接驱动，结构紧凑，无密封问题
安全性	防爆性能较好，用液压油作传动介质，在一定条件下有火灾危险	防爆性能好，高于 1000kPa（10 个大气压）时应注意设备的抗压性	设备自身无爆炸和火灾危险。直流有刷电动机换向时有火花，对环境的防爆性能较差
对环境的影响	泄漏对环境有污染	排气时有噪声	很小
效率与成本	效率中等（0.3～0.6），液压元件成本较高	效率低（0.15～0.2），气源方便、结构简单，成本低	效率为 0.5 左右，成本高
维修及使用	方便，但油液对环境温度有一定要求	方便	复杂
在工业机器人中应用范围	适用于重载、低速驱动，电液伺服系统适用于喷涂机器人、重载点焊机器人和搬运机器人	适用于中小负载，快速驱动，精度要求较低的有限点位程序控制机器人。如冲压机器人、机器人本体的气动平衡及装配机器人气动夹具	适用于中小负载，要求具有较高的位置控制精度，速度较高的机器人。如 AC 伺服喷涂机器人、点焊机器人、弧焊机器人、装配机器人等

第 5 章
工业机器人的操作

5.1 机器人的操作基础

由于机器人的操作速度和手臂的运动速度都比较快，存在一定的安全隐患，所以通常对机器人与其他机械设备有不同的要求。使用机器人之前，一定要阅读和理解其使用说明书及相关的文件，并遵循各种规程，以免造成人身伤害或设备事故，在示教和维护机器人之前须进行专业培训。

从事机器人工作的所有人员（安全管理员、安装人员、操作人员和维修人员等）必须时刻牢记“安全第一、预防为主”的思想，确保人身安全。操作机器人时不允许戴手套、围围巾、挂项链，必须按规定穿戴好工作服、安全帽、安全鞋等劳动防护用品，开动机器人前，务必清除作业区内的所有杂物。

5.1.1 产品确认

当所购产品到达现场后，应清点其发货清单，标准的发货清单中包括机器人本体（图5-1）、机器人控制柜（图 5-2）和供电电缆（机器人本体与控制柜之间的电缆）三项内容。

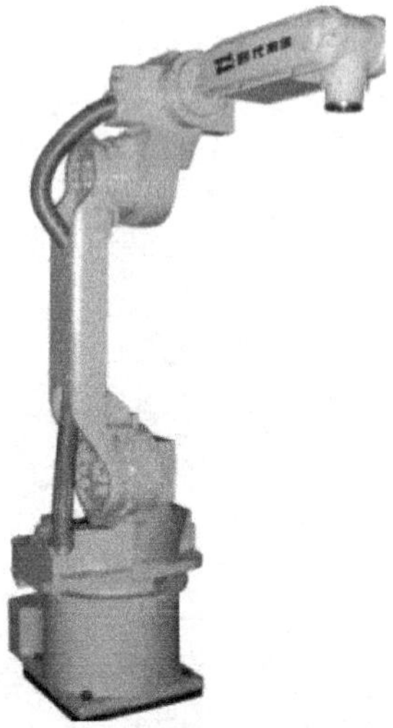

图 5-1 机器人本体

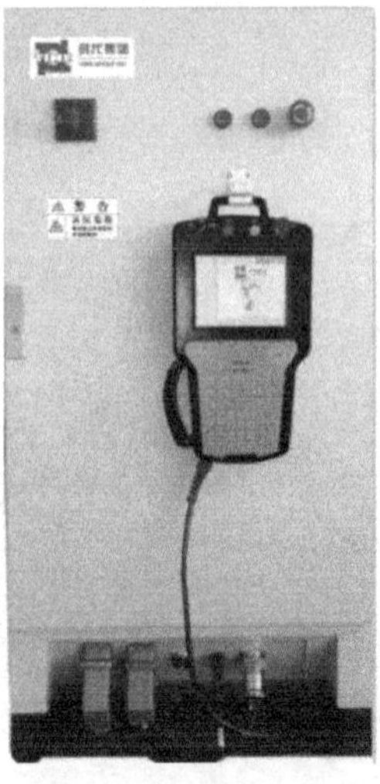

图 5-2 机器人控制柜

5.1.2 机器人的应用

(1) 应用场所和安装环境

控制柜的安装地点须符合下列条件。

① 操作期间其环境温度应在0～45℃之间，搬运及维修期间应为－10～60℃之间。

② 湿度必须低于结露点（相对湿度10%以下）。

③ 灰尘、粉尘、油烟、水较少的场所。

④ 作业区内不允许有易燃品及腐蚀性液体和气体。

⑤ 对控制柜的振动或冲击能量小的场所（振动在0.5g以下）。

⑥ 附近应无大的电器噪声源。

(2) 安装位置

① 控制柜应安装在机器人动作范围之外（安全栏之外）。

② 控制柜应安装在能看清机器人动作的位置。

③ 控制柜应安装在便于打开门检查的位置。

④ 安装控制柜至少要距离墙壁500mm，以保持维护通道畅通。

(3) 供电电源的接通与断开

供电电源的三相电源是由三相交流200V、50Hz电源提供，当存在有临时性的电源频率中断或电压下降时，停电处理电路动作和伺服电源切断，将控制柜电源连接到一个电压波动小的稳定输入电源上去。

① 接通主电源　先把控制柜面板上的负荷开关扳转到接通（ON）的位置，再按下控制柜面板上的绿色启动按钮，此时主电源接通。

② 接通伺服电源　示教模式和回放模式、远程模式的伺服电源接通步骤是不一样的。

a. 示教模式下，按下手持操作示教器上的【伺服准备】键，此时【伺服准备指示灯】闪烁，轻握手持操作示教器背面的【三段开关】，这时手持操作示教器上的【伺服准备指示灯】亮起，表示伺服电源接通。

b. 回放和远程模式下，按下手持操作示教器上的【伺服准备】键，这时手持操作示教器上的【伺服准备指示灯】亮起，表示伺服电源接通。

③ 切断伺服电源　示教模式和回放模式、远程模式的伺服电源切断步骤是不一样的。

a. 示教模式下，释放或用力握紧手持操作示教器背面的【三段开关】，这时手持操作示教器上的【伺服准备指示灯】熄灭，表示伺服电源切断。

b. 回放和远程模式下，再次按下手持操作示教器上的【伺服准备】键，这时手持操作示教器上的【伺服准备指示灯】熄灭，表示伺服电源切断。

c. 按下控制柜面板上的急停键，一旦伺服电源切断，则制动装置启动，机器人就被制动而不能再进行任何操作，可在任何模式下的任何时候进入紧急停止状态。

④ 切断主电源　切断伺服电源后，再切断主电源。把控制柜面板上的主电源开关扳转至切断（OFF）的位置，则主电源被切断。

(4) 动作确认

示教模式下，按下轴操作键，机器人各轴可移动至所希望的位置，各轴的运动根据所选坐标系而变化，各轴只在按住轴操作键时运动。

伺服电源接通后，通过按手持操作示教器上的每个轴操作键（图5-3），使机器人的每个轴产生所需的动作。图5-4表明了每个轴在关节坐标系下的动作示意图。

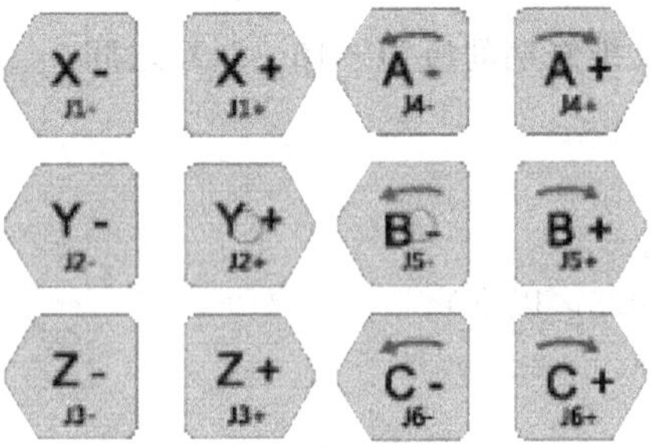

图 5-3 轴操作键

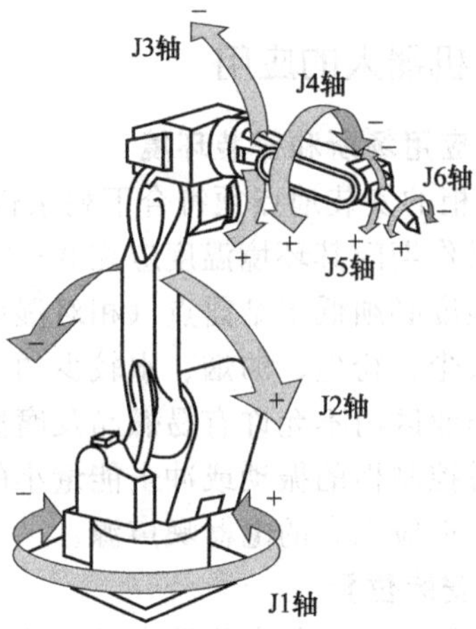

图 5-4 每个轴在关节坐标系下的动作示意图

5.2 机器人的示教

5.2.1 新建示教程序

新建示教程序步骤见表 5-1。

表 5-1 新建示教程序步骤

序号	操作方法	图示
1	确认手持操作示教器上的模式旋钮对准【示教】，设定为示教模式	
2	按下手持操作示教器上的【伺服准备】键，【伺服准备指示灯】开始闪烁	
3	使用手持操作示教器【上移】【下移】键，使｛程序｝变为蓝色	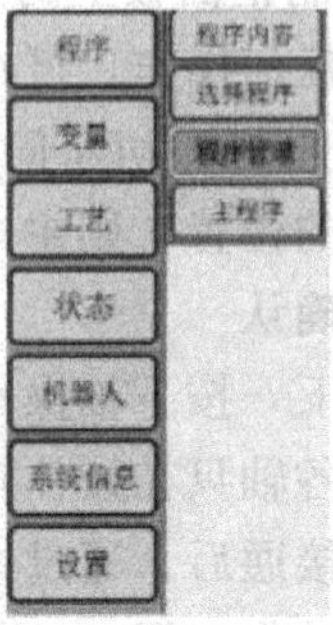

续表

序号	操作方法	图　示
4	按下手持操作示教器上的【右移】键打开子菜单。然后按下【选择】键进入程序管理界面	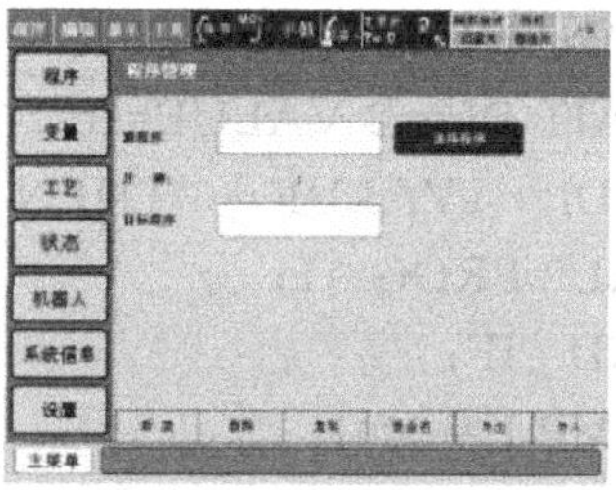
5	在{目标程序}中输入要新建程序文件的名字	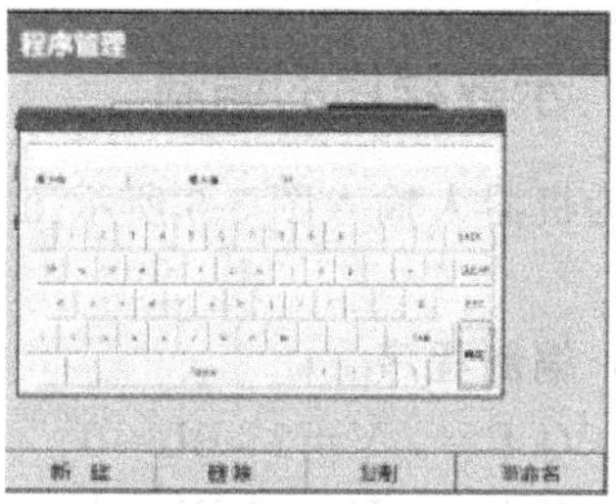
6	点击界面上{新建}按钮，操作成功	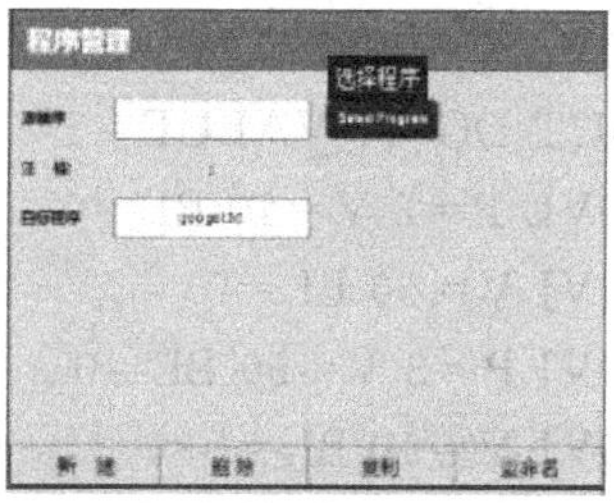
7	进入程序内容界面，新建一空程序，只有 NOP，END 两句	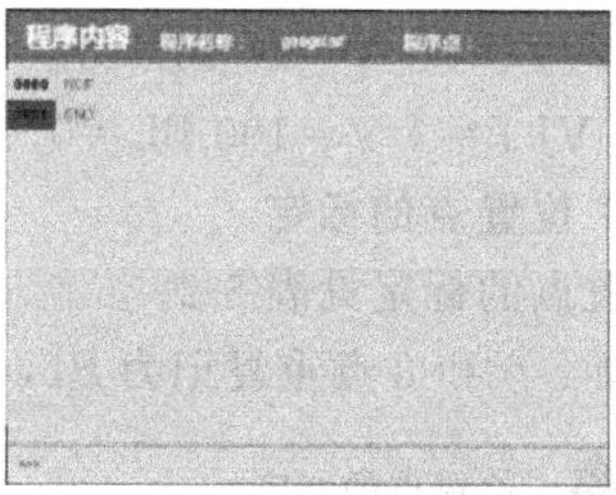
8	轻握手持操作示教器背面的【三段开关】，伺服电源接通	

5.2.2　示教的基本步骤

为了使机器人能够进行回放，就必须把机器人运动指令编成程序。控制机器人运动的指令就是移动指令。在移动指令中，记录有移动到的位置、插补方式、回放速度等。

指令解释如下：

MOVJ V=25 BL=0；//　　在关节坐标模式下，以最大速度的 25%运动

MOVL V=25 BL=0；//　　在机器人坐标模式下，以最大速度的 25%运动

MOVC P1=1 BL=0；//　　圆弧运动的中间点（第一个点默认为上一点）

MOVC P2=2 BL=0；//　　圆弧运动的末点

SPEED SP=60；//　　调整速度至最高速的 60%，对所有运动指令有效

```
COORD _ NUM COORD=TCS NUM=1；//切换工具坐标系至 1
DOUT DO=1 VALUE=0；//        把第一个通用输出点复位掉
TIMER T=1000；//             延时 1s
WAIT DI= 2 VALUE=1；//       等待第二个通用输入点，为 1（触发时），继续执行
IF DI= 1VALUE=0 THEN
CALL PROG=1；//              调用名字为 1 的子程序
END _ IF；//                 当第一个输入点 为 0 时，调用名字为 1 的子程序
JUMP L=0001；//              程序跳转至第一行
```

5.2.3 示教程序的编制

请为机器人输入图 5-5 所示工件从 2 点搬运到 6 点的程序。

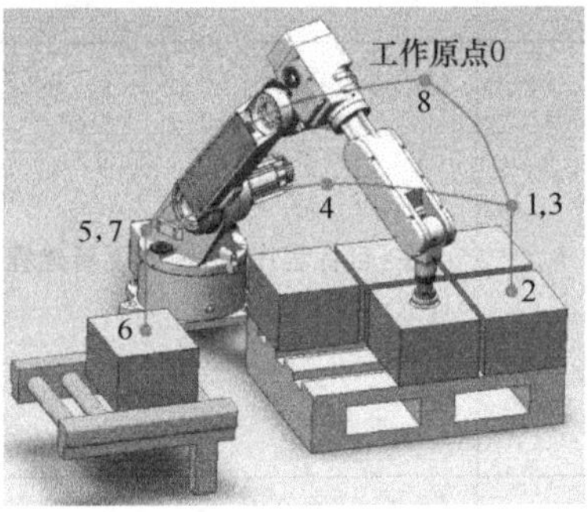

图 5-5 搬运工件

(1) 编制程序

```
MOVJ P=1 V=25 BL=0       ；//工作原点
MOVJ P=2 V=25 BL=0       ；//第 1 点
MOVL V=5 BL=0            ；//第 2 点
DOUT DO=1 VALUE=1        ；//夹取指令具体 IO 根据实际情况操作
MOVL P=2 V=10 BL=0       ；//第 3 点和第 1 点选择一样的点
MOVJ V=50 BL=0           ；//第 4 点
MOVJ P=3 V=50 BL=0       ；//第 5 点
MOVJ V=10 BL=0           ；//第 6 点
DOUT DO=1 VALUE=0        ；//松开夹具指令具体 IO 根据实际情况操作
MOVJ P=3 V=20 BL=0       ；//第 7 点
MOVJ P=1 V=100 BL=0      ；//第 8 点
```

(2) 位置点的标定

位置点的标定见表 5-2。

例如：0 和 8 点重复记为 P1，1 和 3 点记为 P2，5 和 7 点重复 P3。

表 5-2 位置点的标定

序号	程序点	图　示	说　明
1	程序点 0		开始位置，把机器人移动到完全离开周边物体的位置，输入程序点 0
2	程序点 1		抓取位置附近（抓取前），位置点 1 必须选取机器人接近工件时不与工件发生干涉的方向、位置，通常在抓取位置的正上方

续表

<table>
<tr><th>序号</th><th>程序点</th><th>图示</th><th>说明</th></tr>
<tr><td>3</td><td>程序点 2</td><td>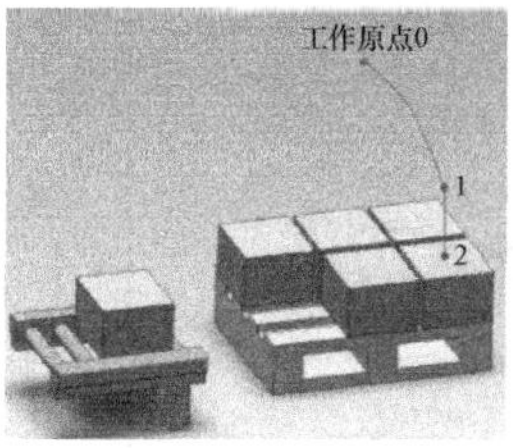</td><td>抓取位置点</td></tr>
<tr><td>4</td><td>程序点 3</td><td>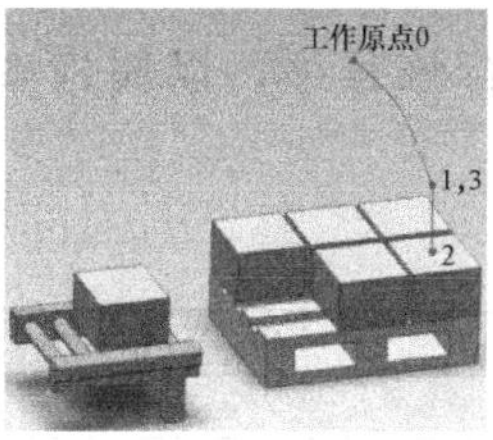</td><td>同程序点 1(抓取后)</td></tr>
<tr><td>5</td><td>程序点 4</td><td>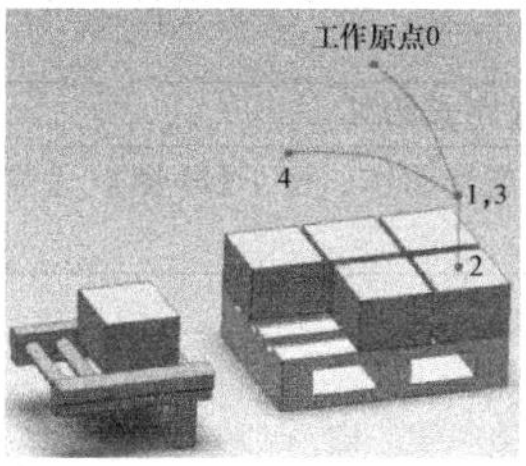</td><td>中间辅助位置。通常选择与周边设备和工具不发生干涉的方向、位置。一般可以选择取点和放点中间上方的安全位置</td></tr>
<tr><td>6</td><td>程序点 5</td><td>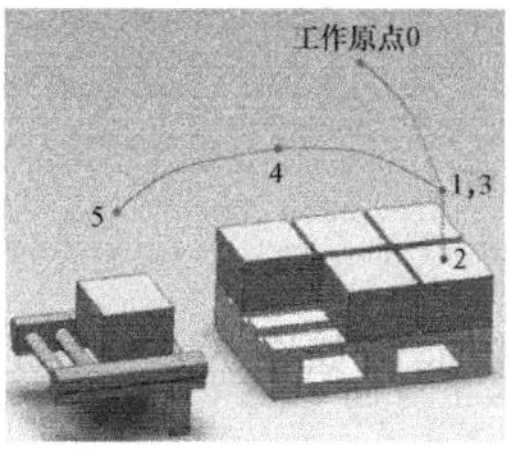</td><td>放置位置附近(放置前),该点决定放置姿态</td></tr>
<tr><td>7</td><td>程序点 6</td><td>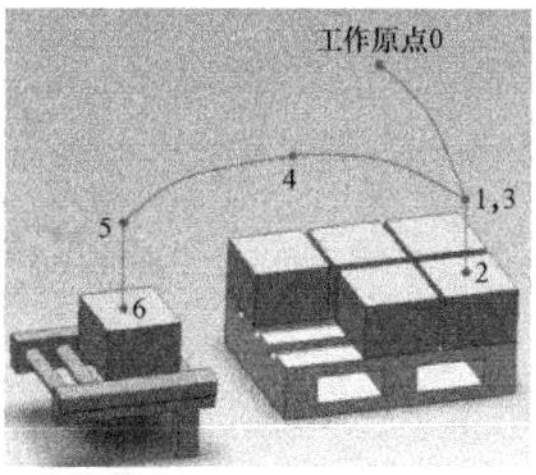</td><td>放置位置</td></tr>
<tr><td>8</td><td>程序点 7</td><td>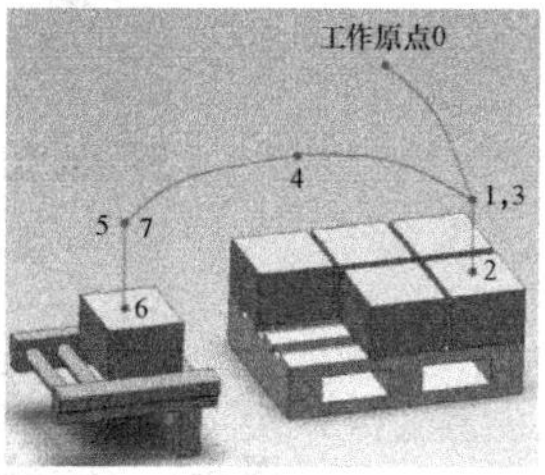</td><td>放置位置附近(放置后)</td></tr>
</table>

续表

序号	程序点	图　示	说　明
9	程序点 8	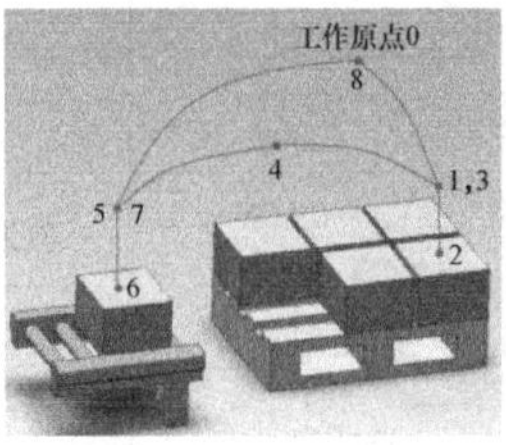	最初的程序点和最后的程序点重合

(3) 轨迹确认

完成机器人动作程序输入后，需运行该程序，以便检查各程序点是否正确，如表 5-3 所示。

表 5-3　轨迹确认

步　骤	操　作
1	把光标移到程序点 1(行 0001)
2	一直按下手持操作示教器上【前进】键，机器人会执行选中行指令(本程序点未执行完前，松开则停止运动，按下继续运动)，通过机器人的动作确认各程序点是否正确。执行完一行后松开再次按下【前进】，键机器人开始执行下一个程序点
3	程序点确认完成后，把光标移到程序起始处
4	最后我们来试一试所有程序点的连续动作。按下【联锁】+【前进】键，机器人连续回放所有程序点，一个循环后停止运行

5.3 机器人的操作

5.3.1 手持操作示教器

机器人手持操作示教器的布局及按键功能区如图 5-6、图 5-7 所示。

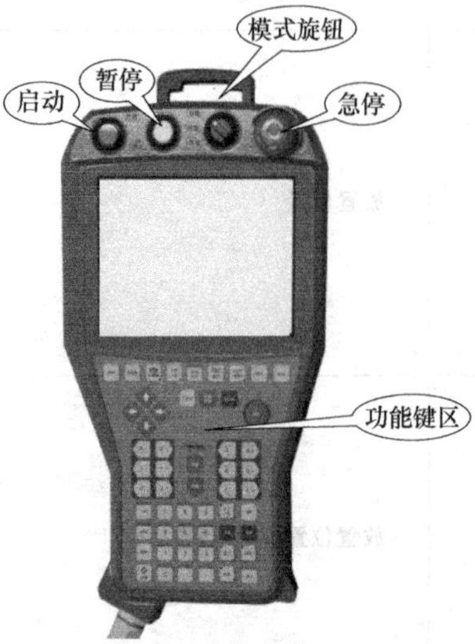

图 5-6　手持操作示教器布局

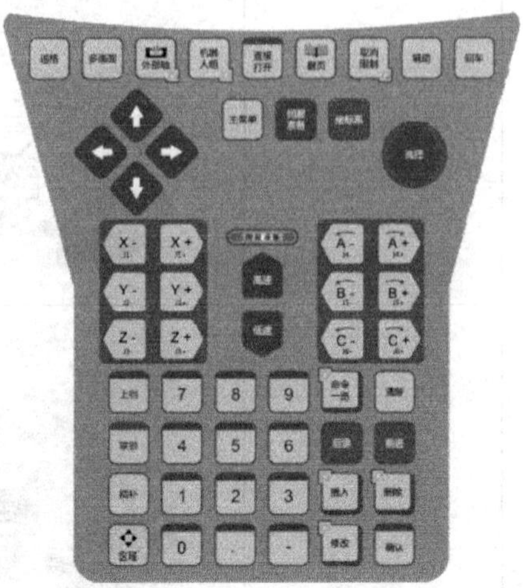

图 5-7　手持操作示教器功能键区放大图

5.3.2　键位功能

(1) 键的表示

① 手持操作示教器上的键用【】表示，例如：急停键用【急停】键来表示。移动键，分别用【上移】键、【下移】键、【左移】键、【右移】键来表示，如图 5-8 所示。

② 轴操作键和模式选择键如图 5-9 所示。

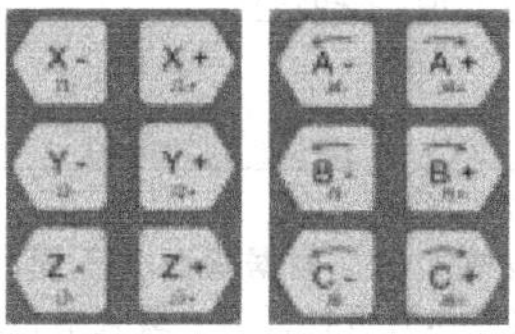

图 5-8　轴操作键

图 5-9　模式选择键

③ 同时按键。两个键同时按下时，表示为【上档】+【2】。

④ 界面按钮使用｛｝表示。例如：

中，程序按钮表示为｛程序｝。

(2) 键位功能

键位功能如表 5-4 所示。

表 5-4　键位功能

ID	按　键	功　能
0	急停键 	按下此键，伺服电源切断。切断伺服电源后，手持操作示教器的【伺服准备指示灯】熄灭。故障排除后，可打开急停键，急停旋钮打开后，方可继续接通伺服电源。此键按下后将不能打开伺服电源 打开急停键方法：顺时针旋转至急停键弹起，伴随"咔"的声音，此时表示【急停按钮】已打开
	模式旋钮  示教 回放 远程	按下此按钮可选择回放模式、示教模式或远程模式 示教(TEACH)：示教模式可用手持操作示教器进行轴操作和编辑(在此模式中，外部设备发出的工作信号无效) 回放(PLAY)：回放模式可对示教完的程序进行回放运行 远程(REMOTE)：远程模式可通过外部 TCP/IP 协议、IO 进行启动示教程序操作
	启动 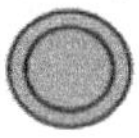 START	按下此按钮，机器人开始回放运行 回放模式运行中，此指示灯亮起。通过专用输入的启动信号使机器人开始回放运行时，此指示灯亮起。按下此按钮前必须把模式旋钮设定到回放模式；确保手持操作示教器【伺服准备指示灯】亮起
	暂停 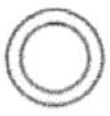 HOLD	按下此键，机器人暂停运行 此键在任何模式下均可使用。示教模式下，此灯被按下时灯亮，此时机器人不能进行轴操作。回放模式下，此键指示灯按下一次后即可进入暂停模式，此时暂停指示灯亮起，机器人处于暂停状态。按下手持操作示教器上的【启动】按钮START，可使机器人继续工作
	三段开关 	按下此键，伺服电源接通 操作前必须先把模式旋钮设定在示教模式→点击手持操作示教器上【伺服准备】键(【伺服准备指示灯】处于闪烁状态)→轻轻握住三段开关，伺服电源接通(【伺服准备指示灯】处于常亮状态)。此时若用力握紧，则伺服电源切断。如果不按手持操作示教器上的【伺服准备】键，即使轻握【三段开关】，伺服电源也无法接通

续表

ID	按　键	功　能
1	退格 	输入字符时，删除最后一个字符
2	多画面 	功能预留
3	外部轴 	按此键时，在焊接工艺中可控制变位机的回转和倾斜 当需要控制的轴数超过 6 时，按下此键(按钮右下角的指示灯亮起)，此时控制 1 轴即为控制 7 轴，2 轴即为 8 轴，以此类推
4	机器人组 	功能预留
5	移动键 	按此键时，光标朝箭头方向移动 此键组必须使用在示教模式下。根据画面的不同，光标的可移动的范围有所不同。在子菜单和指令列表操作时可打开下一级菜单和返回上一级菜单
6	轴操作键 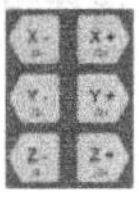	对机器人各轴进行操作的键 此键组必须使用在示教模式下，可以按住两个或更多的键，操作多个轴 机器人按照选定坐标系和手动速度运行，在进行轴操作前，请务必确认设定的坐标系和手动速度是否适当。操作前需确认机器人手持操作示教器上的【伺服准备指示灯】亮起
7	手动速度键 	手动操作时，机器人运行速度的设定键 此键组必须使用在示教模式下。此时设定的速度在使用轴操作键和回零时有效。手动速度有 8 个等级微动 1%、微动 2%、低 5%、低 10%、中 25%、中 50%、高 75%、高 100%。被设定的速度显示在状态区域 【高速】微动 1%→微动 2%→低 5%→低 10%→中 25%→中 50%→高 75%→高 100% 【低速】高 100%→高 75%→中 50%→中 25%→低 10%→低 5%→微动 2%→微动 1%
8	上档 	可与其他键同时使用 此键必须使用在示教模式下 【上档】+【联锁】+【清除】可退出机器人控制软件进入操作系统界面 【上档】+【2】可实现在程序内容界面下查看运动指令的位置信息，再次按下可退出指令查看功能 【上档】+【4】可实现机器人 *YZ* 平面自动平齐 【上档】+【5】可实现机器人 *XZ* 平面自动平齐 【上档】+【6】可实现机器人 *XY* 平面自动平齐 【上档】+【9】可实现机器人快速回零位 【上档】+【翻页】可实现在选择程序和程序内容界面返回上一页
9	联锁 	辅助键与其他键同时使用 此键必须使用在示教模式下 【联锁】+【前进】在程序内容界面下按照示教的程序点轨迹进行连续检查；在位置型变量界面下实现位置型变量检查功能，具体操作见位置型变量 【上档】+【联锁】+【清除】可退出程序
10	插补 	机器人运动插补方式的切换键 此键必须使用在示教模式下 每按一次此键，插补方式做如下变化：MOVJ→MOVL→MOVC→MOVP→MOVS
11	区域 	按下此键，选中区在"主菜单区"和"通用显示区"间切换 此键必须使用在示教模式下
12	数值键 	按数值键可输入键的数值和符号 此键组必须使用在示教模式下 "."是小数点，"-"是减号或连字符 数值键也作为用途键来使用

续表

ID	按　键	功　能
13	回车 	在操作系统中，按下此键表示确认的作用，能够进入选择的文件夹或打开选定的文件
14	辅助 	功能预留
15	取消限制 	运动范围超出限制时，取消范围限制，使机器人继续运动 此键必须使用在示教模式下 取消限制有效时，按钮右下角的指示灯亮起，当运动至范围内时，灯自动熄灭。若取消限制后仍存在报警信息，请在指示灯亮起的情况下按下【清除】键，待运动到范围限制内继续下一步操作
16	翻页 	按下此键，实现在选择程序和程序内容界面中显示下一页的功能 此键必须使用在示教模式下
17	直接打开 	在程序内容页，打开可直接查看运动指令的示教点信息 此键必须使用在示教模式下
18	选择 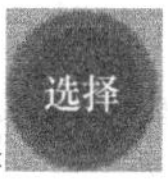	软件界面菜单操作时，可选中“主菜单”“子菜单” 指令列表操作时，可选中指令。此键必须使用在示教模式下
19	坐标系 	手动操作时，机器人的动作坐标系选择键。此键必须使用在示教模式下 可在关节、机器人、世界、工件、工具坐标系中切换选择。此键每按一次，坐标系按以下顺序变化：关节→机器人→世界→工具→工件 1→工件 2，被选中的坐标系显示在状态区域
20	伺服准备 	按下此键，伺服电源有效接通 由于急停等原因伺服电源被切断后，用此键可有效地接通伺服电源 回放模式和远程模式时，按下此键后，【伺服准备指示灯】亮起，伺服电源被接通。示教模式时，按下此键后，【伺服准备指示灯】闪烁，此时轻握手持操作示教器上【三段开关】，【伺服准备指示灯】亮起，表示伺服电源被接通
21	主菜单 	显示主菜单 此键必须使用在示教模式下
22	命令一览 	按此键后显示可输入的指令列表 此键必须使用在示教模式下，此键使用前必须先进入程序内容界面
23	清除 	清除“人机交互信息”区域的报警信息，此键必须使用在示教模式下
24	后退 	按住此键时，机器人按示教的程序点轨迹逆向运行，此键必须使用在示教模式下
25	前进 	伺服电源接通状态下，按住此键时，机器人按示教的程序点轨迹单步运行。此键必须使用在示教模式下。同时按下【联锁】+【前进】时，机器人按示教的程序点轨迹连续运行
26	插入 	按下此键，可插入新程序点 此键必须使用在示教模式下。按下此键，按键左上侧指示灯点亮起，按下【确认】键，插入完成，指示灯熄灭

续表

ID	按　键	功　能
27	 删除	按下此键,删除已输入的程序点 此键必须使用在示教模式下。按下此键,按键左上侧指示灯点亮起,按下【确认】键,删除完成,指示灯熄灭
28	 修改	按下此键,修改示教的位置数据、指令参数等 此键必须使用在示教模式下。按下此键,按键左上侧指示灯点亮起,按下【确认】键,修改完成,指示灯熄灭
29	 确认	配合【插入】【删除】【修改】按键使用 此键必须使用在示教模式下。当【插入】【删除】【修改】指示灯亮起时,按下此键完成插入、删除、修改等操作的确认
30	伺服准备指示灯 	【伺服准备】按钮的指示灯 在示教模式下,点击【伺服准备】按钮,此时指示灯灯会闪烁。轻握【三段开关】后,指示灯会亮起,表示伺服电源接通。在回放和远程模式下,点击【伺服准备】按钮,此灯会亮起,表示伺服电源接通

5.3.3 示教软件界面介绍

开机自动进入机器人控制程序界面，如图 5-10 所示。图 5-11 是焊接专用系统主界面。

图 5-10　标准系统主界面

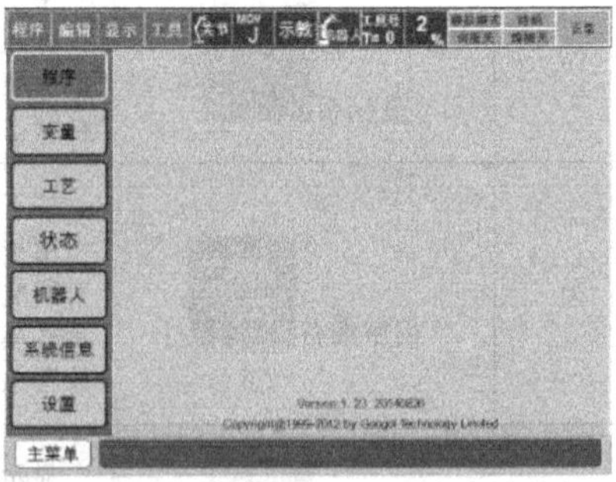

图 5-11　焊接专用系统主界面

界面中菜单、按钮、标识等用｛｝表示。标准系统主界面功能见表 5-5。

表 5-5　标准系统主界面功能

序号	功能区名称	功　能
1	主菜单区	每个菜单和子菜单都显示在主菜单区,通过按下手持操作示教器上【主菜单】键,点击界面左下角的{主菜单}按钮,显示主菜单
2	菜单区	快速进入程序内容、工具管理功能等操作界面
3	状态显示区	显示机器人控制柜当前状态,显示的信息根据机器人的状态不同而不同
4	通用显示区	可对程序文件进行显示和编辑
5	人机对话显示区	可进行错误和操作提示或报警 机器人运动时实时显示机器人各轴关节和末端点的运动速度 常规状态时采用英文显示提示和报警,点击界面中人机对话显示区可弹出中文对照说明

(1) 主菜单

每个主菜单和子菜单都显示在主菜单区，通过按下手持操作示教器上【主菜单】键或点击界面左下部的｛主菜单｝按钮，显示主菜单，如图 5-12 所示。

① 每个菜单及子菜单都显示在主菜单区。

② 通过按下手持操作示教器上【区域】键，可切换区域至主菜单区或通用显示区。

③ 按下手持操作示教器【上移】键或者【下移】键可移动选中主菜单项，被选中项变为蓝色。

④ 选中主菜单中某项后，按下手持操作示教器上的【右移】键或【左移】键，可打开或者关闭子菜单，【右移】键表示打开子菜单，【左移】键表示关闭子菜单。

⑤ 按下手持操作示教器上的【选择】键，可选中子菜单，进入界面。

图 5-12　主菜单

(2) 子菜单

子菜单及功能见表 5-6。

表 5-6　子菜单及功能

图标	主菜单	子菜单	功　能
程序	程序	程序内容 选择程序 程序管理 主程序	①程序内容：编辑显示程序文件，程序文件进行添加、修改、删除等操作，显示程序文件内容执行情况，打开程序一览等 ②选择程序：选择要操作的程序文件 ③程序管理：对程序文件进行管理，如新建、删除、重命名、复制程序文件 ④主程序：设置主程序，回放模式时，在没有选择程序的情况下，默认为打开已设置的主程序
变量	变量	数值型 位置型 增量位置型	数值型：可使用布尔型、整型、实型变量，供程序编辑时使用 位置型：可以标定位置型变量，供程序文件编辑时使用
工艺	工艺	码垛 跟踪 焊接 变位系统 视觉	码垛、跟踪、焊接、变位系统、视觉等工艺的参数设置，在示教程序中进行工艺功能调用 若某项为预留扩展功能，则选中后按钮显示为深灰色 其中焊接工艺中： 送丝：【联锁】+【9】 收丝：【联锁】+【6】 检气：【联锁】+【8】 关气：【联锁】+【5】
状态	状态	IO 控制器轴 通用轴状态	①IO：显示系统 IO 和 IO 模块的状态 ②控制器轴：显示控制器所有轴状态 ③通用轴状态：显示控制器主要的伺服状态
机器人	机器人	当前位置 零位标定 坐标系管理 作业原位置 异常处理	①当前位置：显示机器人当前的位置姿态 ②零位标定：对机器人的零位进行标定 ③坐标系管理：标定及管理世界坐标系、工件坐标系 1 和工件坐标系 2 ④作业原位置：可以运动至指定位置 ⑤异常处理：处理机器人异常情况下操作，例如使各轴进入仿真模式等
系统信息	系统信息	用户权限 报警历史 版本	①用户权限：设置管理员权限，不同权限存在不同的操作内容 ②报警历史：查看机器人报警历史状态 ③版本：可查看主控制软件及其功能模块的版本信息

续表

图标	主菜单	子菜单	功　能
	设置	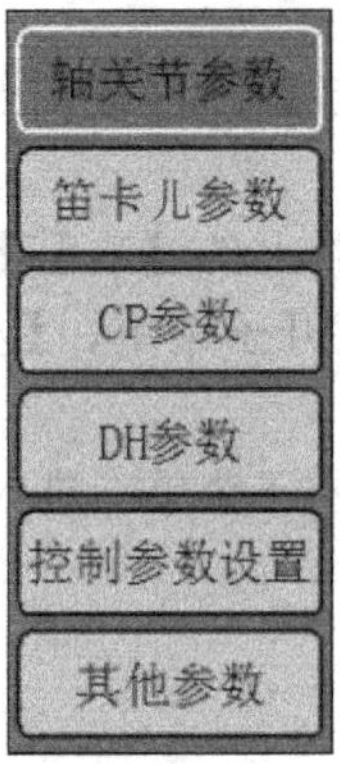	①轴关节参数：对轴关节空间进行参数设置，可以改变轴关节速度、加速度、范围限制等 ②笛卡儿空间：可以改变笛卡儿空间参数，如速度、加速度、范围限制等 ③CP 参数：可以改变 CP 参数，如速度加速度、范围限制等 ④DH 参数：可以改变 DH 模型参数、机器人模型 ⑤控制参数设置：改变机器人控制轴参数 ⑥其他参数：改变机器人应用参数，如通信 IP、端口、设备名等

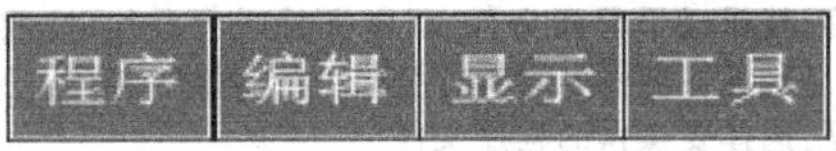

图 5-13　菜单区

(3) 菜单区

菜单区见图 5-13。

① 程序　可快速进入程序内容界面。

② 编辑　可快速编辑程序。

③ 显示　可显示示教程序运行时关节角速度、末端点速度信息。

④ 实用工具　可快速进入工具管理界面。

(4) 状态显示区

状态显示区见图 5-14。

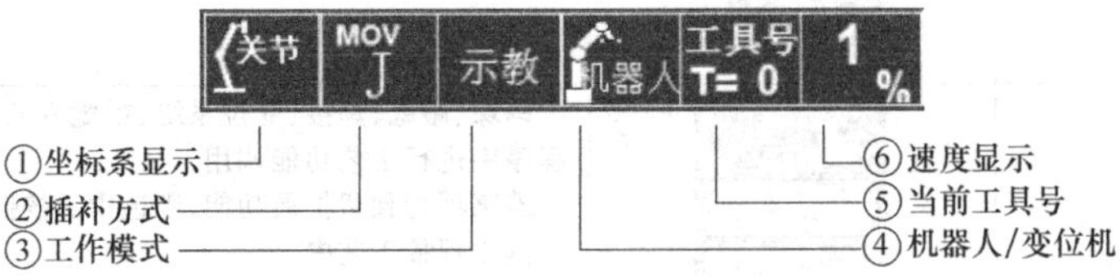

图 5-14　状态显示区

① 坐标系显示　显示被选择的坐标系，可通过按手持操作示教器上的【坐标系】键选择（表 5-7）。

② 插补方式　显示被选择的插补方式，可通过按手持操作示教器上的【插补】键选择（表 5-8）。

表 5-7　坐标系显示

序号	图标	功能	序号	图标	功能
1		关节坐标系	4		世界坐标系
2		机器人坐标系	5		工件坐标系 1
3		工具坐标系	6		工件坐标系 2

表 5-8　插补方式

序号	图标	功　能
1		MOVJ 指令，关节运动
2		MOVP 指令，直线运动
3		MOVC 指令，圆弧运动
4		MOVL 指令，直线运动
5		MOVS 指令，不规则圆弧运动

③ 工作模式　显示机器人的工作模式，可通过手持操作示教器上的模式旋钮切换（表 5-9）。

表 5-9　工作模式

序号	图标	功　能	序号	图标	功　能
1	示教	机器人处于示教工作模式下	3	远程	机器人处于远程工作模式下
2	回放	机器人处于回放工作模式下	4	错误	机器人处于错误工作状态下

④ 机器人/变位机　机器人/变位机指在机器人和变位机之间进行切换，从而使轴操作键对机器人或变位机进行操作。

⑤ 当前工具号　当前工具号指方便用户确定当前使用的工具序号。程序内部使用一个具有 32 个元素的工具坐标系数据队列，默认 0 号为不使用工具，1～32 号坐标系队列元素为可编辑的队列元素。

⑥ 速度显示　显示被选择的速度，可通过按手持操作示教器上的【高速】或【低速】键选择（表 5-10）。

表 5-10　速度显示

序号	图标	功　能	序号	图标	功　能
1	1 %	微速——最高速的 1%	5	25 %	中速——最高速的 25%
2	2 %	微速——最高速的 2%	6	50 %	中速——最高速的 50%
3	5 %	低速——最高速的 5%	7	75 %	高速——最高速的 75%
4	10 %	低速——最高速的 10%	8	100 %	高速——最高速的 100%

⑦ 机器人运行状态　显示机器人的运行状态，如表 5-11 所示。

表 5-11　运行状态

序号	图标	功　能
1	运行	机器人处于运动中
2	待机	机器人处于运动停止
3	暂停	机器人处于运动暂停状态

(5) 通用显示区

显示界面内容，可对程序、参数等进行查看和编辑操作。

(6) 人机交互区

人机接口显示区有错误信息时，变为红色。按下手持操作示教器上的【清除】键，可清除错误，进入报警历史界面可查看出现过的所有报警信息记录。机器人正常运动过程中，人机接口显示区显示机器人运行速度，如图 5-15 所示。

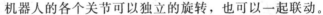

1.000	10.000	10.000	10.000	10.000	50.000	1600.000

图 5-15 运行速度

前六项显示的机器人六个关节的关节速度，单位为 (°)/s，最后一项显示的是机器人的法兰盘末端线速度，单位为 mm/s。

5.3.4 机器人的基本操作

(1) 坐标系的选择

在示教模式下，选择机器人运动坐标系。按手持操作示教器上的【坐标系】键，每按一次此键，坐标系按“关节→机器人→工具→世界→用户 1→用户 2”的顺序变化，通过状态区的显示来确认。

对机器人进行操作时，可以使用以下几种坐标系。

① 关节坐标系——ACS 关节坐标系是以各轴机械零点为原点所建立的纯旋转的坐标系，机器人的各个关节可以独立的旋转，也可以一起联动。

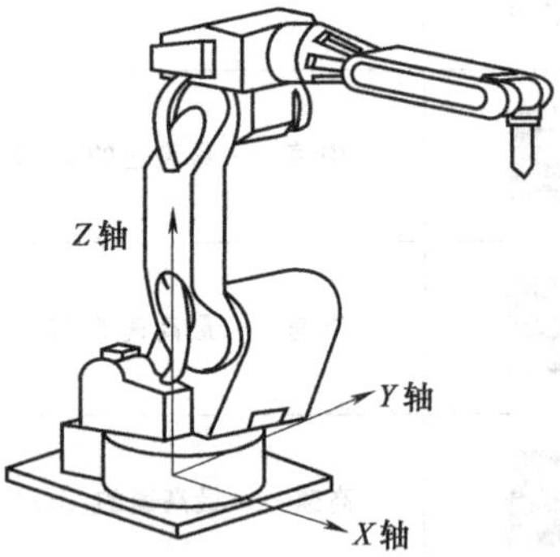

图 5-16 机器人坐标系 KCS

② 机器人（运动学）坐标系——KCS 如图 5-16 所示。机器人（运动学）坐标系是用来对机器人进行正逆向运动学建模的坐标系，如图 5-16 所示。它是机器人的基础笛卡儿坐标系，也可以称为机器人基础坐标系或运动学坐标系，机器人工具末端 TCP 在该坐标系下可以进行沿坐标系 X 轴、Y 轴、Z 轴的移动运动，以及绕坐标系轴 X 轴、Y 轴、Z 轴的旋转运动。

③ 工具坐标系——TCS 工具坐标系把机器人腕部法兰盘所持工具的有效方向作为 Z 轴，并把工具坐标系的原点定义在工具的尖端点（或中心点）TCP，如图 5-17 所示。当机器人没有安装工具的时候，工具坐标系建立在机器人法兰盘端面中心点上，Z 轴方向垂直于法兰盘端面指向法兰面的前方。当机器人运动时，随着工具尖端点 TCP 的运动，工具坐标系也随之运动。用户可以选择在工具坐标系 TCS 下进行示教运动。TCS 坐标系下的示教运动包括沿工具坐标系的 X 轴、Y 轴、Z 轴的移动运动，以及绕工具坐标系轴 X 轴、Y 轴、Z 轴的旋转运动。

④ 世界坐标系——WCS 世界坐标系也是空间笛卡儿坐标系统，如图 5-18 所示。世界坐标系是其他笛卡儿坐标系（机器人运动学坐标系 KCS 和工件坐标系 PCS）的参考坐标系统，运动学坐标系 KCS 和工件坐标系 PCS 的建立都是参照世界坐标系 WCS 来建立的。在默认没有示教配置世界坐标系的情况下，世界坐标系到机器人运动学坐标系之间没有位置的偏置和姿态的变换，所以世界坐标系 WCS 和机器人运动学坐标系 KCS 重合。用户可以通过“坐标系管理”界面来示教世界坐标系 WCS。机器人工具末端在世界坐标系下可以进行沿坐标系 X 轴、Y 轴、Z 轴的移动运动，以及绕坐标系轴 X 轴、Y 轴、Z 轴的旋转运动。

⑤ 工件坐标系 1——PCS1 机器人系统共设计有两套独立的工件坐标系统，工件坐标系 1 是第一套工件坐标系统。工件坐标系 PCS 是建立在世界坐标系 WCS 下的一个笛卡儿坐标系，

如图 5-19 所示。工件坐标系主要是方便用户在一个应用中切换世界坐标系 WCS 下的多个相同的工件。另外，示教工件坐标系后，机器人工具末端 TCP 在工件坐标系下的移动运动和旋转运动能够减轻示教工作的难度。第 套工件坐标系统主要用于常规的机器人应用中，这些坐标系都是由示教生成的固定不变的工件坐标系。

⑥ 工件坐标系 2——PCS2　工件坐标系 2 是第二套工件坐标系统。在普通应用中，第二套工件坐标系统和第一套工件坐标系的功能完全一致，在高级应用中，例如同步带跟踪抓取、两轴定位转台等应用中，系统会使用第二套工件坐标系下某些序号的坐标系作为内部同步跟踪用途。

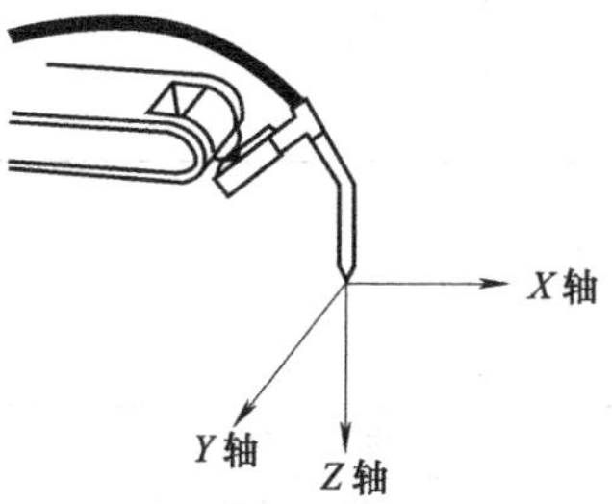

图 5-17　工具坐标 TCS

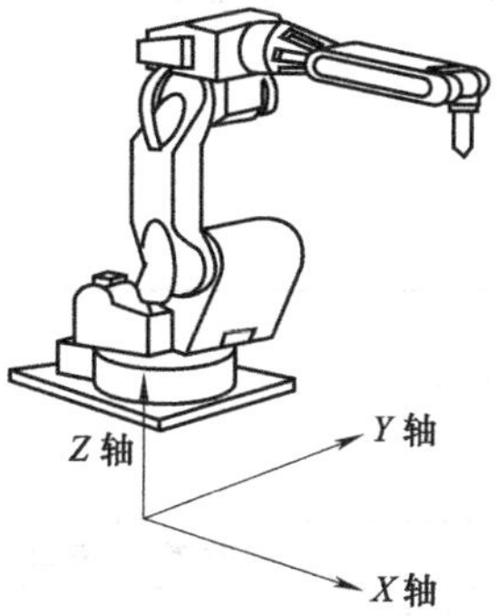

图 5-18　世界坐标系 WCS

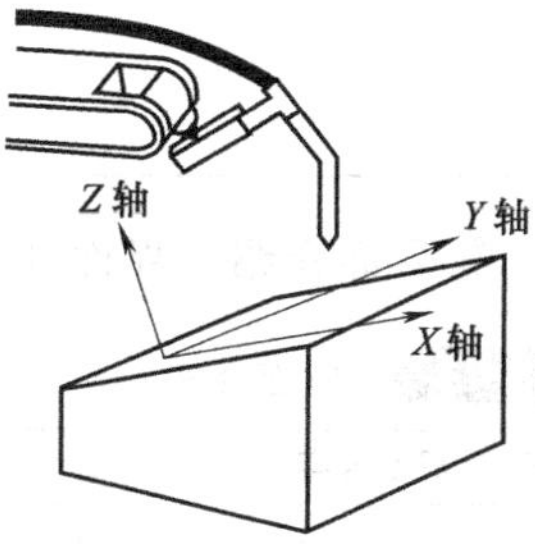

图 5-19　工件坐标系 PCS

(2) 手动速度调整

示教模式下，选择机器人运动速度。

① 按手持操作示教器上【高速】键或【低速】键，每按一次，手动速度按顺序变化，通过状态区的速度显示来确认。

② 按手动速度【高速】键，每按一次，手动速度按以下顺序变化：

微动 1%→微动 2%→低 5%→低 10%→中 25%→中 50%→高 75%→高 100%。

③ 按手动速度【低速】键，每按一次，手动速度按以下顺序变化：

高 100%→高 75%→中 50%→中 25%→低 10%→低 5%→微动 2%→微动 1%。

(3) 程序操作

程序操作是在机器人不动作的情况下进行的程序编辑操作，包括复制程序、删除程序、和程序重命名等。

(4) 程序管理

① 进入界面　进入界面见表 5-12。

表 5-12　进入界面

序号	步　骤	界　面
1	点击界面上{主菜单}按钮或按下手持操作示教器上的【主菜单】键，界面上主菜单{程序}变为蓝色	

续表

序号	步骤	界面
2	打开程序子菜单，按下手持操作示教器上的【右移】键，打开子菜单	
3	选择{程序管理} 按下手持操作示教器上的【选择】键，进入程序管理页面	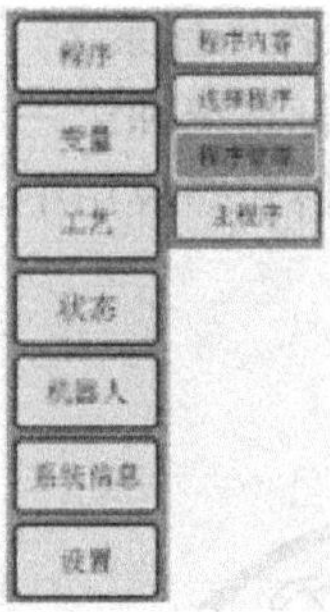

② 界面介绍　界面介绍见表 5-13。

表 5-13　界面介绍

序号	界面内容	功能	序号	界面内容	功能
1	源程序	选择要删除、被复制或者重命名前的程序。不允许手动输入，只能在已存在的程序中选择	3	新建	新建需要的程序。新建的程序，程序内容默认加入【NOP】【END】两句
			4	删除	删除已存在的程序
2	目标程序	输入要新建、复制后、重命名程序名称	5	复制	复制已存在的程序
			6	重命名	重命名已存在的程序

③ 新建程序　新建程序见表 5-14。

表 5-14　新建程序

序号	操作步骤	界面
1	在{目标程序}中输入要新建程序的名字。目标程序不区分大小写，可以输入字符和数字的组合，最长允许 10 个字符	
2	点击界面上{新建}按钮，即操作成功	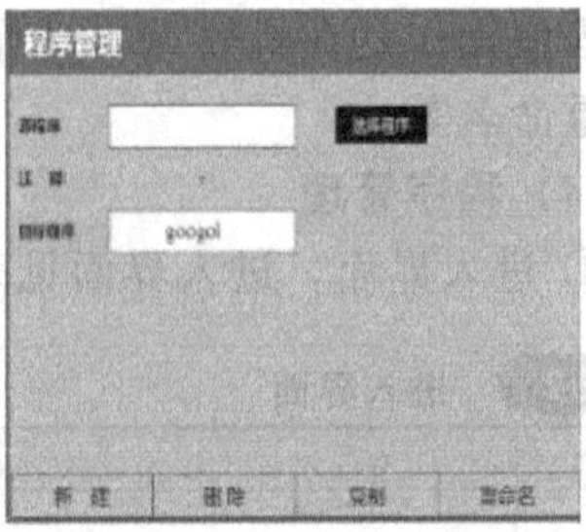
3	进入程序内容界面，新建一空程序，只有 NOP，END 两句	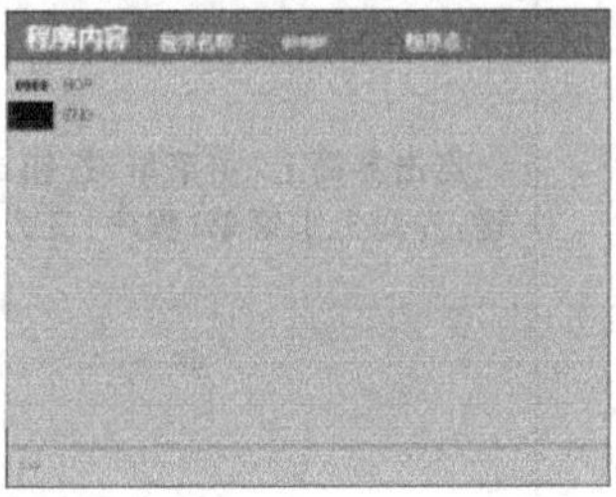

④ 复制程序　复制程序见表 5-15。

表 5-15　复制程序

序号	操作步骤	界　面
1	点击界面上{选择程序}按钮，进入选择程序界面	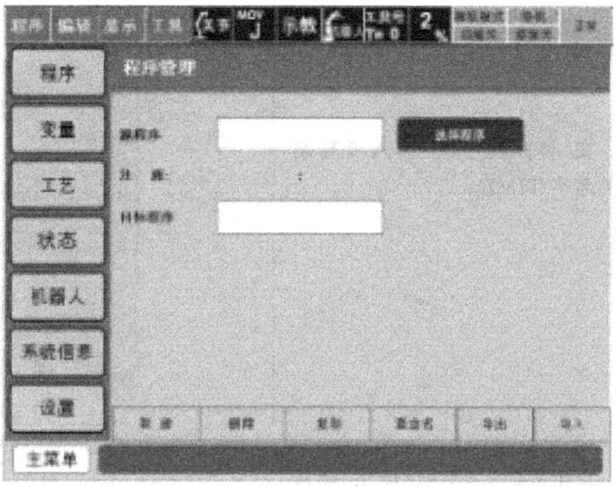
2	选择要复制的程序，按手持操作示教器上的【选择】键，返回程序管理界面	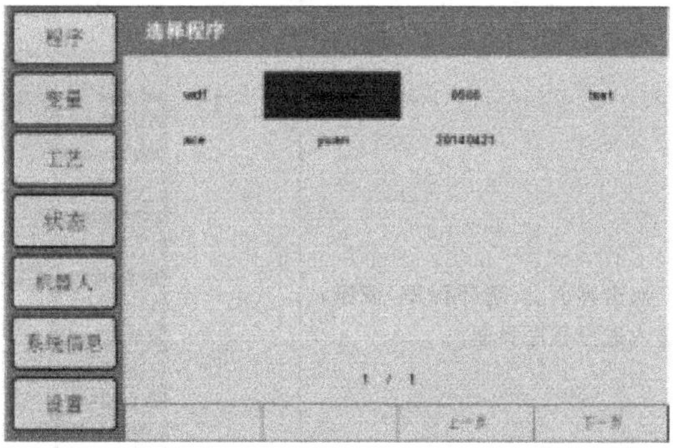 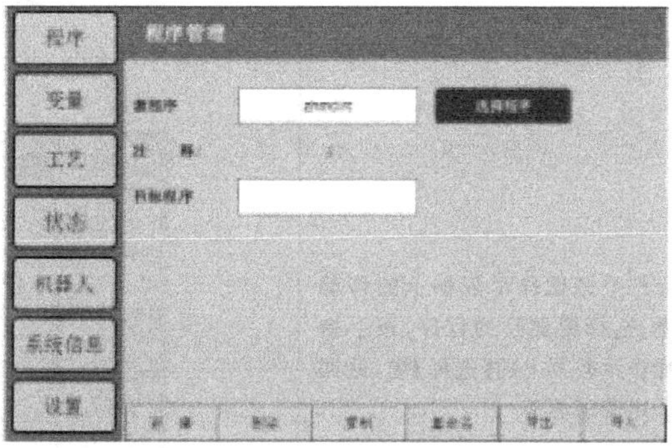

续表

序号	操作步骤	界　面
3	在{目标程序}中输入要复制的名字 TIME	
4	点击界面上{复制}按钮，操作成功	

⑤ 删除程序　删除程序见表 5-16。

表 5-16　删除程序

序号	操作步骤	界　面
1	点击界面上{选择程序}按钮，进入选择程序界面	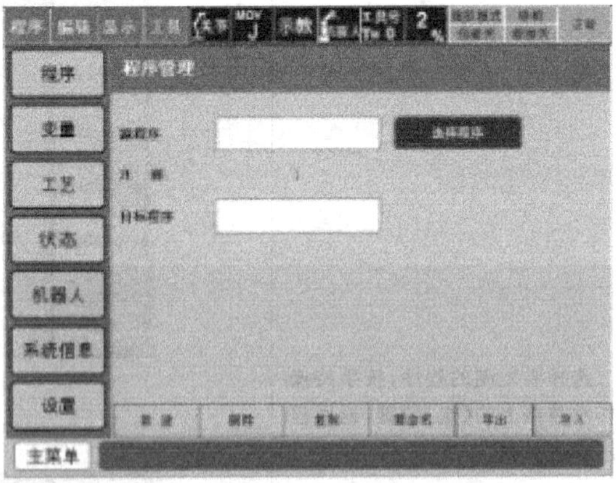
2	按手持操作示教器上的移动键，选择要删除的程序，按手持操作示教器上的【选择】键，返回程序管理界面	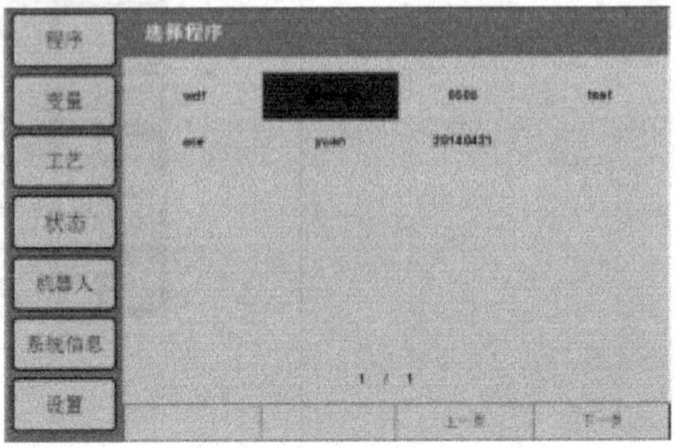

续表

序号	操作步骤	界　面
2	按手持操作示教器上的移动键，选择要删除的程序，按手持操作示教器上的【选择】键，返回程序管理界面	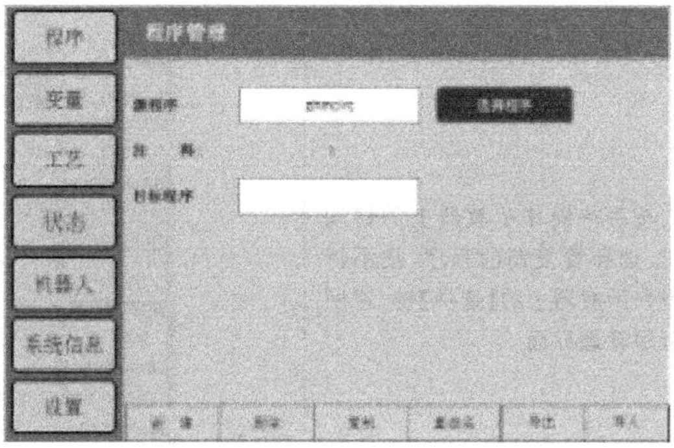
3	点击界面上{删除}按钮，操作成功	

⑥ 重命名程序　重命名程序见表 5-17。

表 5-17　重命名程序

序号	操作步骤	界　面
1	点击界面上{选择程序}按钮，进入选择程序界面	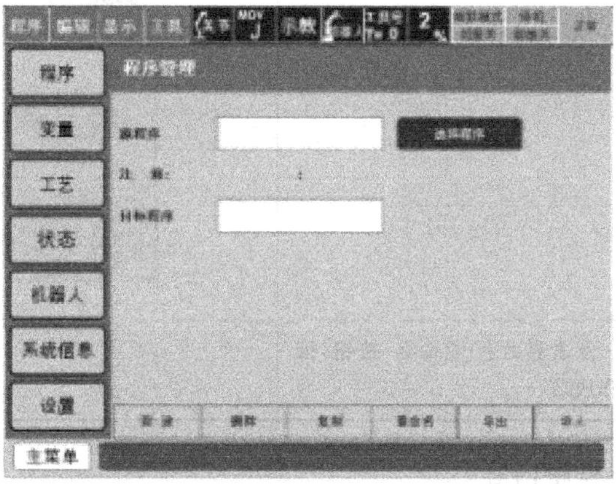
2	按手持操作示教器上的移动键，选择要复制的程序，按手持操作示教器上的【选择】键，返回程序管理界面	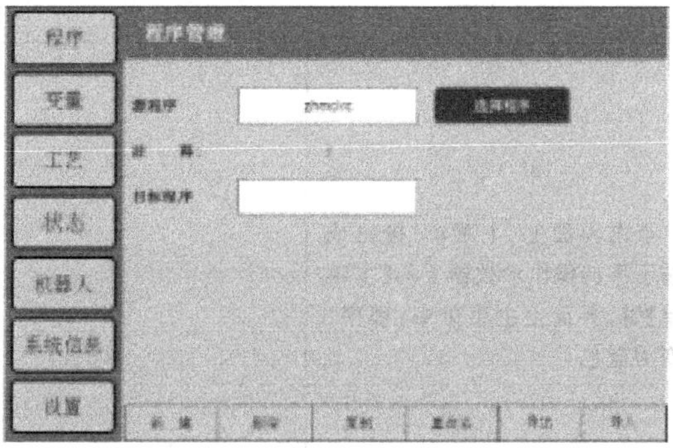

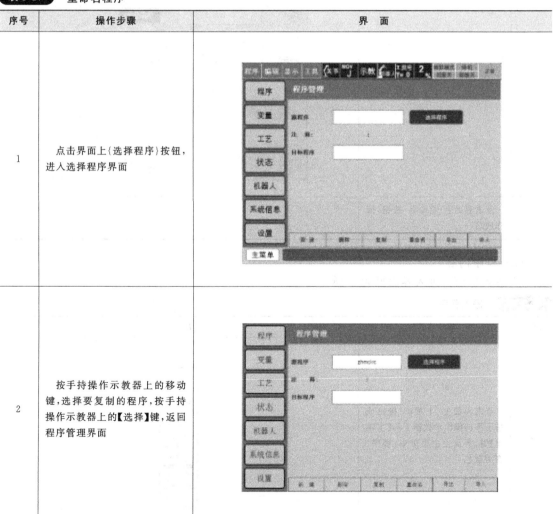

续表

序号	操作步骤	界　面
2	按手持操作示教器上的移动键，选择要复制的程序，按手持操作示教器上的【选择】键，返回程序管理界面	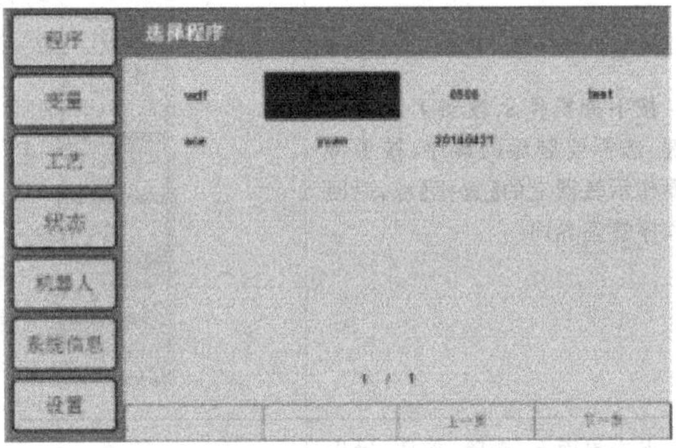
3	在{目标程序}中输入要重命名的新名字	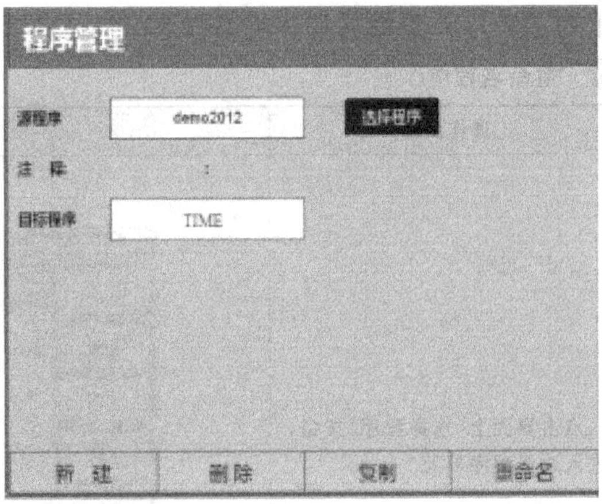
4	点击界面上{重命名}按钮，操作成功	

(5) 程序内容

① 进入界面　进入界面见表 5-18。

表 5-18 进入界面

序号	操作步骤	界　面
1	点击界面上{主菜单}按钮或按下手持操作示教器上的【主菜单】键，界面上主菜单中{程序}变为蓝色	

续表

序号	操作步骤	界　面
2	打开程序子菜单，按下手持操作示教器上【右移】键，打开子菜单	
3	选择{程序内容}，按下手持操作示教器上的【选择】键，进入程序内容界面	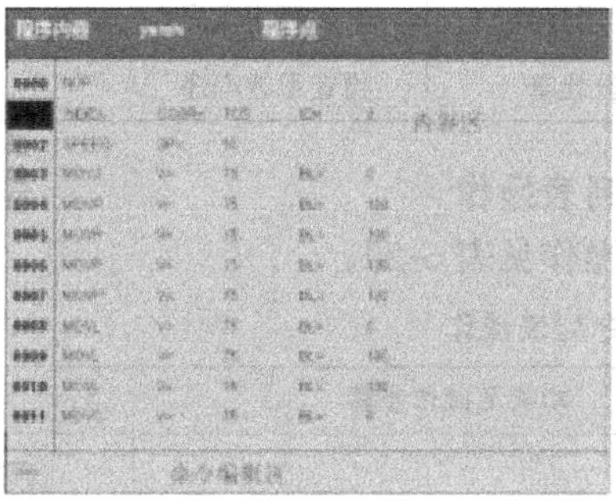

② 界面介绍　界面介绍见表 5-19。

表 5-19　界面介绍

序号	功　能	功 能 说 明
1	程序内容	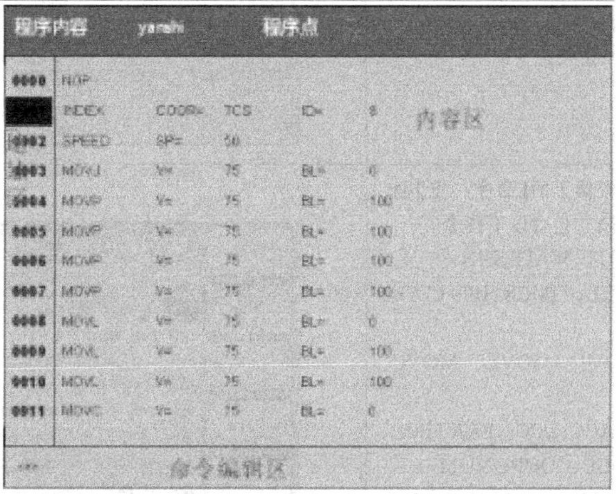 地址区：显示行号的区域 显示区：显示程序名称，当前选中的文件行号 内容区：显示程序内容 命令编辑区：显示被选中的指令行，可以进行行编辑

续表

序号	功 能	功 能 说 明
2	上下移动	①按手持操作示教器上的【上移】或【下移】键，可上下移动程序文件行号 ②如果文件有多页时，当移动至最后一行时，继续按【下移】键将打开下一页 ③如果当前显示第二页，当移动至第一行时，继续按【上移】键将打开上一页
3	选择	按下手持操作示教器上【选择】键，在有效指令范围内，选择行会进入命令编辑区，可以对参数进行编辑
4	翻页	如果程序是多页的，按手持操作示教器上【翻页】键进入下一页，或者是【上档】+【翻页】键进入上一页
5	执行显示	显示程序执行情况，在程序执行的过程中，正在执行行号会变成蓝色
6	插入程序点	①直接添加运动指令或者通过指令列表添加示教指令 ②直接添加运动指令必须先接通伺服电源
7	删除程序点	删除不再需要的程序点
8	修改程序点	修改程序点内容
9	示教检查	检查示教程序

(6) 指令列表操作

指令列表操作见表 5-20。

表 5-20 指令列表操作

序号	功能及操作步骤	功能说明
1	进入{程序}-{程序内容}界面。程序指令列表只能在程序内容界面下打开	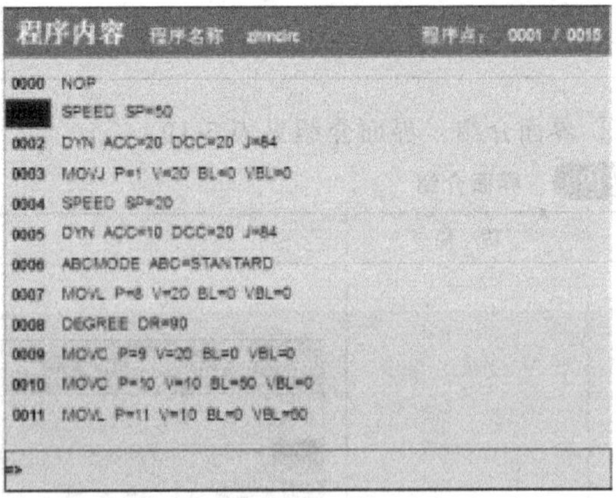
2	按下手持操作示教器上的【命令一览】键，弹出程序指令主列表。包含以下指令： I/O:DOUT、AOUT、WAIT、DIN 控制:JUMP、CALL、TIMER、IF..ELSE、WHILE、PAUSE 移动 1：MOVJ、MOVL、MOVC、MOVP、MOVS 移动 2:SPEED、ACC、DCC、JERKTIME、DEGREE、ABCMODE、COORDNUM 演算:ADD、SUB、MUL、DIV、INC、DEC、AND、OR、NOT、SET 码垛:工艺预留 跟踪:工艺预留 焊接:工艺预留 视觉:工艺预留	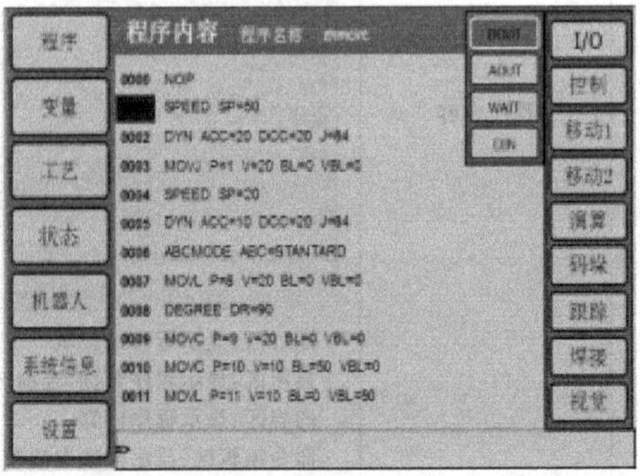

续表

序号	功能及操作步骤	功能说明
3	【命令一览】子列表 ①手持操作示教器上的【上移】键、【下移】键在主列表或者子列表中，选中指令切换 ②手持操作示教器上的【右移】键可打开子列表；【左移】键返回主列表 ③【选择】键可选中指令并且输出到命令编辑区，可供修改和插入示教行	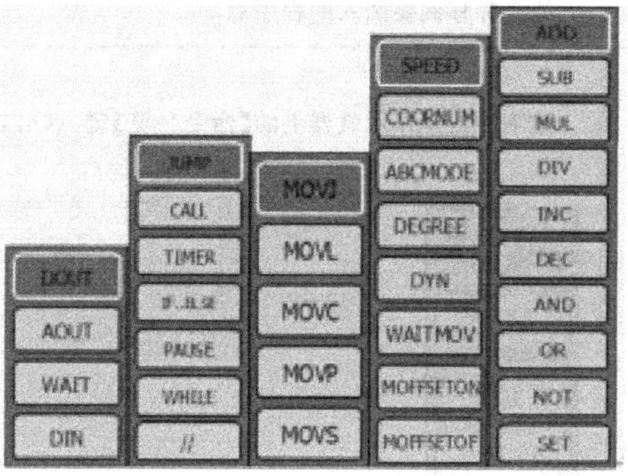

(7) 变量操作

程序指令列表插入示教点时可插入变量参数，变量均为全局变量，可在不同的程序中使用。数值型变量可修改初值，位置型变量使用前需进行标定。

数值型变量分为三种类型，每种类型可保存 96 个变量。整数型：取值范围为 −2147483648～2147483647 之间的整数；实数型：取值范围为 −1.7×10308～1.7×10308 之间的浮点数；布尔型：取值范围为 0 或者 1。

(8) 程序的修改

① 运动过程中插入程序点　运动指令程序点可以在运动过程中插入，这种方法插入的运动指令点为临时程序点。运动插入指令格式：MOVJ V=25 BL=0。其中：V=××，××为速度百分比，可以修改；BL=××，××为过渡段长度，可以修改。具体指令介绍详见程序指令规范运动指令，其步骤如表 5-21 所示。

表 5-21　运动过程中插入程序点步骤

步骤	说　明
1	把光标移到要插入的程序点
2	伺服电源接通。按下手持操作示教器上的【伺服准备】键，轻握【三段开关】后，机器人伺服电源接通
3	选定好速度（按下【高速】或者【低速】键）和插补方式（按下【插补】键）移动机器人，使机器人运动到需要的位置
4	按下手持操作示教器上的【插入】键，这时【插入】键旁的绿色灯亮起
5	按下手持操作示教器上的【确认】键，程序点添加成功

② 利用指令列表插入程序点　IO 指令、控制指令、运动指令、运算指令是可以插入指令列表里面的指令。具体指令介绍详见程序指令规范运动指令。如插入指令中使用到变量，需要在变量界面中对变量进行赋初值，其步骤如表 5-22 所示。

③ 修改程序点　修改程序点步骤见表 5-23。

④ 删除程序点　删除程序点步骤见表 5-24。

(9) 程序的编辑

程序的编辑功能可对程序内容进行选中多行、复制、剪切、粘贴操作。

① 编辑范围选择　选择程序范围必须在剪切、复制操作前进行（表 5-25）。

表 5-22 利用指令列表插入程序点步骤

步骤	说　明
1	把光标移到要插入的程序点
2	按下手持操作示教器上的【命令一览】键，这时在右侧弹出指令： 
3	按手持操作示教器【上移】或者【下移】键，选择需要的指令，按【选择】键进行后，指令出现在命令编辑区
4	修改指令参数为需要的参数 触摸命令编辑区中需要改动的参数，在弹出的界面中修改数值或指令
5	按下手持操作示教器上的【插入】键，这时【插入】键旁的绿色灯亮起
6	按下手持操作示教器上的【确认】键，程序点添加成功

表 5-23 修改程序点步骤

步骤	说　明
1	把光标移到要编辑的程序点
2	按下手持操作示教器上的【选择】键，选中行指令显示在命令编辑区
3	在命令编辑区中，修改需要的参数
4	按下手持操作示教器上的【修改】键，这时【修改】键旁的绿色灯亮起
5	按下手持操作示教器上的【确认】键，程序点修改成功

表 5-24 删除程序点步骤

步骤	说　明
1	把光标移到要删除的程序点
2	按下手持操作示教器上的【删除】键，这时【删除】键旁的绿色灯亮起
3	按下手持操作示教器上的【确认】键，程序点删除成功

表 5-25　编辑范围选择

步骤	说　明	图　示
1	进入{程序}-{程序内容}界面	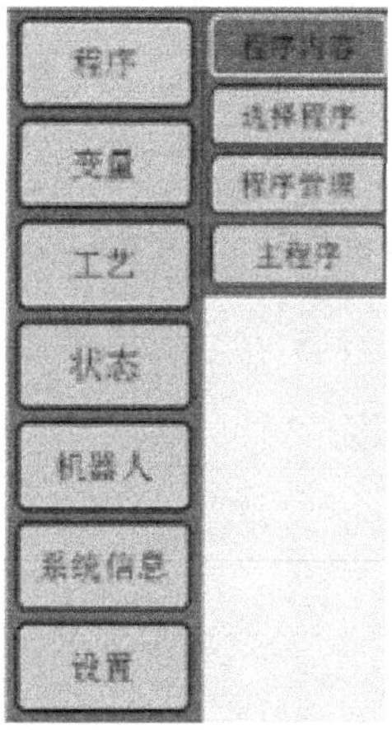
2	移动鼠标至要选择的首行	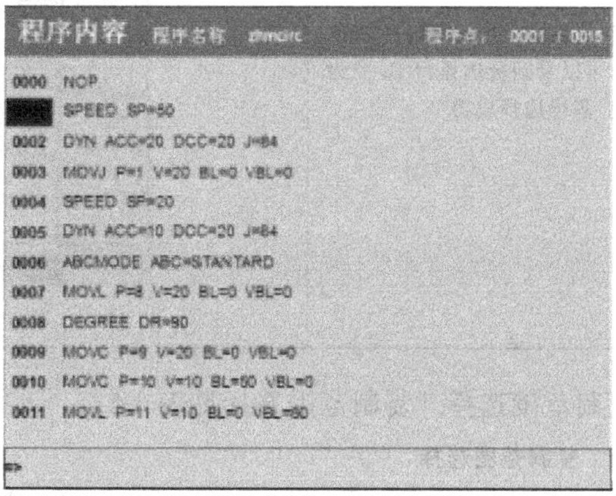
3	选择菜单的{编辑}	显示编辑下拉菜单 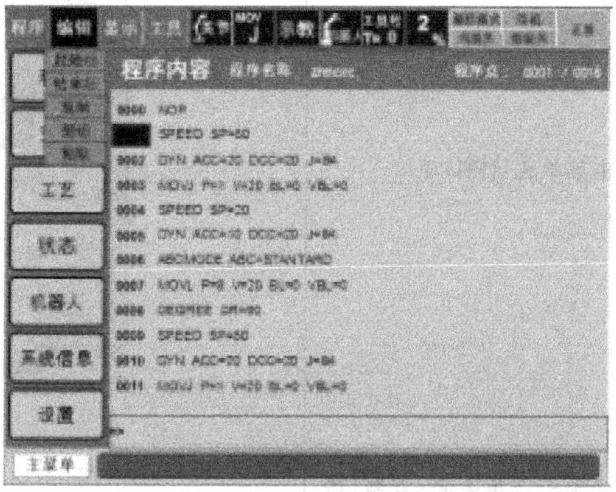
4	点击界面上{起始行}按钮	

续表

步骤	说　明	图　　示
5	移动光标至要选择的末行	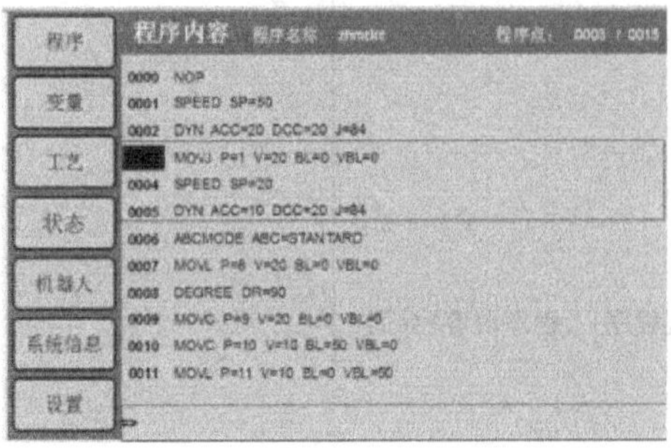
6	点击菜单的{编辑}-{结束行}，可以看到被选择行 ID 变为蓝色，多行选择成功	

② 复制范围选择　复制范围选择见表 5-26。

表 5-26　复制范围选择

步骤	说　明	图　示
1	点击菜单的{编辑}项	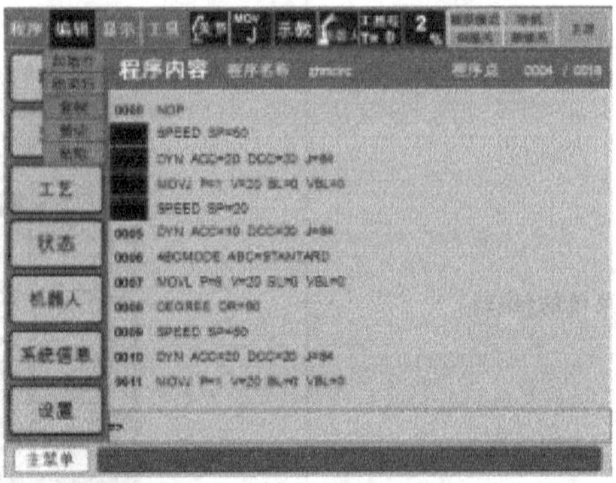
2	点击编辑菜单中的{复制}按钮，选择内容放入缓冲区	

③ 剪切　剪切前选定的复制范围见表 5-27。

表 5-27 剪切前选定的复制范围

步骤	说 明	图 示
1	点击菜单的{编辑}项	
2	选择编辑菜单中的{剪切},选择区内容被删除掉,放入缓冲区	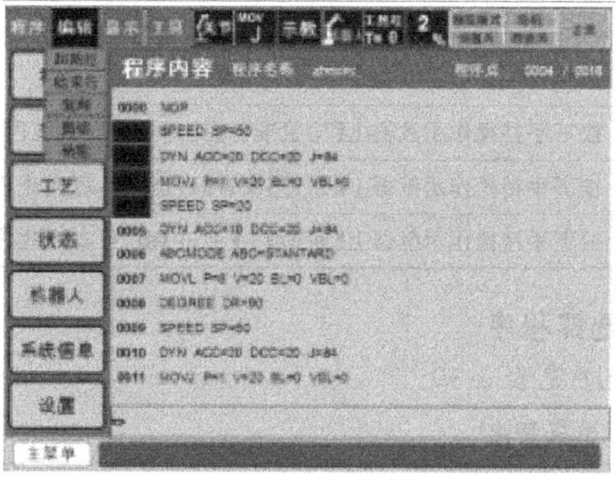

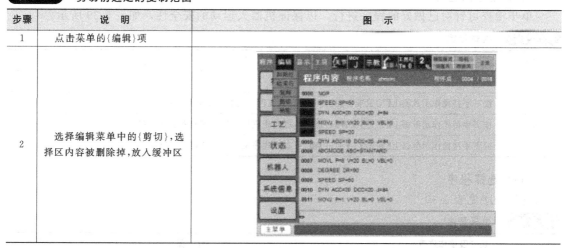

④ 粘贴 粘贴前选点已复制或者剪切的范围见表 5-28。

表 5-28 粘贴前选定已复制或者剪切的范围

步骤	说 明	图 示
1	在{程序内容}界面中选择要插入的行,粘贴操作将会粘贴到选择行前	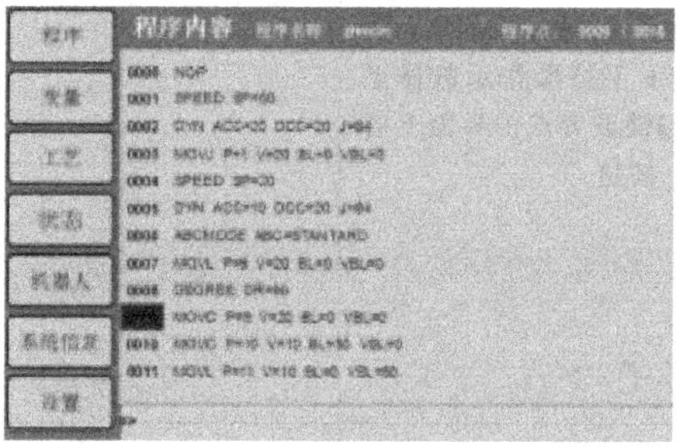
2	点击菜单的{编辑}项	
3	选择编辑菜单中的{粘贴},缓冲区内数据插入到选择行前	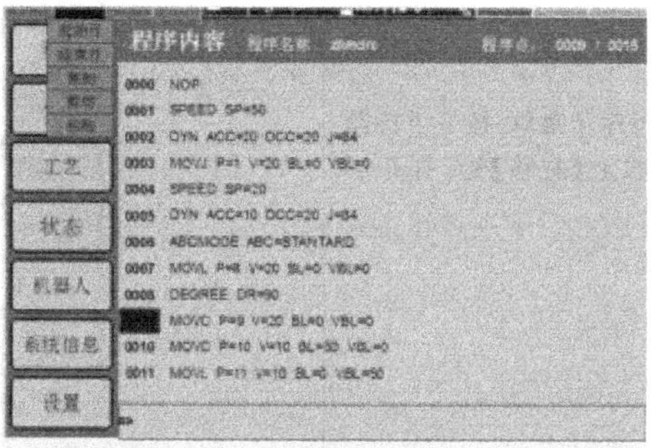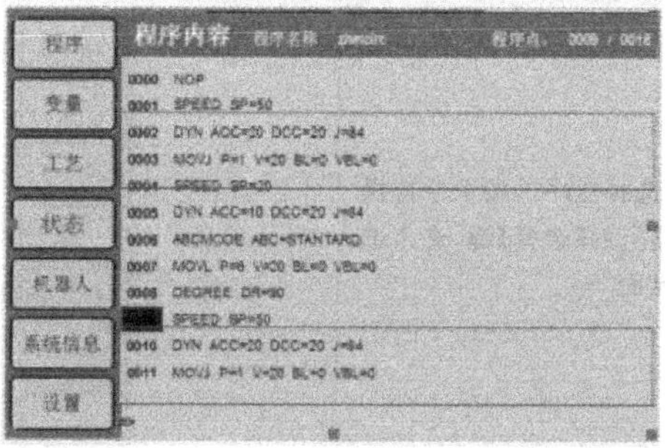

(10) 程序的检查

单步检查可针对已做好的程序进行，以保证机器人运动的安全性，如表 5-29 所示。

表 5-29 检查步骤

步骤	说　明
1	选择要检查的示教程序
2	按下手持操作示教器上【伺服准备】键，同时轻握【三段开关】，伺服电源接通
3	按下手持操作示教器上【前进】或者【后退】键，可实现程序文件前进或者后退检查
4	按下手持操作示教器上【联锁】+【前进】键，可实现程序文件的连续前进检查

(11) 选择程序

选择程序见表 5-30。

表 5-30 选择程序

序号	功能及操作步骤	界　面
1	选择主菜单{程序}，如果无法选择，按下手持操作示教器上【主菜单】键或者点击界面上的{主菜单}按钮	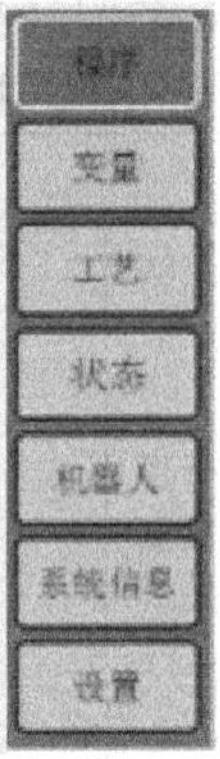
2	打开程序子菜单，按下手持操作示教器上【右移】键，打开子菜单	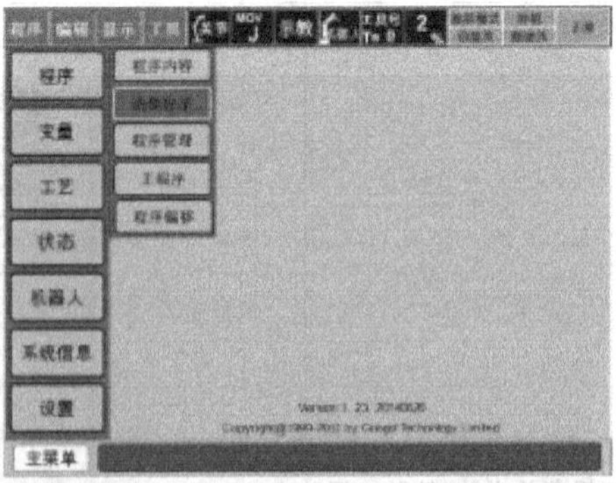
3	选择{选择程序}，按下手持操作示教器上的【选择】键，进入选择程序界面	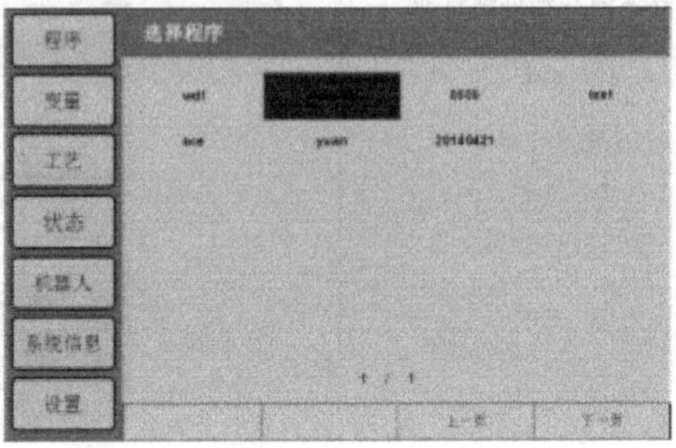

续表

序号	功能及操作步骤	界　面
4	选择程序界面操作 ①可以使用手持操作示教器上的【上移】【下移】【左移】【右移】键切换选中程序文件名称，程序文件名称显示为蓝色表示此程序文件名称被选中 ②如果有多页的情况下，按下手持操作示教器上的【翻页】键或者界面上的{下一页}按钮可以打开下一页 ③按下手持操作示教器上的【上档】+【翻页】键或者界面上的{上一页}按钮可以打开上一页 ④打开的选中程序的内容。按下手持操作示教器上的【选择】键，即可打开选中程序文件，进入程序内容页面	

(12) 主程序

主程序见表 5-31。

表 5-31　主程序

序号	功能及操作步骤	界面
1	选择主菜单{程序}，如果无法选择，按下手持操作示教器上【主菜单】键或者点击界面上的{主菜单}按钮	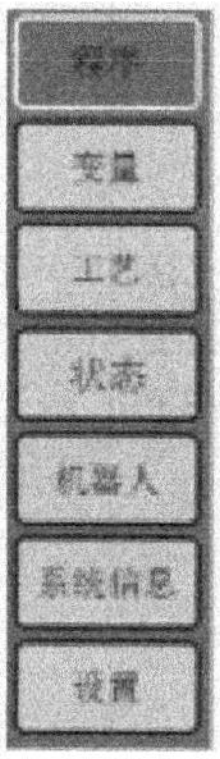
2	点击手持操作示教器上【右移】键，打开子菜单	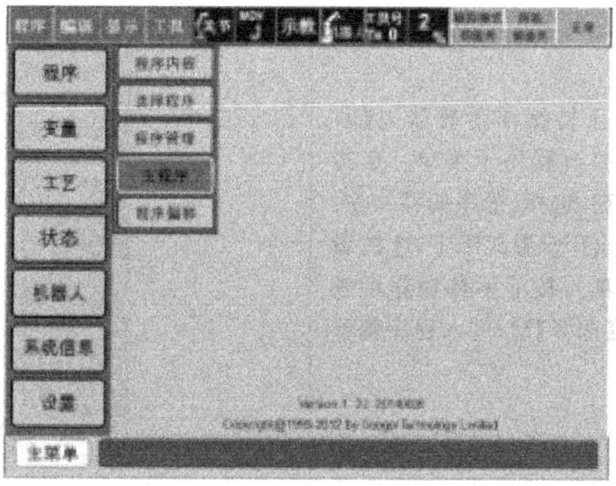

续表

序号	功能及操作步骤	界面
3	按下手持操作示教器上的【选择】键，进入主程序页面	
4	主程序界面： ①可以使用手持操作示教器上的【上移】【下移】【左移】【右移】键对程序文件移动 ②如果有多页的情况下，按下手持操作示教器上的【翻页】键可以打开下一页 ③按下手持操作示教器上的【上档】+【翻页】键可以打开上一页 ④选择要设置为主程序的程序名称。按下手持操作示教器上的【选择】键，即可把选中的程序设置为主程序	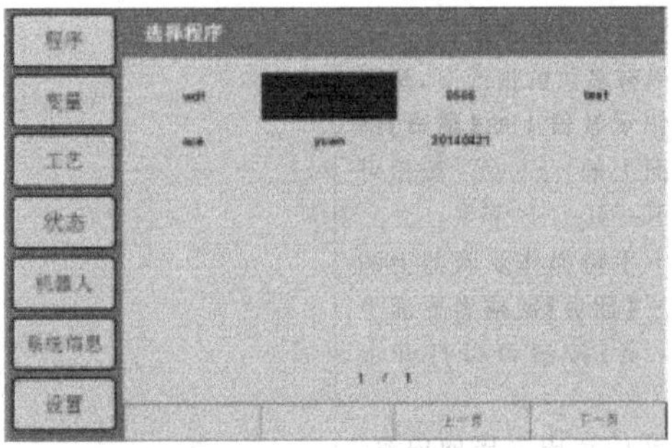

(13) 程序偏移

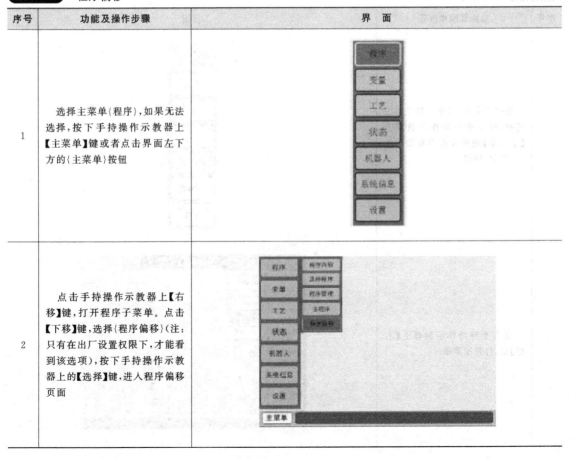

程序偏移是指将示教程序中的机器人运动位置进行一定量的偏置（表 5-32）。通常应用于对现有的机器人示教轨迹进行统一或者部分偏移。

表 5-32 程序偏移

序号	功能及操作步骤	界　面
1	选择主菜单{程序}，如果无法选择，按下手持操作示教器上【主菜单】键或者点击界面左下方的{主菜单}按钮	
2	点击手持操作示教器上【右移】键，打开程序子菜单。点击【下移】键，选择{程序偏移}(注：只有在出厂设置权限下，才能看到该选项)，按下手持操作示教器上的【选择】键，进入程序偏移页面	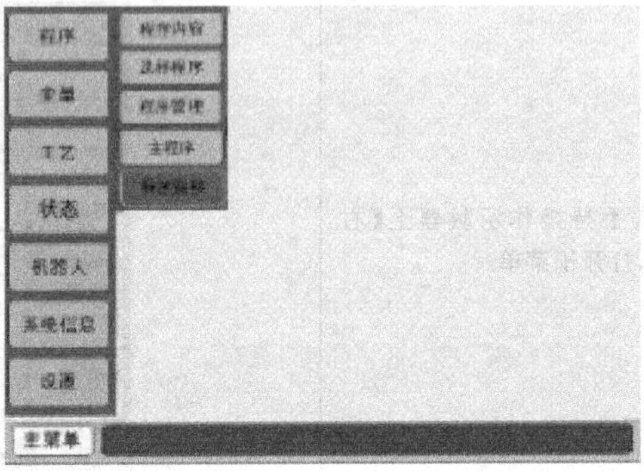

续表

序号	功能及操作步骤	界　面
3	程序偏移界面包含转换文件、范围转换方式、手动输入、示教转换坐标系等	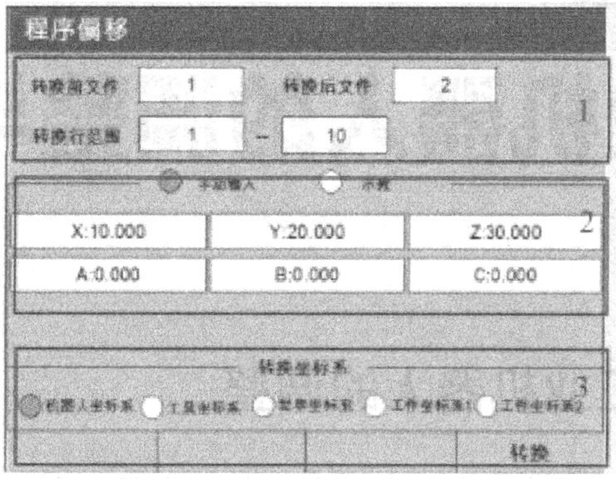
4	手动输入确定偏移值： 输入转换前文件名，转换后文件名及转换行范围。输入“XYZABC”，选择合适的坐标系，点击转换获得转换后文件	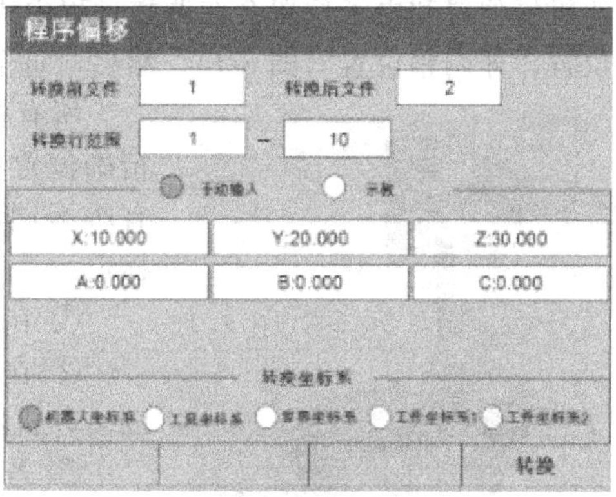
5	使用示教模式获得偏移值： 示教机器人运动到某一位姿，点击{转换前位置记录}，获得转换前位置；示教机器人运动到另一位姿，点击{转换后位置记录}，获得转换后位置；选择合适的坐标系，点击{转换}获得转换后文件	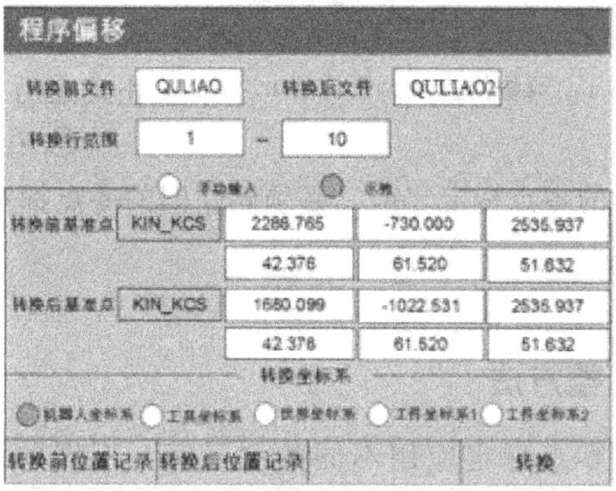
6	查看程序文件，即可看到转换后文件	

第6章 工业机器人的调整与保养

6.1 工业机器人的调整

每个机器人都必须进行调整，机器人只有在调整之后方可进行笛卡儿运动并移至编程位置，机器人的机械位置和电子位置会在调整过程中协调一致。为此必须将机器人置于一个已经定义的机械位置，即调整位置（图 6-1）。然后，每个轴的传感器值均被储存下来。

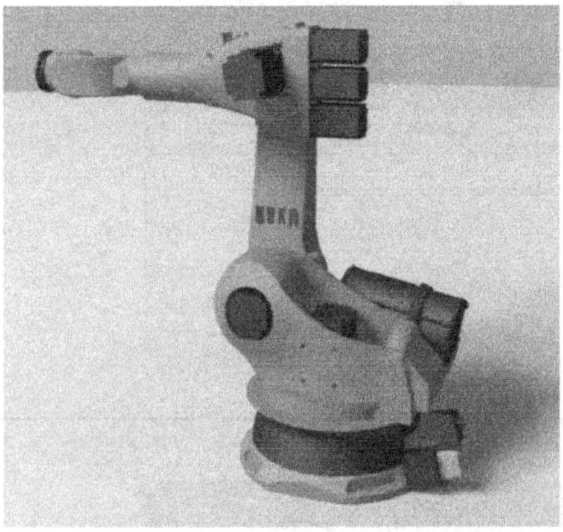

图 6-1 调整位置（大概位置）

所有机器人的调整位置都相似，但不完全相同。精确位置在同一机器人型号的不同机器人之间也会有所不同，在以下情况下必须对机器人进行零点标定。

① 在投入运行时。

② 在进行维护操作之后，如更换了电机或者 RDC，机器人的零点标定值丢失。

③ 若机器人在无机器人控制系统操控的情况下运动（例如借助自由旋转装置）。

④ 更换传动装置后。

⑤ 以高于 250mm/s 的速度上行移至一个终端止挡之后。

⑥ 在碰撞后。

进行新的零点标定之前，必须删除旧的零点标定数据，可以通过手动轴去掉零点来删除零点标定数据。

6.1.1 调整方法

不同的零点标定应用不同的测量筒，不同的测量筒其防护盖的尺寸有所不同。例如：SEMD 的测量筒（standard electronic mastering device）的防护盖配 M20 的细螺纹；MEMD 的测量筒（mikro electronic mastering device）防护盖配 M8 的细螺纹。

(1) 包含 SEMD 和 MEMD 的零点标定组件

包含 SEMD 和 MEMD 的零点标定组件有如图 6-2 所示的多种，主要包括零点标定盒、用于 MEMD 的螺丝刀、MEMD、SEMD、电缆等。图 6-2 中细电缆是测量电缆，它将 SEMD 或 MEMD 与零点标定盒相连接。粗电缆是 EtherCAT 电缆，用于将零点标定盒与机器人上的 X32 连接起来。在使用 SEMD 零点标定时，机器人控制系统自动将机器人移动至零点标定位置。先用不带负载进行零点标定，然后带负载进行零点标定。不同负载的多次零点标定可以保存，主要应用在首次调整的检查。如首次调整丢失（如在更换电机或碰撞后），则还原首次调

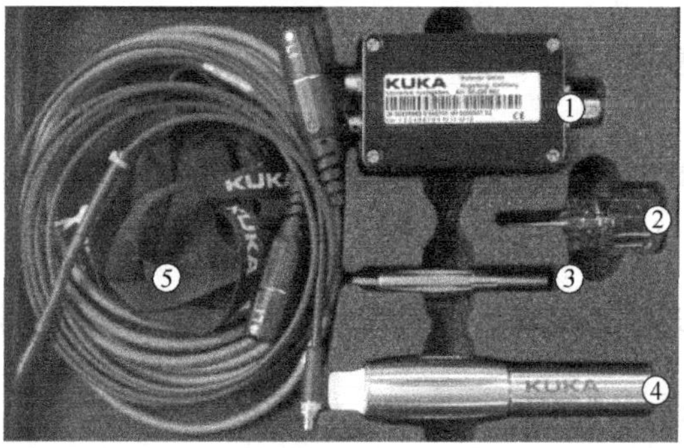

图 6-2　包含 SEMD 和 MEMD 的零点标定组件

1—零点标定盒；2—用于 MEMD 的螺丝刀；3—MEMD；4—SEMD；5—电缆

整。由于学习过的偏差在调整丢失后仍然存在，所以机器人可以计算出首次调整。

注意：让测量电缆插在零点标定盒上，并且要尽可能少地拔下。传感器插头 M8 的可插拔性是有限的，经常插拔可能会损坏插头。

在零点标定之后，将 EtherCAT 电缆从接口 X32 上取下，否则会出现干扰信号或导致损坏。

(2) 将轴移入预零点标定位置

在每次零点标定之前都必须将轴移至预零点标定位置（图 6-3）。移动各轴，使零点标定标记重叠。图 6-4 显示零点标定标记位于机器人上的位置。由于机器人的型号不同，位置会与插图稍有差异。

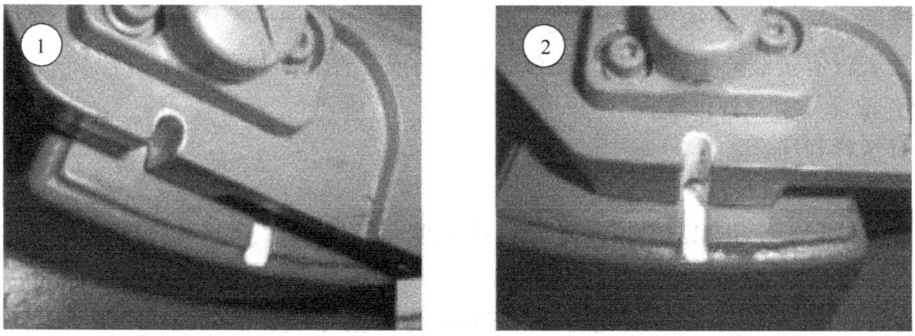

图 6-3　将轴运行到预调位置

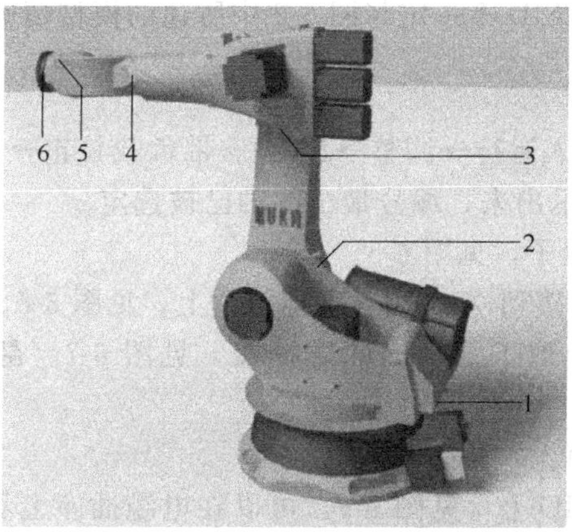

图 6-4　机器人上的调整标记（1～6 为零点标定标记位置）

① 前提条件

a. 运行模式“运行键”已激活。

b. 运行方式 T1。

注意：在轴 A4 和轴 A6 进入预零点标定位置前，必须确保供能系统（如果有的话）处在正确位置，不得翻转 360°。

：用 MEMD 进行零点标定的机器人，对于轴 A6 无预零点标定位置，只须将轴 A1～轴 A5 移动到预零点标定位置。

② 操作步骤

a. 选择轴作为运动键的坐标系。

b. 按住确认开关，在移动键旁边将显示轴 A1～轴 A6。

c. 按下正或负运动键，以使轴朝正方向或反方向运动。

d. 从轴 A1 开始逐一移动各个轴，使零点标定标记相互重叠（在借助标记线对轴进行零点标定的机器人上的轴 A6 除外）。

注意：在轴 A4 和轴 A6 进入预零点标定位置前，必须确保供能系统（如果有的话）处在正确位置，不得翻转 360°。

：用 MEMD 进行零点标定的机器人，对于轴 A6 无预零点标定位置，只须将轴 A1～轴 A5 移动到预零点标定位置。

(3) 进行首次零点标定（用 SEMD）

① 用 SEMD 进行首次零点标定前提

a. 机器人没有负载，也就是说，没有安装工具或工件和附加负载。

b. 所有轴都处于预调位置。

c. 没有选择程序。

d. 运行方式 T1。

注意：始终将 SEMD 不带测量导线拧到测量筒上，然后方可将导线接到 SEMD 上，否则导线会被损坏。

同样在拆除 SEMD 时也必须先拆下 SEMD 的测量导线，然后才将 SEMD 从测量筒上拆下。

：实际所用的 SEMD 不一定与图 6-2 中所述的模型精确对应，两者用途相同。

② 操作步骤

a. 在主菜单中选择“投入运行→调整→EMD→带负载校正→首次调整”一个窗口自动打开，所有待零点标定轴都显示出来，编号最小的轴已被选定。

b. 取下接口 X32 上的盖子，见图 6-5。

c. 将 EtherCAT 电缆连接到 X32 和零点标定盒上，见图 6-6。

d. 从窗口中选定的轴上取下测量筒的防护盖，见图 6-7（翻转过来的 SEMD 可用作螺丝刀）。

e. 将 SEMD 拧到测量筒上，见图 6-8。

f. 将测量导线接到 SEMD 上，见图 6-9，可以在电缆插座上看出导线如何绕到 SEMD 的插脚上。

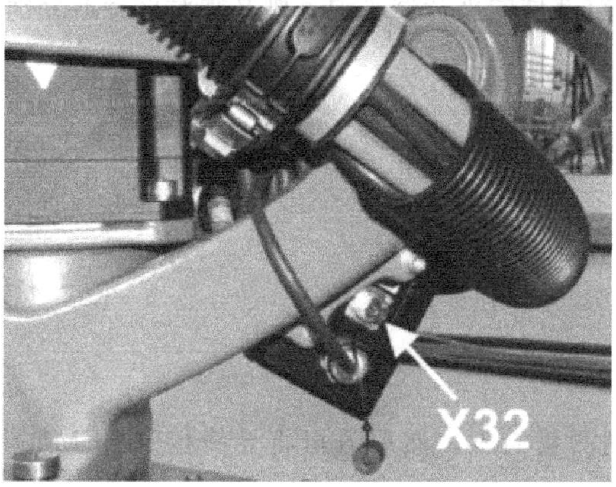

图 6-5 取下接口 X32 上的盖子

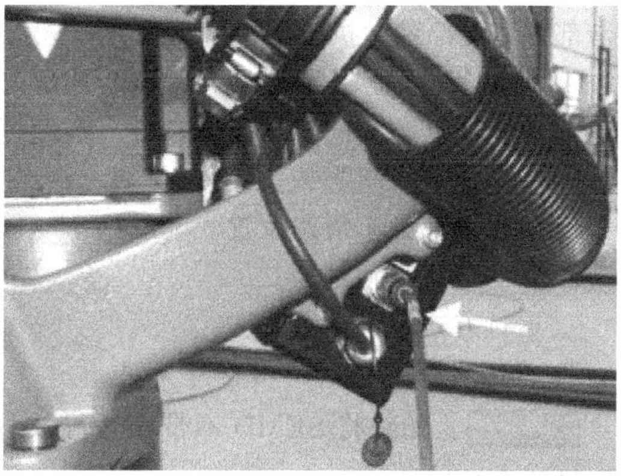

图 6-6 将 EtherCAT 电缆接到 X32 上

图 6-7 取下测量筒的防护盖

图 6-8 将 SEMD 拧到测量筒上

g. 如果未进行连接，则将测量电缆连接到零点标定盒上。

h. 点击“校正”。

i. 按下确认开关和启动键，如果 SEMD 已经通过测量切口，则零点标定位置将被计算。机器人自动停止运行，数值被保存，该轴在窗口中消失。

j. 将测量导线从 SEMD 上取下，然后从测量筒上取下 SEMD，并将防护盖重新装好。

k. 对所有待零点标定的轴重复执行步骤d～j。

l. 关闭窗口。

m. 将 EtherCAT 电缆从接口 X32 和零点标定盒上取下。

图 6-9 将测量导线接到 SEMD 上

注意：让测量电缆插在零点标定盒上，并且要尽可能少地拔下。传感器插头 M8 的可插拔性是有限的，经常插拔可能会损坏插头。

(4) 偏差学习 (用 SEMD)

偏量学习带负载进行，与首次零点标定的差值被储存。如果机器人带各种不同负载工作，则必须对每个负载都执行偏量学习。对于抓取沉重部件的夹持器来说，则必须对夹持器分别在不带部件和带部件时执行偏量学习。

① 前提条件

a. 与首次调整时同样的环境条件（温度等）。

b. 负载已装在机器人上。

c. 所有轴都处于预调位置。

d. 没有选择任何程序。

e. 运行方式 T1。

② 操作步骤

注意：始终将 SEMD 不带测量导线拧到测量筒上，然后方可将导线接到 SEMD 上，否则导线会被损坏。

同样在拆除 SEMD 时也必须先拆下 SEMD 的测量导线，然后才将 SEMD 从测量筒上拆下。

a. 在主菜单中选择“投入运行→调整→EMD→带负载校正→偏量学习”。

b. 输入工具编号。用按键 K 工具 OK 确认，一个窗口自动打开，所有未学习工具的轴都显示出来，编号最小的轴已被选定。

c. 取下接口 X32 上的盖子，将 EtherCAT 电缆连接到 X32 和零点标定盒上。

d. 从窗口中选定的轴上取下测量筒的防护盖（翻转过来的 SEMD 可用作螺丝刀）。

e. 将 SEMD 拧到测量筒上。

f. 将测量导线接到 SEMD 上，在电缆插座上可看出其与 SEMD 插针的对应情况。

g. 如果未进行连接，则将测量电缆连接到零点标定盒上。

h. 单击“学习”。

i. 按下确认开关和启动键，如果 SEMD 已经通过测量切口，则零点标定位置将被计算。机器人自动停止运行，一个窗口自动打开，该轴上与首次零点标定的偏差以增量和度的形式显示出来。

j. 用按键 K 工具 OK 确认，该轴在窗口中消失。

k. 将测量导线从 SEMD 上取下，然后从测量筒上取下 SEMD，并将防护盖重新装好。

l. 对所有待零点标定的轴重复执行步骤 d～k。

m. 关闭窗口。

n. 将 EtherCAT 电缆从接口 X32 和零点标定盒上取下。

注意：让测量电缆插在零点标定盒上，并且要尽可能少的拔下。传感器插头 M8 的可插拔性是有限的，经常插拔可能会损坏插头。

(5) 检查带偏量的负载零点标定（用 SEMD）

① 应用范围

a. 首次调整的检查。

b. 如果首次调整丢失（如在更换电机或碰撞后），则还原首次调整。由于学习过的偏差在调整丢失后仍然存在，所以机器人可以计算出首次调整。

c. 对某个轴进行检查之前，必须完成对所有较低编号的轴的调整。

② 前提条件

a. 与首次零点标定时同样的环境条件（温度等）。

b. 在机器人上装有一个负载，并且此负载已进行过偏量学习。

c. 所有轴都处于预零点标定位置。

d. 没有选定任何程序。

e. 运行方式 T1。

③ 操作步骤

a. 在主菜单中选择“投入运行 → 调整 →EMD → 带负载校正 →负载校正→ 带偏量带偏量”。

b. 输入工具编号。用按键 K 工具 OK 确认，一个窗口自动打开，所有已用此工具对其进行了偏差学习的轴都显示出来，编号最小的轴已被选定。

c. 取下接口 X32 上的盖子，将 EtherCAT 电缆连接到 X32 和零点标定盒上。

d. 从窗口中选定的轴上取下测量筒的防护盖（翻转过来的 SEMD 可用作螺丝刀）。

e. 将 SEMD 拧到测量筒上。

f. 将测量导线接到 SEMD 上，可以在电缆插座上看出导线如何绕到 SEMD 的插脚上。

g. 如果未进行连接，则将测量电缆连接到零点标定盒上。

h. 点击“检验”。

i. 按住“确认”开关并按下启动键，如果 SEMD 已经通过测量切口，则零点标定位置将被计算。机器人自动停止运行，与“偏差学习”的差异被显示出来。

j. 需要时，使用“备份”来储存这些数值，旧的零点标定值从而会被删除。

如果要恢复丢失的首次零点标定，必须保存这些数值。

i ：轴 A4、轴 A5 和轴 A6 以机械方式相连，即当轴 A4 数值被删除时，轴 A5 和轴 A6 的数值也被删除；当轴 A5 数值被删除时，轴 A6 的数值也被删除。

k. 将测量导线从 SEMD 上取下，然后从测量筒上取下 SEMD，并将防护盖重新装好。

l. 对所有待零点标定的轴重复执行步骤 d～k。

m. 关闭窗口。

n. 将 EtherCAT 电缆从接口 X32 和零点标定盒上取下。

(6) 使用千分表进行调整

采用测量表调整时，由用户手动将机器人移动至调整位置（图 6-10），必须带负载调整，此方法无法将不同负载的多种调整都储存下来。

图 6-10　测量表

① 前提条件

a. 负载已装在机器人上。

b. 所有轴都处于预调位置。

c. 移动方式“移动键”激活，并且轴被选择为坐标系统。

d. 没有选定任何程序。

e. 运行方式 T1。

② 操作步骤

a. 在主菜单中选择“投入运行→调整→千分表”，一个窗口自动打开，所有未经调整的轴均会显示出来，必须首先调整的轴被标记出。

b. 从轴上取下测量筒的防护盖，将千分表装到测量筒上。用内六角扳手松开千分表颈部的螺栓。转动表盘，直至能清晰读数，将千分表的螺栓按入千分表直至止挡处，用内六角扳手重新拧紧千分表颈部的螺栓。

c. 将手动倍率降到 1%。

d. 将轴由“+”向“−”运行。在测量切口的最低位置即可以看到指针反转处，将千分表置为零位。如果无意间超过了最低位置，则将轴来回运行，直至达到最低位置。至于是由“+”向“−”或由“−”向“+”运行，则无关紧要。

e. 重新将轴移回预调位置。

f. 将轴由“+”向“−”运动，直至指针处于零位前 5～10 个分度。

g. 切换到增量式手动运行模式。

h. 将轴由“+”向“−”运行，直至到达零位。

：如果超过零位，重复执行步骤 e～h。

i. 点击“零点标定”。已调整过的轴从选项窗口中消失。

j. 从测量筒上取下千分表，将防护盖重新装好。

k. 由增量式手动运行模式重新切换到普通正常运行模式。

l. 对所有待零点标定的轴重复执行步骤 b～k。

m. 关闭窗口。

6.1.2 附加轴的调整

KUKA 附加轴不仅可以通过测头进行调整，还可以用千分表进行调整。非 KUKA 出品的附加轴则可使用千分表调整。如果希望使用测头进行调整，则必须为其配备相应的测量筒。

附加轴的调整过程与机器人轴的调整过程相同。轴选择列表上除了显示机器人轴，现在也显示所设计的附加轴（图 6-11）。

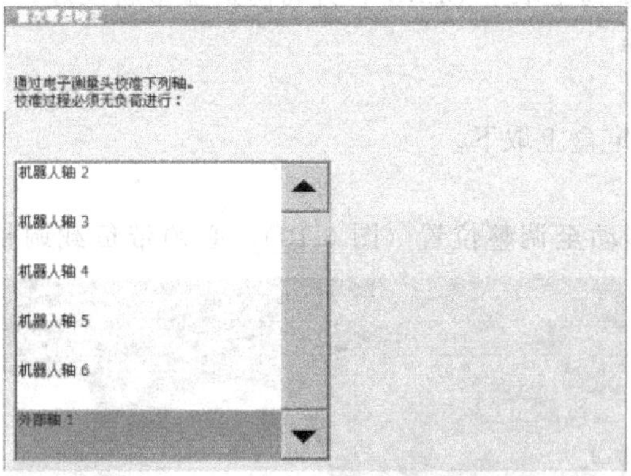

图 6-11 待调整轴的选择列表

：带 2 个以上附加轴的机器人系统的调整：如果系统中带有多于 8 个轴，则必须注意，必要时要将测头的测量导线连接到第二个 RDC 上。

6.1.3 参照调整

：此处说明的操作步骤不允许在机器人投入运行时进行。

参照调整适用于对正确调整的机器人进行维护并由此导致调整值丢失时进行，如更换 RDC，则更换电机。

机器人在进行维护之前将移动至位置 $MAMES。之后，机器人通过参照调整重新被赋予系统变量的轴值。这样机器人便重新回到调整值丢失之前的状态。

已学习的偏差会保存下来，不需要使用 EMD 或千分表。在参照调整时，机器人上是否装有负载无关紧要，参照调整也可用于附加轴。

(1) 准备

在进行维护之前将机器人移动至位置 $MAMES。为此给 PTP $MAMES 点编程，并移至此点。此操作仅可由专家用户组进行。

⚠警告：机器人不得移动至默认起始位置来代替 $MAMES 位置。$MAMES 位置有时、但并非总是与默认起始位置一致。只有当机器人处于位置 $MAMES 时，才可通过基准零点标定正确地进行零点标定。如果机器人没有处于 $MAMES 位置而处于其他位置，则在进行基准零点标定时可能造成受伤和财产损失。

(2) 前提条件

① 没有选定任何程序。

② 运行方式 T1。

③ 在维护操作过程中机器人的位置没有更改。

④ 如果更换了 RDC，则机器人数据从硬盘传输到 RDC 上（此操作仅可由专家用户组进行）。

(3) 操作步骤

① 在主菜单中选择“投入运行→调整→参考”。选项窗口基准零点标定自动打开。所有未经零点标定的轴均会显示出来。必须首先进行零点标定的轴被选出。

② 点击“零点标定”。选中的轴被进行零点标定并从选项窗口中消失。

③ 对所有待零点标定的轴重复步骤②。

6.1.4 用 MEMD 和标记线进行零点标定

在使用 MEMD 进行零点标定时，机器人控制系统自动将机器人移动至零点标定位置。先不带负载进行零点标定，然后带负载进行零点标定，可以保存不同负载的多次零点标定。

如果机器人的轴 A6 上没有常规的零点标定标记，而采用标记线，则在没有 MEMD 的情况下对轴 A6 进行零点标定。如果机器人的轴 A6 上有零点标定标记，则如同其他轴对轴 A6 进行零点标定。

① 首次调整。进行首次零点标定时不加负载。

② 偏量学习。“偏量学习”即带负载进行，应保存与首次零点标定之间的差值。

③ 需要时应检查有偏差的负载零点标定。“检查有偏差的负载零点标定”以针对其进行了偏差学习的负载来执行。应用范围是首次调整的检查，如果首次调整丢失（如在更换电机或碰撞后），则还原首次调整。由于学习过的偏差在调整丢失后仍然存在，所以机器人可以计算出首次调整。

(1) 将轴 A6 移动到零点标定位置（使用标记线）

如果机器人的轴 A6 上没有常规的零点标定标记，而采用标记线，则应在没有 MEMD 的情况下对轴 A6 进行零点标定。

在零点标定之前，必须将轴 A6 移至零点标定位置（图 6-12）（所指的是在总零点标定过程之前，而不是直接在轴 A6 自身的零点标定前）。为此轴 A6 的金属上刻有很精细的线条。

为了将轴 A6 移至零点标定位置上，这些线条要精确地相互对齐。

i：在驶向零点标定位置时，须从前方正对着朝固定的线条看，这一点尤其重要。如果从侧面朝固定的线条看，则可能无法精确地将运动的线条对齐，后果是没有正确地标定零点。

零点标定装置用于在 KR AGILUS 上的轴 A6 零点标定，可作为选项选用此装置。在零点标定时，使用此装置可达到更高的精确度和重复精度。

图 6-12 轴 A6 的零点标定位置（正面俯视图）

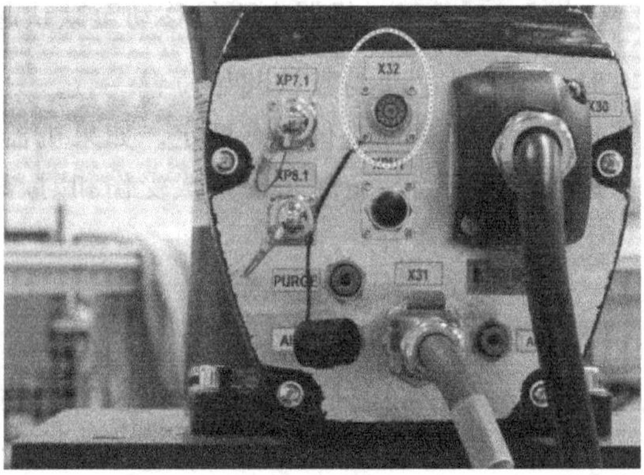

图 6-13 无盖子的 X32

(2) 进行首次零点标定（用 MEMD）

① 首要条件

a. 机器人无负载，即没有装载工具、工件或附加负载。

b. 这些轴都处于预零点标定位置。

c. 如果轴 A6 有标记线，则属于例外，轴 A6 位于零点标定位置。

d. 没有选定任何程序。

e. 运行方式 T1。

② 操作步骤

a. 在主菜单中选择“投入运行→调整→EMD→带负载校正→首次调整”，一个窗口自动打开，所有待零点标定轴都显示出来，编号最小的轴已被选定。

b. 取下接口 X32 上的盖子，见图 6-13。

c. 将 EtherCAT 电缆连接到 X32 和零点标定盒上，见图 6-14。

d. 从窗口中选定的轴上取下测量筒的防护盖，见图 6-15。

图 6-14 将导线接到 X32 上

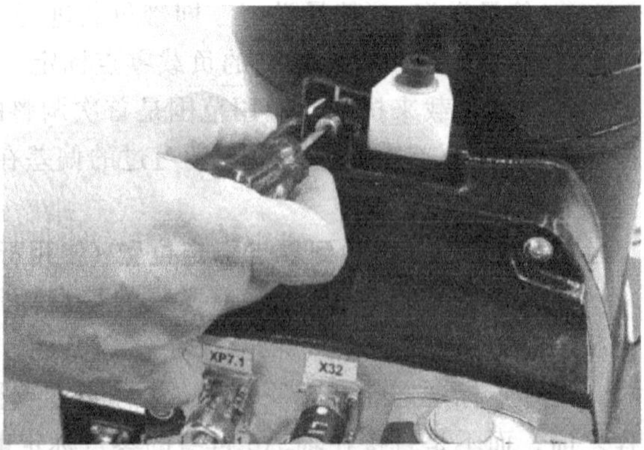

图 6-15 取下测量筒的防护盖

e. 将 MEMD 拧到测量筒上，见图 6-16。

f. 如果未进行连接，则将测量电缆连接到零点标定盒上。

g. 点击“零点标定”。

h. 按下确认开关和启动键。

如果 MEMD 已经通过了测量切口，则零点标定位置将被计算，机器人自动停止运行，数值被保存，该轴在窗口中消失。

i. 从测量筒上取下 MEMD，将防护盖重新盖好。

j. 对所有待零点标定的轴重复执行步骤 d～i。例外：如轴 A6 有标记线，则不适用于轴 A6。

k. 关闭窗口。

l. 仅当轴 A6 有标记线时才执行以下步骤。

• 在主菜单中选择“投入运行→调整→参考”。选项窗口基准零点标定自动打开。轴 A6 即被显示出来，并且被选中。

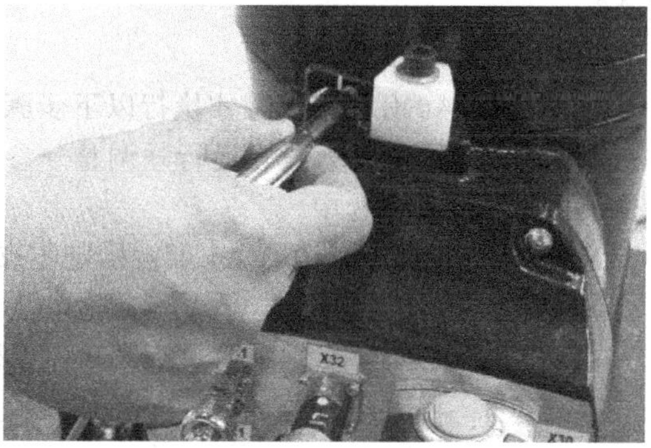

图 6-16　将 MEMD 拧到测量筒上

• 点击“零点标定”。轴 A6 即被标定零点并从该选项窗口中消失。

• 关闭窗口。

m. 将 EtherCAT 电缆从接口 X32 和零点标定盒上取下。

注意：让测量电缆插在零点标定盒上，并且要尽可能少地拔下。传感器插头 M8 的可插拔性是有限的，经常插拔可能会损坏插头。

(3) 偏差学习 (用 MEMD)

偏量学习带负载进行。与首次零点标定的差值被储存，如果机器人带各种不同负载工作，则必须对每个负载都执行偏量学习。对于抓取沉重部件的夹持器来说，则必须对夹持器分别在不带部件和带部件时执行偏量学习。

① 首要条件

a. 与首次零点标定时相同的环境条件（温度等）。

b. 负载已装在机器人上。

c. 这些轴都处于预零点标定位置。如果轴 A6 有标记线，则属于例外轴 A6 位于零点标定位置。

d. 没有选定任何程序。

e. 运行方式 T1。

② 操作步骤

a. 在主菜单中选择“投入运行→零点标定→EMD→带负载校正→偏差学习”。

b. 输入工具编号。用 K 工具 OK 确认，一个窗口自动打开，所有未学习工具的轴都显示出来，编号最小的轴已被选定。

c. 取下接口 X32 上的盖子。

d. 将 EtherCAT 电缆连接到 X32 和零点标定盒上。

e. 从窗口中选定的轴上取下测量筒的防护盖。

f. 将 MEMD 拧到测量筒上。

g. 如果未进行连接，则将测量电缆连接到零点标定盒上。

h. 按下“学习”。

i. 按下“确认”开关和启动键。如果 MEMD 已经通过了测量切口，则零点标定位置将被计算，机器人自动停止运行，一个窗口自动打开，该轴上与首次零点标定的偏差以增量和度的形式显示出来。

j. 用“确定”键确认，该轴在窗口中消失。

k. 从测量筒上取下 MEMD，将防护盖重新盖好。

l. 对所有待零点标定的轴重复执行步骤 e～k。例外：如轴 A6 有标记线，则不适用于轴 A6。

m. 关闭窗口。

n. 仅当轴 A6 有标记线时才执行以下步骤。

• 在主菜单中选择：投入运行→调整→参考。选项窗口基准零点标定自动打开。轴 A6 即被显示出来，并且被选中。

• 点击“零点标定”。轴 A6 即被标定零点并从该选项窗口中消失。

• 关闭窗口。

o. 将 EtherCAT 电缆从接口 X32 和零点标定盒上取下。

注意：让测量电缆插在零点标定盒上，并且要尽可能少地拔下，传感器插头 M8 的可插拔性是有限的，经常插拔可能会损坏插头。

(4) 检查带偏量的负载零点标定（用 MEMD）

① 应用范围

a. 首次调整的检查。

b. 如果首次调整丢失（如在更换电机或碰撞后），则还原首次调整。由于学习过的偏差在调整丢失后仍然存在，所以机器人可以计算出首次调整。

c. 对某个轴进行检查之前，必须完成对所有较低编号的轴的调整。

d. 如果机器人上的轴 A6 有标记线，则对于此轴不显示测定的值，即无法检查 A6 的首次零点标定，但可以恢复丢失的首次零点标定。

②首要条件

a. 与首次零点标定时相同的环境条件（温度等）。

b. 在机器人上装有一个负载，并且此负载已进行过偏量学习。

c. 这些轴都处于预零点标定位置。如果轴 A6 有标记线，则属于例外，A6 位于零点标定位置。

d. 没有选定任何程序。

e. 运行方式 T1。

③ 操作步骤

a. 在主菜单中选择“投入运行→调整→EMD→带负载校正→负载零点标定→带偏量”。

b. 输入工具编号，点 OK 确认，一个窗口自动打开，所有已用此工具学习过偏差的轴都将显示出来，编号最小的轴已被选定。

c. 取下接口 X32 上的盖子。

d. 将 EtherCAT 电缆连接到 X32 和零点标定盒上。

e. 从窗口中选定的轴上取下测量筒的防护盖。

f. 将 MEMD 拧到测量筒上。

g. 如果未进行连接，则将测量电缆连接到零点标定盒上。

h. 按下“检查”。

i. 按住“确认”开关并按下启动键。如果 MEMD 已经通过了测量切口，则零点标定位置将被计算。机器人自动停止运行，与“偏差学习”的差异被显示出来。

j. 需要时，使用备份来储存这些数值，旧的零点标定值从而会被删除。

如果要恢复丢失的首次零点标定，必须保存这些数值。

：轴 A4、轴 A5 和轴 A6 以机械方式相连。

当轴 A4 数值被删除时，轴 A5 和轴 A6 的数值也被删除。

当轴 A5 数值被删除时，轴 A6 的数值也被删除。

k. 从测量筒上取下 MEMD，将防护盖重新盖好。

l. 对所有待零点标定的轴重复执行步骤 e～k。例外：如轴 A6 有标记线，则不适用于轴 A6。

m. 关闭窗口。

n. 只有当轴 A6 有标记线时才可执行以下步骤。

• 在主菜单中选择“投入运行→调整→参考”。选项窗口基准零点标定自动打开。轴 A6 即被显示出来，并且被选中。

• 按下“零点标定”，以便恢复丢失的首次零点标定，轴 A6 从该选项窗口中消失。

• 关闭窗口。

o. 将 EtherCAT 电缆从接口 X32 和零点标定盒上取下。

注意：让测量电缆插在零点标定盒上，并且要尽可能少地拔下。传感器插头 M8 的可插拔性是有限的，经常插拔可能会损坏插头。

6.1.5 手动删除轴的零点

各个轴的零点标定值可删除，删除轴的零点时轴不动。

i：轴 A4、轴 A5 和轴 A6 以机械方式相连。

当轴 A4 数值被删除时，轴 A5 和轴 A6 的数值也被删除。

当轴 A5 数值被删除时，轴 A6 的数值也被删除。

注意：对于已去调节的机器人，软件限位开关已关闭。机器人可能会驶向极限卡位的缓冲器，由此可能使其受损，以致必须更换。尽可能不运行已去调节的机器人，或尽量减少手动倍率。

① 前提条件

a. 没有选定任何程序。

b. 运行方式 T1。

② 操作步骤

a. 在主菜单中选择“投入运行→调整→取消调整”，一个窗口打开。

b. 标记需进行取消调节的轴。

c. 请按下“取消调节”，轴的调整数据被删除。

d. 对于所有需要取消调整的轴重复执行步骤 b～c。

e. 关闭窗口。

6.1.6 更改软件限位开关

两种更改软件限位开关的方法分别是手动输入所需的数值或者限位开关自动与一个或多个程序适配。

在此过程中，机器人控制系统确定在程序中出现的最小和最大轴位置，得出的这些数值可以作为软件限位开关来使用。

(1) 前提条件

① 专家用户组。

② 运行方式 T1、T2 或 AUT。

(2) **操作步骤**

手动更改软件限位开关：

① 在主菜单中选择“投入运行→售后服务 →软件限位开关”，窗口软件限位开关软件限位开关自动打开。

② 在负和正两列中按需要更改限位开关。

③ 用“保存”键保存更改。

将软件限位开关与程序相适配。

a. 在主菜单中选择“投入运行→售后服务→软件限位开关”，窗口软件限位开关软件限位开关自动打开。

b. 按下“自动计算”。显示以下提示信息：“自动获取进行中”。

c. 启动限位开关应与之相适配的程序，让程序完整运行一遍，然后取消选择。

在窗口软件限位开关中显示每个轴所达到的最大和最小位置。

④ 为该软件限位开关应与之相适配的所有程序重复执行步骤③。

在窗口软件限位开关中显示每个轴所达到的最大和最小位置，而且以执行的所有程序为基准。

⑤ 如果所有需要的程序都执行过了，则在窗口软件限位开关中按下“结束”。

⑥ 按下“保存”，以便将确定的数值用作软件限位开关。

⑦ 需要时还可以手动更改自动确定的数值。

：建议：将确定的最小值减小 5°，最大值增加 5°。在程序运行期间，这一缓冲区可防止轴达到限位开关，以避免触发停止。

⑧ 用“保存”键保存更改（图 6-17、图 6-18）。

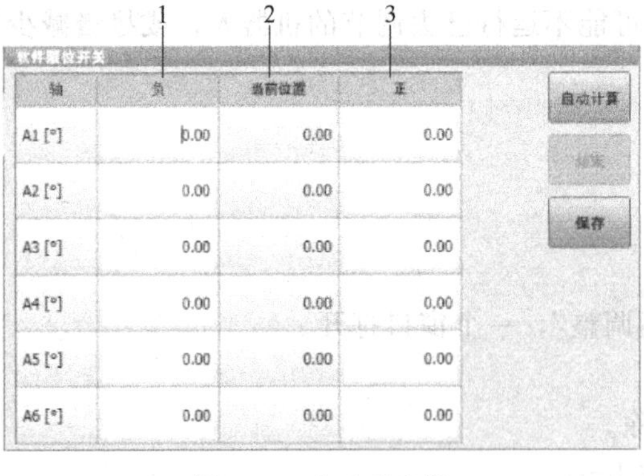

图 6-17 自动确定前

1—当前的负向限位开关；2—轴的当前位置；3—当前的正向限位开关

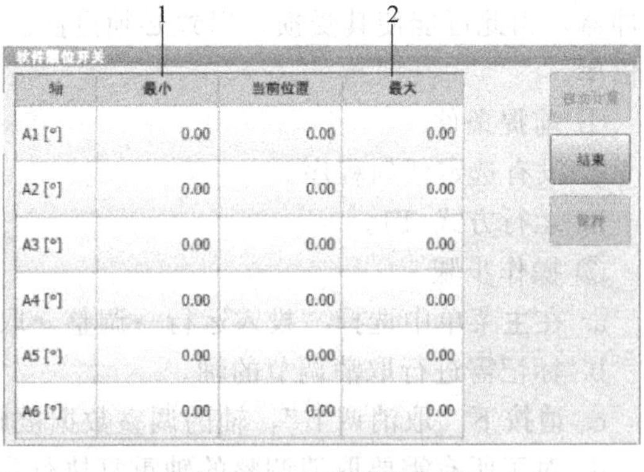

图 6-18 自动确定期间

1—自启动计算以来，相应轴所具有的最小位置；2—自启动计算以来，相应轴所具有的最大位置

6.2 工业机器人的保养

6.2.1 工业机器人机器部分的保养

不同的工业机器人，保养工作是有差异的，现以库卡机器人为例来介绍之。设备交付后，

要按照规定的保养期限或者每5年一次进行润滑。例如，保养期限为1万运行小时（运行时间）时，要在1万运行小时或者最迟于设备交付5年（视哪个时间首先达到）后，进行首次保养（换油）。其保养工作见图6-19，保养周期见表6-1。当然，不同的工业机器人有不同的保养期限。如果机器人配有拖链系统（选项），则还要执行附加的保养工作。

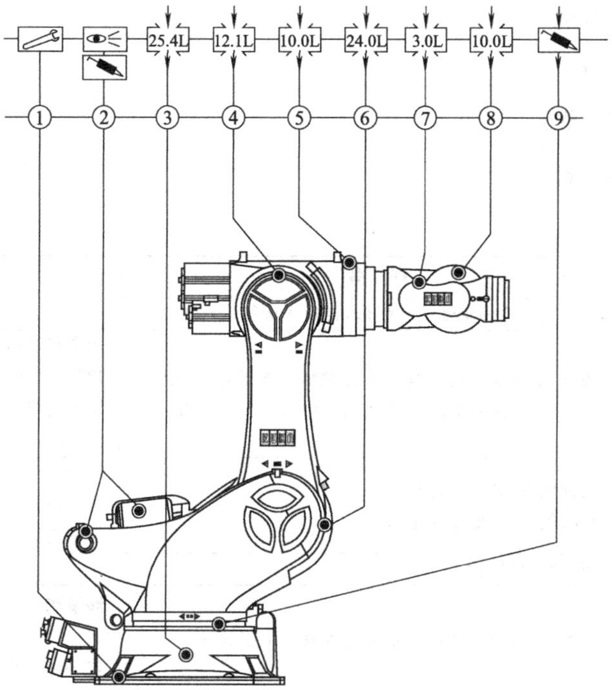

图6-19　保养工作

注意：只允许使用库卡机器人有限公司许可的润滑剂，未经批准的润滑材料会导致组件提前出现磨损和发生故障。如果运行中油温超过333K（60℃），则要相应缩短保养期限，为此，必须与库卡机器人有限公司协商。

i：排油时要注意，排出的油量与时间和温度有关。必须测定放出的油量，只允许注入同等油量的油，给出的油量是首次注入齿轮箱的实际油量。若流出的量少于所给油量的70%，则用测定的排出油量的油冲洗齿轮箱，然后再加注相当于放出油量的油。在冲洗过程中，以手动移动速度在整个轴范围内运动轴。

(1) 前提条件

① 保养部位必须能够自由接近。

② 如果工具和辅助装置阻碍保养工作，则将其拆下。

⚠警告：在执行以下作业时，机器人必须在各个工作步骤之间多次移动。

在机器人上作业时，必须始终通过按下紧急停止装置锁定机器人。

机器人意外运动可能会导致人员受伤及设备损坏，若要在一个接通的、有运行能力的机器人上作业，则只允许机器人以运行方式T1（慢速）运行。必须时刻可通过按下紧急停止装置停住该机器人，运行必须限制在最为必要的范围内，在投入运行和移动机器人前应向参与工作的相关人员发出警示。

(2) 保养图标

：换油

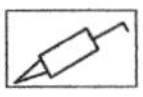：用油脂枪润滑

：用刷子润滑

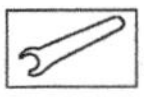：拧紧螺钉、螺母

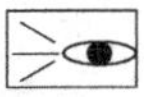：检查构件，目检

表 6-1 保养周期

序号	周期	任　务	润滑剂
1	100h	拧紧锚栓的固定螺栓和螺母，在投入运行后一次	
9	每 2500h 或 6 个月	润滑：主轴承圆周上有 4 个注油嘴。通过轴 1 在 0°、+30°、+60° 位置上的 4 个注油嘴均匀注入润滑脂	润滑脂：LGEP 2 货号：00-156-893 润滑脂量： 12×8＝96cm³
2	每 6 个月	检查压力，必要时进行调整 极限值：油压低于额定值 5bar	Hyspin ZZ 46 货号：83-236-202 油量根据需要
	每 6 个月	平衡配重，目检状态	
	每 5000h 或 12 个月	润滑：在大臂和转盘的轴承上各装一个注油嘴	润滑脂：LGEV2 货号：00-111-652 每个注油嘴 50g
3	每 2000h	给轴 1 换油	嘉实多 Optigear Synthetic RO320 货号：00-101-098 油量：25.40L
4	每 2000h	给轴 3 换油	嘉实多 Optigear Synthetic RO150 货号：00-144-898 油量：12.10L
5	每 2000h①	给轴 4 换油	嘉实多 Optigear Synthetic RO150 货号：00-144-898 油量：10.00L
6	每 2000h	给轴 2 换油	嘉实多 Optigear Synthetic RO150 货号：00-144-898 油量：24.00L
7	每 2000h	给轴 5 换油	嘉实多 Optigear Synthetic RO150 货号：00-144-898 油量：3.00L
8	每 2000h①	给轴 6 换油	嘉实多 Optigear Synthetic RO150 货号：00-144-898 油量：10.00L

① 10000h（F 型）：给出的油量是首次注入齿轮箱的实际油量。

② 表中序号与图 6-19 对应。

(3) 更换轴 1 的齿轮箱油

① 前提条件

a. 机器人所处的位置（−90°）应可以让人接触到轴 1 齿轮箱上的维修阀。

b. 齿轮箱处于暖机状态。

⚠小心：如果要在机器人停止运行后立即换油，则必须考虑到油温和表面温度可能会导致烫伤，应戴上防护手套。

⚠警告：机器人意外运动可能会导致人员受伤及设备损坏，如果在可运行的机器人上作业，则必须通过触发紧急停止装置锁定机器人，在重新运行前应向参与工作的相关人员发出警示。

② 排油步骤

a. 拧下维修阀（图 6-20）4 上的密封盖。

b. 将排油软管 1 的锁紧螺母拧到维修阀 4 上，拧上锁紧螺母时会打开维修阀，油可以流出。通过缺口可以接触到维修阀，它位于轴 5 下方。

c. 将集油罐 2 放到排油软管 1 下。

d. 旋出电机塔上的 2 个排气螺栓 6。

e. 排油。

f. 测定排出的油量，以适当的方式存放或清除油。

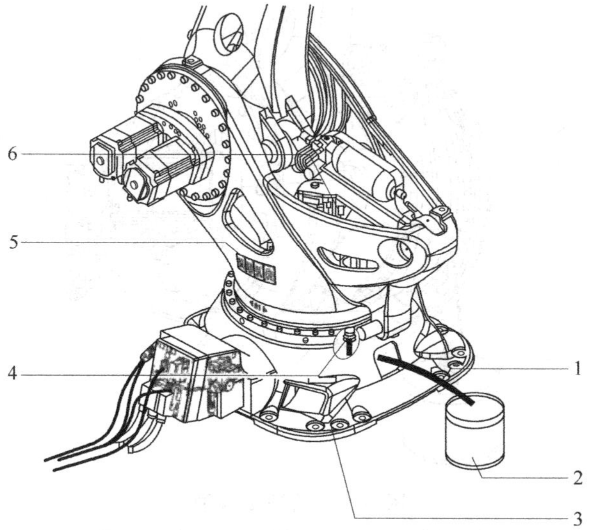

图 6-20 排放轴 1 的油

1—排油软管；2—集油罐；3—底座；4—维修阀；5—轴；6—排气螺栓

③ 加油步骤

a. 拆下排油软管并将油泵（库卡货号 00-180-812）连接至维修阀。

b. 运行油泵，并通过排油软管加入规定的油量。

c. 装上并拧紧 2 个排气螺栓（图 6-21）1。

d. 在油位指示器 2 上检查两个刻度中间的油位。

e. 5min 后重新检查油位，必要时加以校正。

f. 拧开并拆下维修阀上的油泵。

g. 拧上维修阀上的密封盖。

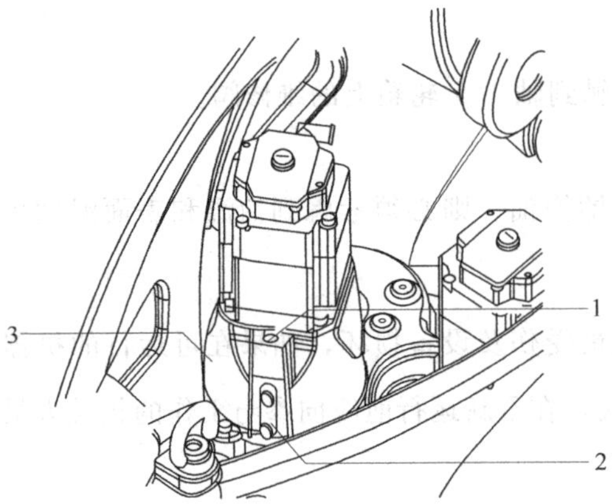

图 6-21 轴 1 的油位指示器

1—排气螺栓；2—油位指示器；3—轴

h. 检查维修阀是否密封。

(4) 更换轴 2 的齿轮箱油

① 前提条件

a. 机器人所处的位置应可以让人接触到轴 2 的油管。

b. 轴 2 位于－105°位置。

c. 齿轮箱处于暖机状态。

② 排油步骤

a. 拧下排油软管的锁紧螺母（图 6-22）1、6。

b. 将流出的油排放到集油罐 4。

c. 以适当的方式存放或清除排出的油。

③ 加油步骤

a. 通过两个排油软管加油，直至油从两个螺纹管接头 2、5 处流出。

b. 5min 后检查油位，必要时进行添加。

c. 装上并拧紧排油软管的锁紧螺母 1、6。

d. 检查锁紧螺母 1、6 是否密封。

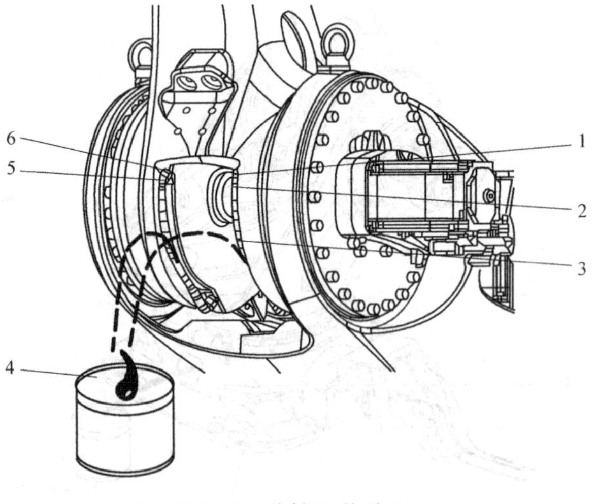

图 6-22 给轴 2 换油

1,6—锁紧螺母；2,5—螺纹管接头；3—轴；4—集油罐

(5) 更换轴 3 的齿轮箱油

维修阀上连接透明软管有助于排油和加油，通过这些软管可以排油、加油以及检查油。

① 前提条件

a. 机器人所处的位置应可以让人接触到轴 3 的齿轮箱。

b. 轴 3 的位置与水平位置的夹角为－25°。

c. 齿轮箱处于暖机状态。

② 排油步骤

a. 拧下维修阀（图 6-23）2、3 上的密封盖。

b. 将排油软管 1、4 的锁紧螺母拧到维修阀 2、3 上，拧上锁紧螺母时会打开维修阀，油可以流出。

c. 将集油罐5放到排油软管4下。

d. 排油。

e. 以适当的方式存放或清除排出的油。

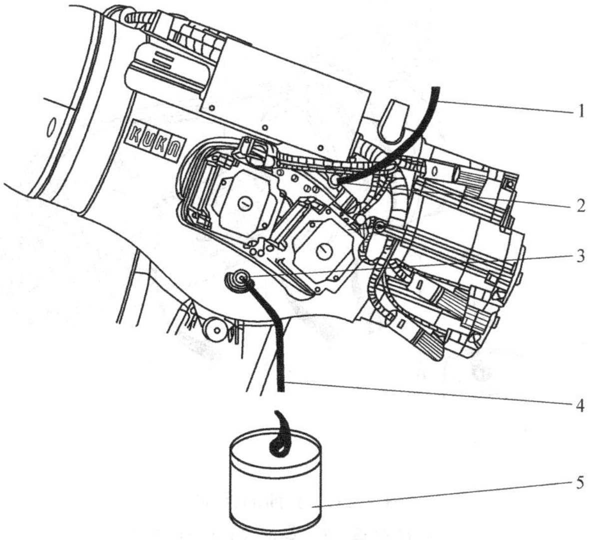

图 6-23 更换轴 3 的油

1,4—排油软管；2,3—维修阀；5—集油罐

③ 加油步骤

a. 通过排油软管4加油，直到可以在维修阀2上看到油位为止。

b. 5min后重新检查油位，必要时加以校正。

c. 从维修阀上拧下排油软管1、4的锁紧螺母，然后将密封盖拧到维修阀上。

d. 检查维修阀2、3是否密封。

(6) 更换手腕的齿轮箱油

在轴4、轴5、轴6的齿轮箱上换油，机器人腕部具有三个油室。在排油孔上连接透明软管有助于排油和加油，通过该软管也可以重新加油。

① 前提条件

a. 机器人所处的位置应可以让人接触到机器人腕部的齿轮箱。

b. 机器人腕部处于水平位置。

c. 所有手轴都处于0°位置。

d. 齿轮箱处于暖机状态。

② 排油步骤

a. 旋出磁性螺塞（图6-24）6，然后旋入排油软管8。

b. 将集油罐7放到排油软管下。

c. 旋出磁性螺塞1，然后收集流出的油。

d. 测定排出的油量，以适当的方式存放或清除油。

e. 检查磁性螺塞1、6有无金属残留物，然后进行清洁。

f. 旋出磁性螺塞5，然后旋入排油软管8。

g. 将集油罐7放到排油软管下。

h. 旋出磁性螺塞2，然后收集流出的油。

i. 检查磁性螺塞 2、5 有无金属残留物，然后进行清洁。

j. 在轴 6 的齿轮箱上执行工作步骤 f～j。为此旋出磁性螺塞 3、4。

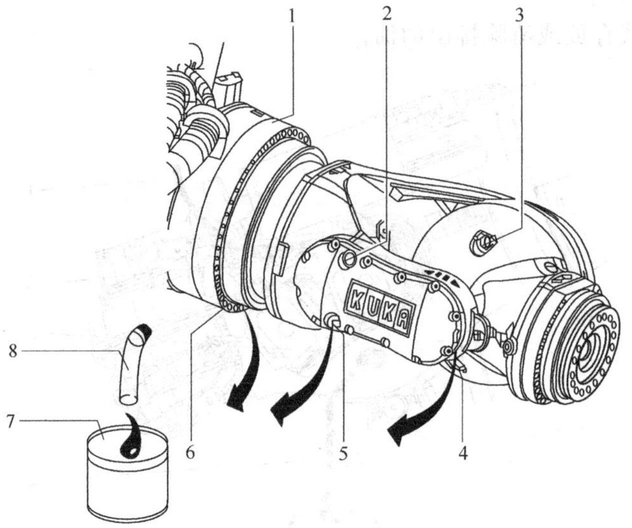

图 6-24 手轴的换油

1～6—磁性螺塞；7—集油罐；8—排油软管

③ 加油步骤

a. 按照排油量重新通过排油软管加油。

b. 拧上磁性螺塞 M27×2×1，然后用 30N·m 的扭矩拧紧。

c. 旋出排油软管 8 并拧上磁性螺塞 M27×2×6，然后用 30N·m 的扭矩拧紧。

d. 通过排油软管在轴 5 上加油，直至从上面的孔上流出。

e. 5min 后重新检查油位，必要时加以校正。

f. 旋出排油软管并拧上磁性螺塞 M27×2×5，然后用 30N·m 的扭矩拧紧。

g. 拧上磁性螺塞 M27×2×2，然后用 30N·m 的扭矩拧紧。

h. 通过排油软管在轴 6 上加油，直至从上面的孔上流出。

i. 5min 后重新检查油位，必要时加以校正。

j. 拧上磁性螺塞 M27×2×3，然后用 30N·m 的扭矩拧紧。

k. 旋出排油软管并拧上磁性螺塞 M27×2×4，然后用 30N·m 的扭矩拧紧。

l. 检查所有磁性螺塞的密封性。

(7) 检查平衡配重

① 前提条件

a. 机器人已经准备就绪，可以以手动移动速度运动。

b. 不会因设备部件或其他机器人产生危险。

c. 要直接在机器人上作业时，机器人已被锁住。

② 检查步骤　检查步骤见表 6-2。

压力容器应按照现行的国家规定进行内部检查，检查期限为平衡配重使用 10 年之后。

(8) 清洁机器人

① 注意事项　清洁机器人时必须注意和遵守规定的指令，以免造成损坏，这些指令仅针对机器人。清洁设备部件、工具以及机器人控制系统时，必须遵守相应的清洁说明。

表 6-2　检查步骤

任　务	额定状态	故障排除
检查液压系统，开动机器人并检查液压油的压力	压力表上的读数必须对应于以下数值： 大臂在－90°位置，液压油压力为 130bar 大臂在－45°位置，液压油压力为 150bar	调整平衡配重
检查蓄能器安全阀的铅封是否正常	铅封不得有损坏或缺失 蓄能器安全阀不得有损坏或脏污	更换蓄能器安全阀 清洁蓄能器安全阀
检查附件有无损坏、是否清洁和密封	附件不得有损坏或不密封	清洁平衡配重、查明并排除泄漏，必要时更换平衡配重
检查皮碗的状态	皮碗不得有损坏或脏污	清洁或更换皮碗

使用清洁剂和进行清洁作业时，必须注意以下事项。

a. 仅限使用不含溶剂的水溶性清洁剂。

b. 切勿使用可燃性清洁剂。

c. 切勿使用强力清洁剂。

d. 切勿使用蒸汽和冷却剂进行清洁。

e. 不得使用高压清洁装置清洁。

f. 清洁剂不得进入电气或机械设备部件中。

g. 注意人员保护。

② 操作步骤

a. 停止运行机器人。

b. 必要时停止并锁住邻近的设备部件。

c. 如果为了便于进行清洁作业而需要拆下罩板，则将其拆下。

d. 对机器人进行清洁。

e. 从机器人上重新完全除去清洁剂。

f. 清洁生锈部位，然后涂上新的防锈材料。

g. 从机器人的工作区中除去清洁剂和装置。

h. 按正确的方式清除清洁剂。

i. 将拆下的防护装置和安全装置全部装上，然后检查其功能是否正常。

j. 更换已损坏、不能辨认的标牌和盖板。

k. 重新装上拆下的罩板。

l. 仅将功能正常的机器人和系统重新投入运行。

6.2.2　调节平衡配重

(1) 给平衡配重调整

① 前提条件

a. 必须有微测软管和收集箱。

b. 必须有配有减压器的氮气瓶，最低压力 120 bar。

c. 必须有蓄能器充气装置。

d. 必须有液压泵。

② 操作步骤

a. 将大臂移至垂直位置，然后用起重机锁住（图 6-25）。排放液压油后不得移动大臂。

b. 取下螺盖（图 6-26）1，然后将软管 3 连接到排气阀 2 上。

c. 将收集箱 4 放到软管下方收集液压油。

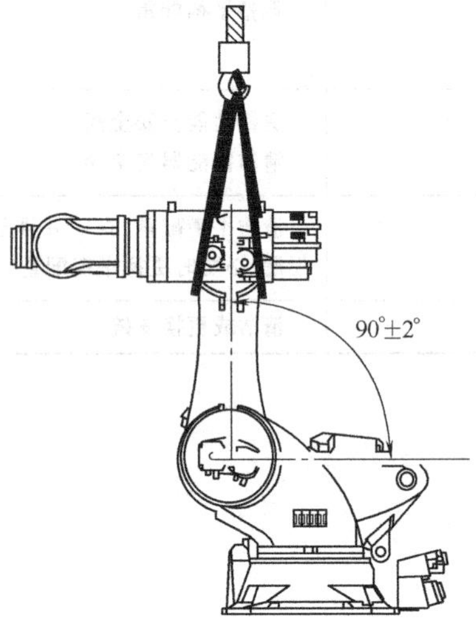

图 6-25 锁住大臂

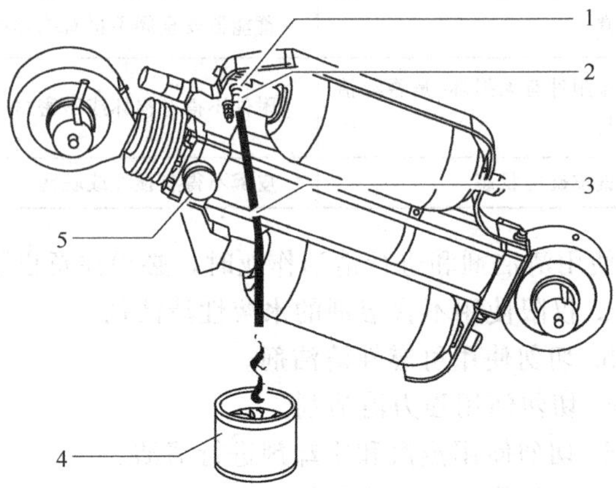

图 6-26 排出液压油

1—螺盖；2—排气阀；3—软管；4—收集箱；5—压力表

d. 排油，直至压力表 5 上的压力显示为“零”，这表示气囊式蓄能器油侧已被卸压，可以在随后的气侧充气时排气。

e. 通过软管 7 和一个减压器将用于气囊式蓄能器的充气和检测装置（附件）（图 6-27）连接到市售的氮气瓶 9 上。

f. 将减压器设置为 120bar。

⚠警告：为了安全起见，在没有连接充气及检测装置的情况下，蓄能器上的内六角螺栓不得松开四分之一转以上。在没有连接充气及检测装置的情况下，严禁调节蓄能器的压力。

g. 拆下气囊式蓄能器 1 上的防护盖 2，然后略微松开内六角螺栓 3（仅无扭矩，最多四分之一转）。

不得有气体逸出。尽管非常小心但仍有气体逸出（漏气声音）时，必须更换内六角螺栓 3 的密封环。只允许在气囊式蓄能器完全卸压的情况下更换。

h. 将充气和检测装置连接到气囊式蓄能器 1 接口上。逆时针旋转气门杆 6，从而通过内六角螺栓 3 打开气体接口，压力表 4 的指针开始偏转后旋转一整圈。

压力表 4 显示气囊式蓄能器 1 中的氮气压力。如果氮气压力大于 100bar，执行工作步骤 i。如果氮气压力过低，则执行工作步骤 j～k。然后再继续执行工作步骤 l。

i. 打开卸压阀 5，将氮气压力卸至规定值 100bar 为止。2～3min 后重新检查压力表 4 的读数，必要时校正氮气压力。

j. 打开氮气瓶 9 上截止阀 8，将氮气压力提高至 120bar。

k. 关闭截止阀 8。

l. 打开卸压阀 5，将氮气压力卸到规定值 100bar 为止。

2～3min 后重新检查压力表 4 的读数，必要时校正氮气压力。

m. 通过气门杆 6 顺时针旋转内六角螺栓 3，然后拧紧。然后打开卸压阀 5，排出软管 7 中的剩余压力。

n. 从气囊式蓄能器上拧下充气和检测装置。

仅当通过气门杆 6 拧紧内六角螺栓 3 后才允许拧下充气和检测装置。

o. 拧紧内六角螺栓 3（拧紧力矩 $M_A = 20N \cdot m$）。

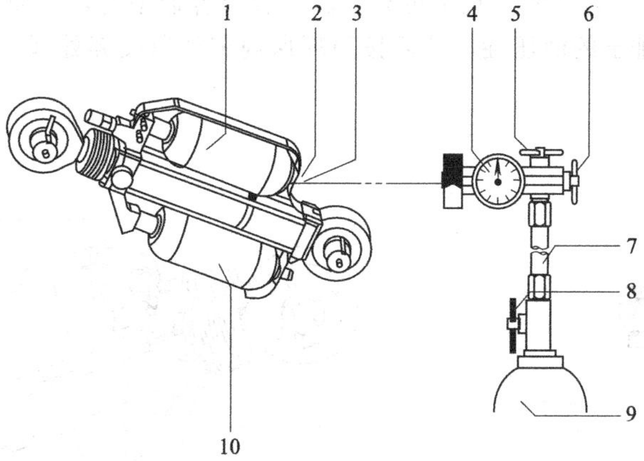

图 6-27 更改气体压力

1,10—气囊式蓄能器；2—防护盖；3—六角螺栓；4—压力表；5—卸压阀；6—气门杆；7—软管；8—截止阀；9—氮气瓶

p. 装上防护盖 2。

q. 在另一个气囊式蓄能器上执行工作步骤 g～p。

r. 松开并拔下氮气瓶 9 上的软管 7。

s. 拧下注油管接头（图 6-28）2 上的防护帽，然后连上液压软管 6。

t. 拧下排气管接头 1 的防护帽，如果在完成之前的工作后没有仍然连着微测软管，则连上微测软管 3。

u. 将微测软管 3 浸没到收集箱 4 的液体中。

v. 略微打开排气管接头 1 上的阀（排气阀），运行液压泵 5 并将液压油流到收集箱 4 中，直至没有气泡出现。液压泵 6 的备用油箱只能添加经过过滤的液压油 Hyspin ZZ 46（过滤精度为 3μm）。

w. 关闭排气管接头 2 上的排气阀。

x. 继续运行液压泵 5，直至液压油压力高于规定值（130bar）约 10bar。然后将泵压降至“0”。

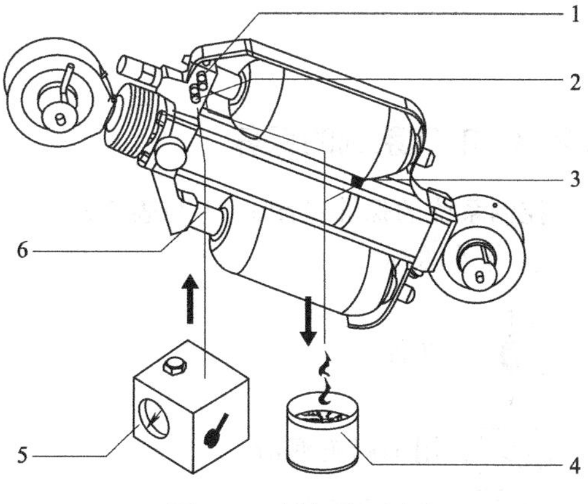

图 6-28 添加液压油

1—排气管接头；2—注油管接头；3—微测软管；4—收集箱；5—液压泵；6—液压软管

y. 约 10min 后检查液压油压力，并通过打开排气阀将其降低至 130bar。

z. 拧下液压软管 6 并将防护盖拧到注油管接头 2 上。

拧下微测软管 3 并将防护盖拧到排气管接头 1 上。

检查平衡配重是否密封。

移开起重装置和起重机。

(2) 给平衡配重卸压

给平衡配重卸压必须有 Minimess 测压软管和收集容器，操作步骤如下。

① 将大臂（图 6-29）移至垂直位置，然后用起重机锁住，排油后不得移动大臂。

② 取下螺盖（图 6-30）1，然后将软管 3 连接到排气阀 2 上。

③ 将液压油排放到收集容器 4 中。

显示油压的压力表 5 为“零”且不再有油流入收集容器中时，排油过程结束。

④ 按照规定存放排出的液压油，然后按照环保规定加以废弃处理。

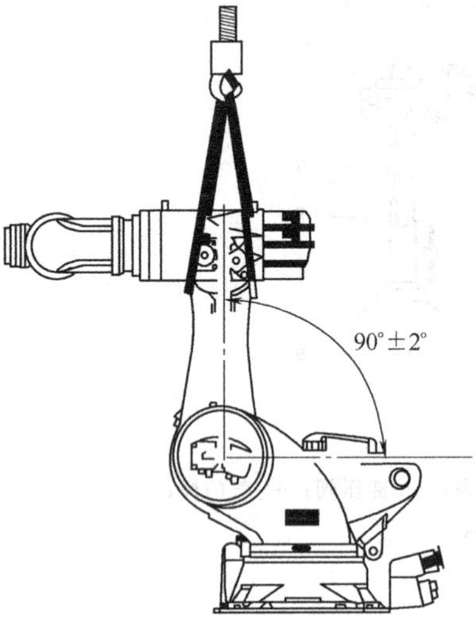

图 6-29　卸压

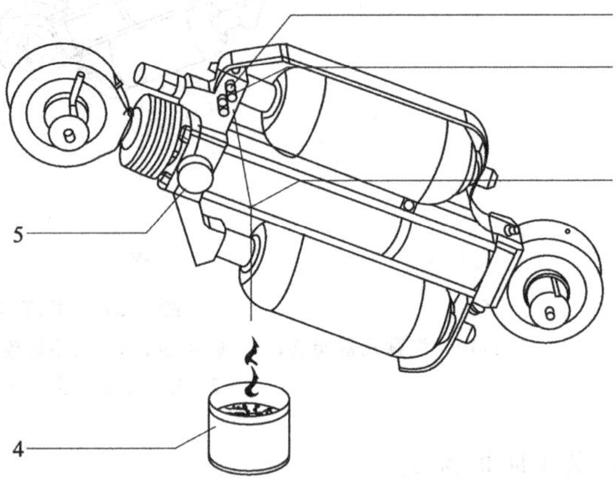

图 6-30　排出液压油

1—螺盖；2—排气阀；3—软管；4—收集容器；5—压力表

6.2.3　电气系统的保养

控制系统的保养见图 6-31 与表 6-3。

① 保养图标

：换油

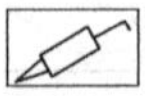：用油脂枪润滑

：用刷子润滑

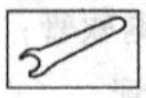：拧紧螺钉、螺母

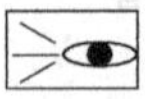：检查构件，目检

：清洁构件

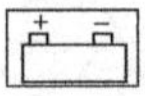：更换电池/ 蓄电池

② 前提　保养位置如图 6-31 所示。

a. 机器人控制器必须保持关断状态，并做好保护，防止未经许可的意外重启。

b. 电源线已断电。

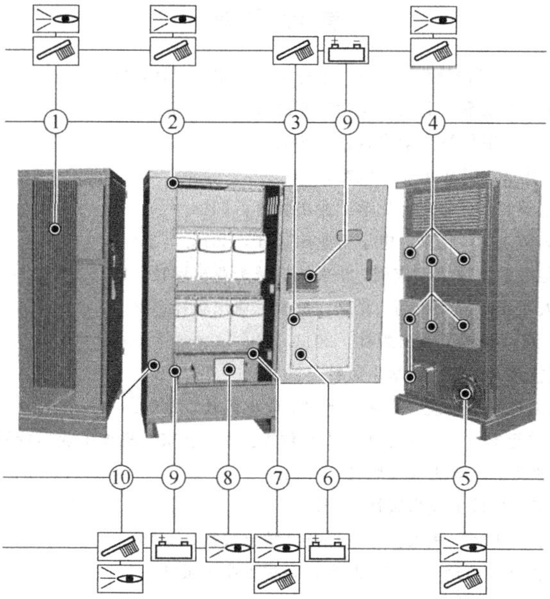

图 6-31 保养位置

表 6-3 保养周期

周期	项号	任 务
6 个月	8	检查使用的 SIB 和/或 SIB 扩展型继电器输出端功能是否正常
最迟 1 年	5	根据装配条件和污染程度，用刷子清洁外部风扇的保护栅栏
最迟 2 年	1	根据安置条件和污染程度，用刷子清洁换热器
	2,10	根据安置条件和污染程度，用刷子清洁内部风扇
	4	根据安置条件和污染程度，用刷子清洁 KPP、KSP 的散热器和低压电源件
	5	根据安置条件和污染程度，用刷子清洁外风扇
5 车	6	更换主板电池
5 年（三班运行情况下）	3	更换控制系统 PC 机的风扇
	5	更换外部风扇
	2	更换内部风扇
根据蓄电池监控的显示	9	更换蓄电池
压力平衡塞变色时	7	视安置条件及污染程度而定，检查压力平衡塞外观，白色滤芯颜色改变时须更换

c. 按照 ESD 准则工作。

执行保养清单中某项工作时，必须根据以下要点进行一次目视检查：检查保险装置、接触器、插头连接及印制线路板是否安装牢固；检查电缆是否损坏；检查接地电位均衡导线的连接；检查所有设备部件是否磨损或损坏。

参 考 文 献

[1] 张培艳. 工业机器人操作与应用实践教程. 上海：上海交通大学出版社，2009.
[2] 邵慧，吴凤丽. 焊接机器人案例教程. 北京：化学工业出版社，2015.
[3] 韩建海. 工业机器人. 武汉：华中科技大学出版社，2009.
[4] 董春利. 机器人应用技术. 北京：机械工业出版社，2015.
[5] 于玲，王建明. 机器人概论及实训. 北京：化学工业出版社，2013.
[6] 余任冲. 工业机器人应用案例入门. 北京：电子工业出版社，2015.
[7] 杜志忠，刘伟编. 点焊机器人系统及编程应用. 北京：机械工业出版社，2015.
[8] 叶晖，管小清. 工业机器人实操与应用技巧. 北京：机械工业出版社，2011.
[9] 肖南峰等. 工业机器人. 北京：机械工业出版社，2011.
[10] 郭洪江. 工业机器人运用技术. 北京：科学出版社，2008.
[11] 马履中，周建忠. 机器人柔性制造系统. 北京：化学工业出版社，2007.
[12] 闻邦椿. 机械设计手册（单行本）——工业机器人与数控技术. 北京：机械工业出版社，2015.
[13] 魏巍. 机器人技术入门. 北京：化学工业出版社，2014.
[14] 张玫等. 机器人技术. 北京：机械工业出版社，2015.
[15] 王保军，滕少峰. 工业机器人基础. 武汉：华中科技大学出版社，2015.
[16] 孙汉卿，吴海波. 多关节机器人原理与维修. 北京：国防工业出版社，2013.
[17] 张宪民等. 工业机器人应用基础. 北京：机械工业出版社，2015.
[18] 李荣雪. 焊接机器人编程与操作. 北京：机械工业出版社，2013.
[19] 郭彤颖，安冬. 机器人系统设计及应用. 北京：化学工业出版社，2016.
[20] 谢存禧，张铁. 机器人技术及及其应用. 北京：机械工业出版社，2015.
[21] 芮延年. 机械人技术及其应用. 北京：化学工业出版社，2008.
[22] 张涛. 机器人引论. 北京：机械工业出版社，2012.
[23] 李云江. 机器人概论. 北京：机械工业出版社，2011.
[24] 布鲁诺·西西利亚诺，欧沙玛·哈提卜. 机械人手册.《机械人手册》翻译委员会译. 北京：机械工业出版社，2013.
[25] 兰虎. 工业机器人技术及应用. 北京：机械工业出版社，2014.
[26] 蔡自兴. 机械人学基础. 北京：机械工业出版社，2009.
[27] 王景川，陈卫东，[日] 古平晃洋. PSOC3 控制器与机器人设计. 北京：化学工业出版社，2013.
[28] 兰虎. 焊接机器人编程及应用. 北京：机械工业出版社，2013.
[29] 胡伟. 工业机器人行业应用实训教程. 北京：机械工业出版社，2015.
[30] 杨晓钧，李兵. 工业机器人技术. 哈尔滨：哈尔滨工业大学出版社，2015.
[31] 叶晖. 工业机器人典型应用案例精析. 北京：机械工业出版社，2015.
[32] 叶晖等. 工业机器人工程应用虚拟仿真教程. 北京：机械工业出版社，2016.
[33] 汪励，陈小艳. 工业机器人工作站系统集成. 北京：机械工业出版社，2014.
[34] 蒋庆斌，陈小艳. 工业机器人现场编程. 北京：机械工业出版社，2014.
[35] [美] John J. Craig. 机器人学导论. 负超等译. 北京：机械工业出版社，2006.
[36] 刘伟等. 焊接机器人离线编程及传真系统应用. 北京：机械工业出版社，2014.
[37] 肖明耀，程莉. 工业机器人程序控制技能实训. 北京：中国电力出版社，2010.
[38] 陈以农. 计算机科学导论基于机器人的实践方法. 北京：机械工业出版社，2013.
[39] 李荣雪. 弧焊机器人操作与编程. 北京：机械工业出版社，2015.
[40] 杜祥瑛. 工业机器人及其应用. 北京：机械工业出版社，1986.
[41] GBT 16977—2005. 工业机器人坐标系和运动命名原则.
[42] 刘极峰，丁继斌. 机器人技术基础. 第 2 版. 北京：高等教育出版社，2012.
[43] 吴振彪，王正家. 工业机器人. 第 2 版. 武汉：华中理工大学出版社，2006.
[44] 张建民，工业机器人 . 北京：北京理工大学出版社，1988.
[45] 郑笑红，唐道武. 工业机器人技术及应用. 北京：煤炭工业出版社，2004.